科学出版社"十四五"普通高等教育本科规划教材

Atmospheric Chemistry

新编大气化学教程

廖 宏 李 楠 主编

科 学 出 版 社

北 京

内 容 简 介

大气化学是大气科学和环境科学的重要分支学科。本书根据大气化学的学科知识结构，紧扣大气环境的热点前沿问题，结合编者在科学研究和教学过程中的经验编写而成。内容包括大气层简介、大气成分循环过程、大气化学反应动力学基础、对流层臭氧化学、气溶胶化学、化学物质沉降、平流层臭氧化学、大气污染监测、大气环境数值模拟、大气污染与气候变化。

本书以大气科学、环境科学、环境工程等相关领域的本科生和研究生为主要受众，可作为大气类、环境类等专业的教材和参考书，也可为环境保护和气象等行业部门相关科研人员提供大气化学基础理论知识。

图书在版编目(CIP)数据

新编大气化学教程/廖宏，李楠主编. —北京：科学出版社，2023.6
ISBN 978-7-03-074375-6

Ⅰ. ①新…　Ⅱ. ①廖…　②李…　Ⅲ. ①大气化学–教材　Ⅳ. ①P402

中国国家版本馆 CIP 数据核字(2022)第 243108 号

责任编辑：许　蕾　沈　旭　李　洁/责任校对：郝璐璐
责任印制：赵　博/封面设计：许　瑞

科学出版社 出版
北京东黄城根北街 16 号
邮政编码：100717
http://www.sciencep.com
天津市新科印刷有限公司印刷
科学出版社发行　各地新华书店经销
*
2023 年 6 月第　一　版　开本：787×1092　1/16
2024 年 6 月第二次印刷　印张：14
字数：332 000

定价：79.00 元

(如有印装质量问题，我社负责调换)

前　言

大气化学是研究大气中的化学组分在大气中各种化学行为的一门科学，这些化学组分及其行为通常对大气环境、生态系统及天气气候有着重要影响。现代的大气化学是一门相对新兴且仍在迅速发展的学科，既是环境科学的一个分支，又是大气科学的一个重要组成学科。大气化学的研究对象覆盖全球，从污染地区到洁净地区，从地球表面到大气高层；研究内容涵盖人为源和天然源的各种化学物质的排放、传输、化学循环、沉降的化学过程与物理过程。

本书围绕大气化学的理论知识和前沿科学问题，由南京信息工程大学“大气化学”教学团队共同编写完成。本书包括绪论(由廖宏、盖鑫磊主笔)、大气层简介(由盖鑫磊主笔)、大气成分循环过程(由陈磊主笔)、大气化学反应动力学基础(由胡建林主笔)、对流层臭氧化学(由王鸣、王品雅、朱君主笔)、气溶胶化学(由谢鸣捷主笔)、化学物质沉降(由茅宇豪、朱佳主笔)、平流层臭氧化学(由李楠主笔)、大气污染监测(由张运江、李海玮、郑军、汪俊峰主笔)、大气环境数值模拟(由李婧祎、秦墨梅主笔)、大气污染与气候变化(由廖宏、杨洋、李柯主笔)。全书由廖宏和李楠统稿。

本书的编写得到了南京信息工程大学教务处、环境科学与工程学院等的帮助，也得到了江苏高校品牌专业建设工程项目、江苏高校优势学科建设工程项目、南京信息工程大学“课程思政”示范课程项目、江苏省大气环境与装备技术协同创新中心、江苏省大气环境监测与污染控制高技术研究重点实验室的支持。在此表示衷心的感谢。

本书配有教学课件，并提供部分音频形式的课程资料，以期对课程教学和学习提供帮助。有需要的教师可联系本书主编团队获取(联系邮箱：linan@nuist.edu.cn)。

本书限于编者的水平，疏忽和不足之处难免，恳请读者批评和建议，以便修正，使本书的质量进一步提高。

编　者

2022 年 9 月

前言

目　　录

绪　论

大气化学是研究大气中的化学组分在大气中各种化学行为的一门科学，这些化学组分及其行为通常对大气环境有着重要的影响。现代的大气化学是一门相对新兴且仍在迅速发展中的学科。大气化学也是一门典型的交叉学科，它既是环境科学的一个分支，又是大气科学的一个重要组成学科。大气化学的研究对象覆盖全球，从污染地区到洁净地区，从地球表面到大气高层；研究内容涵盖人为源和天然源的各种化学物质的排放、传输、化学循环、沉降的化学过程与物理过程。

本章首先简要介绍大气化学发展历史，包括国际与国内的情况，其次介绍大气化学的研究方法，最后给出本书章节安排，使读者对本书结构和涉及内容有初步了解。

0.1　大气化学发展历史

大气化学的发展与人类对空气的组成及相关污染问题的关注程度息息相关。2000 多年前古希腊文明就将空气视为与土、水和火一样，是构成万物的四个基本元素之一。早在公元前 347 年，古希腊哲学家亚里士多德在他的著作《气象汇论》(*Meterologica*)中就认为空气是一种气体混合物，并且认为空气中应存在用以平衡降雨的水汽。公元 1 ~ 2 世纪，以色列《密西拿律法》(*Mishnah Laws*)规定，由于盛行西风，皮革厂必须位于远离城镇的东边。12 世纪，哲学家、科学家摩西 • 迈蒙尼德(Moses Maimonides)也曾关注环境问题，指出城市和乡村空气有所差别，空气的变化对人们的健康存在影响。13 世纪，人类使用煤炭代替木材，这在伦敦引起了一定程度的空气污染问题，但未引起重视。17 世纪，英国作家约翰 • 伊夫林(John Evelyn)曾经描述了家用高硫燃煤的广泛使用引起的伦敦空气污染问题，指出其不仅对各种器物产生污染，而且还会影响人群健康，是引起儿童早死的一个重要因素。

现代大气化学的研究历史可追溯到 18 世纪约瑟夫 • 普利斯特(Joseph Priestley)、安托万 • 洛朗 • 拉瓦锡(Antoine-Laurent Lavoisier)和亨利 • 卡文迪许(Henry Cavendish)等对空气成分的研究，这也是整个现代化学的起源。通过他们以及 19 世纪多位物理学家和化学家的努力，人类认识到空气的主要成分包括氮气、氧气、水蒸气、二氧化碳和一些稀有气体。而到了 19 世纪末和 20 世纪初，人们的关注点也从上述主要的气体组分转移到一些痕量组分(如含量低于百万分之一的组分)，如 20 世纪 20 年代开展的臭氧(O_3)观测和平流层 O_3 理论研究。

空气污染问题真正引起重视，或者说大气化学真正成为一门学科，主要源于 20 世纪 40 ~ 50 年代出现的一系列污染事件。第一类是以二氧化硫(SO_2)和颗粒物等为主要污染物的污染事件。1930 年，比利时马斯河谷就出现了这一类型的严重污染，该污染导致 63 人死亡。1948 年，美国宾夕法尼亚州多诺拉镇也同样出现了由 SO_2 和粉尘引起的污染，该污染导致20人死亡。此类事件的代表是举世震惊的1952年伦敦烟雾事件，在12月5～9日短短4 d时间内导致多达4000人死亡，更有大量人群出现呼吸道疾病。1962年的伦敦烟雾污染再次导致700人死亡。因此，这类污染事件也常以“伦敦烟雾”为指称。研究发现，在这些事件中，死亡人数与SO_2和颗粒物浓度高度相关。第二类是以O_3为主要污染物的光化学烟雾事件。1943年，美国洛杉矶出现了最早的光化学烟雾事件，1952年12月同样出现在洛杉矶的光化学污染导致400多位65岁以上的老人死亡。光化学烟雾事件常发生在阳光充足的温暖天，且空气中含有大量刺激人体器官(如眼睛)并对植物有破坏作用的物质。加利福尼亚大学河滨分校的植物病理学家在洛杉矶观测到这类污染对农作物的损伤，确认了这种新的空气污染形式。20世纪50年代，哈根·施密特(Arie Haagen-Smit)和其同事发现，在实验室中通过混合含有烯烃的空气和二氧化氮并暴露于太阳光下，可以观察到相似于室外观测到的植物损伤的症状；类似效应在阳光照射下的汽车排放物中也可以观察到，因此确认了挥发性有机物和氮氧化物的光化学反应生成的O_3与其他光化学产物是此类事件中的主要污染物。此后，在世界各地均观测到了较高的O_3浓度。因此，光化学污染虽然最早出现在洛杉矶，但实际上已成为一个全球性的污染问题，直到今日仍然频繁发生。

20世纪50年代，大气化学领域还有一些其他问题也得到了关注和研究。德国科学家克里斯蒂安·荣格(Christian Junge)等开始关注气溶胶的物理化学特性，重点研究了粒径大小分布及其化学组成。进入20世纪60年代，城市污染研究侧重于光化学烟雾研究，同时气溶胶与大气中核扩散和放射性物质的关系等也得到了一定关注。此外，查尔斯·基林(Charles Keeling)等开展了对二氧化碳(CO_2)的研究。他率领小组在美国夏威夷长期地定量测定了CO_2浓度，并认为从1953年开始，CO_2浓度在逐年上升。1968年，瑞典土壤学家斯万特·奥登(Svante Odén)等还进行了酸雨的研究，将酸沉降(酸雨)与地表水的逐年酸化有机地联系起来，并发现雨水酸度与SO_2的排放密切相关。

20世纪70～80年代以来，酸雨问题在北欧、北美和亚洲地区相继出现，因此得到了广泛研究。科学家对酸雨成因，以及物质在液滴中的化学反应(云雾化学)、气液转化、非均相催化反应和多相反应等问题进行了较多的探索。另外，70年代，有关平流层中O_3损耗的问题，保罗·克鲁岑(Paul Crutzen)、舍伍德·罗兰(F. Sherwood Rowland)和马里奥·莫利纳(Mario Molina)等做出了突出贡献，尤其是发现了人为源氯氟烃(CFCs)等物质的逸出，其能够严重破坏平流层中的O_3。1985年，科学家又发现了早春时南极O_3空洞的存在，并且发现这一大面积O_3损耗与极地平流层云中颗粒物表面发生的非均相反应密切相关，这些研究大大推进了大气化学的发展。保罗·克鲁岑、舍伍德·罗兰和马里奥·莫利纳三位科学家也在1995年共同获得诺贝尔化学奖。

除了酸雨和平流层O_3问题，20世纪70年代，莱维(H. Levy Ⅱ)等还开展了大气自由基化学的研究，推动了大气化学学科基础理论研究。70年代后期，碳、硫、氮、磷等元素的生物地球化学循环研究也与大气化学研究出现了明显的交叉。80年代，科学家也关注了温室气体，如CO_2、甲烷(CH_4)、一氧化二氮(N_2O)、O_3和CFCs等，研究发现这些气体的浓度在逐年升高，这不仅加重了大气污染，还严重影响了地球气候，即会引起全球变暖。

自20世纪90年代以来，酸雨问题继续得到关注。此外，一些较大城市的空气质量问题也获得较多关注。在一些发展中国家的大城市，气溶胶污染(也称灰霾)现象频繁出现，且常常与酸雨和光化学烟雾污染并存，严重影响空气质量。因此，气溶胶污染成因和二次反应机制问题也开始得到关注。

进入21世纪，以往以灰霾、光化学烟雾或酸雨等单独形式出现的污染事件，逐渐转变为多种形式并存的污染，即大气复合污染问题。人们逐渐发现，不同类型的污染也相互耦合和影响。例如，挥发性有机物是光化学烟雾中O_3生成的重要前体物，同时也是大气细颗粒物中二次有机气溶胶的重要前体物；氮氧化物既影响O_3的生成，又影响颗粒物中硝酸盐的生成。大气复合污染中涉及的复杂的物理化学问题成为大气化学研究的难点和热点，也为大气化学研究开辟了新的方向。在当今气候变化背景下，大气污染与气候变化的交互影响、大气污染与生态系统的交互作用，以及大气污染物对人体的短期和长期健康效应等，都是现今大气化学研究的重要方向。另外，随着监测技术的进步和数值计算能力的增强，大气化学的研究对象、研究内容、研究深度和广度，也在不断拓展之中。

我国大气化学研究的历史，最早源于唐孝炎、王文兴等率领团队于20世纪70年代针对兰州光化学烟雾事件(1974年夏天)的研究。他们经过数年研究，在兰州大气中确认了光化学烟雾特征污染物之一的过氧乙酰硝酸酯的存在，最终推断兰州地区石油化工排放物与氮氧化物的反应是光化学烟雾的成因，并采取了相应的污染防治措施，有效缓解了兰州地区的空气污染。此后，与世界大气化学发展历程类似，在过去几十年里，我国学者陆续在酸雨化学、平流层O_3层损耗、温室气体、灰霾和光化学烟雾等空气污染问题的成因及应对控制(如郝吉明等有关机动车污染控制的系统研究)方面进行了研究。2013年1月，我国出现了笼罩1/6国土、影响数亿国民的严重灰霾事件，这推动了政府对大气环境问题的重视以及大气化学的发展，尤其是推动大气复合污染的形成机制和控制技术方面研究。随着2013年《大气污染防治行动计划》（简称“大气十条”）的实施，近些年来细颗粒物污染已得到较大改善，然而O_3污染又呈上升态势，因此当前我国大气化学研究又转变为以细颗粒物和O_3污染协同控制为最重要的方向。总的来说，我国大气化学研究虽然起步较晚，但由于我国大气污染问题的独特性和大气污染治理的紧迫性，在政府的重视和投入以及相关科研工作者的艰辛努力下，我国大气化学研究水平已基本与欧美持平，处于并跑行列。

0.2 大气化学的研究方法

大气化学是一门交叉学科，其既具有大气科学的特征，又有化学学科的特点。总的来说，大气化学的研究方法主要可以概括为三类，分别介绍如下。

0.2.1 外场观测

外场(或野外)观测研究指在所研究地区采用实地布点、采样或直接测量的方法取得污染物数据。外场观测可以提供目标地区大气污染物组分、浓度等的实际时空分布和变化情况，同时也可以为实验研究提供依据，为模式计算结果提供校验数据。

外场观测的布点和采样有多种形式(外场观测搭载平台和部分仪器示例见图 0.2.1)。一是在地面铺设固定监测点，安装各种设备，进行现场采样(如采集颗粒物滤膜样品)以备后续实验室分析，或使用在线仪器设备(如在线气溶胶质谱仪等)实时分析污染物浓度与成分等。二是将各类监测设备搭载在移动平台(如汽车、轮船)上，如使用高时间分辨率在线仪器，即可以获得污染物的精细化空间分布情况。以上两种观测方式为了实现不同的研究目标，可以进行短期强化观测，也可以进行连续长期观测。除了地表观测，为了获得大气污染物在边界层或边界层以上的垂直分布情况，垂直观测也是另外一种重要的外场观测方式。垂直观测技术主要包括激光雷达、卫星遥感、高塔、飞机、系留飞艇等。近些年来，搭载各类污染物检测传感器的无人机技术也得到了较多应用。

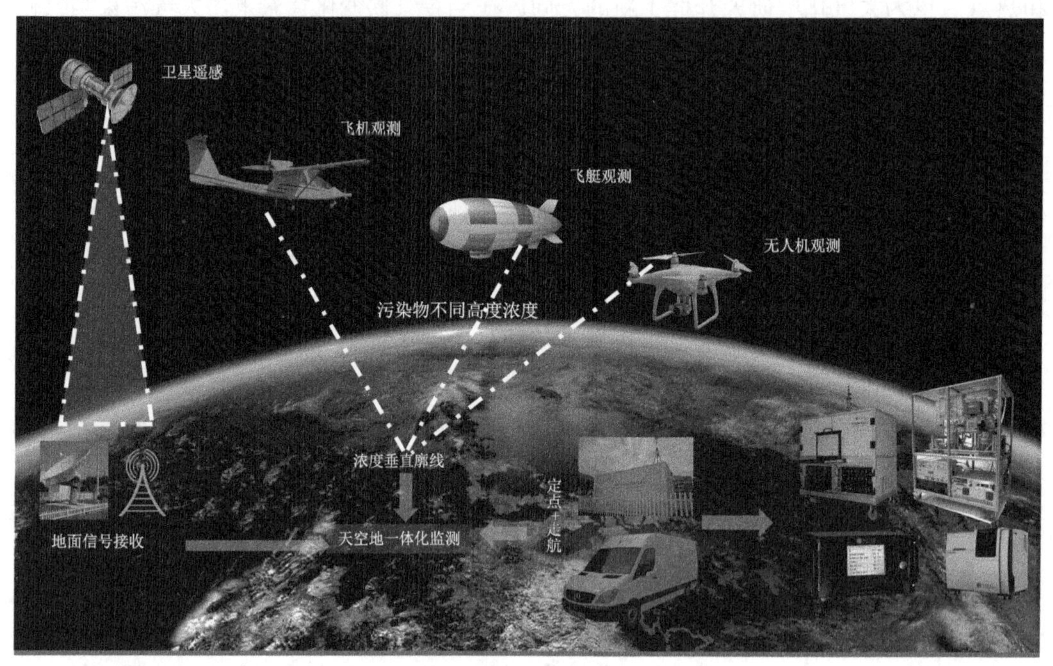

图 0.2.1　外场观测搭载平台和部分仪器示例

需要注意的是，外场观测虽然是最为直接的研究手段，但也存在较多局限。第一，观测实验往往需要较多的人力和物力，观测实验还易受到气象、地形、仪器设备和其他条件如供电、安装、场地大小等的限制。第二，外场观测的实验条件是实际的大气条件，是无法控制和复制的，因此得到的观测数据也无法通过重复实验得到。第三，一些仪器设备尤其是在线观测仪器的准确性、稳定性以及监测功能等都有较多尚需改进之处。

0.2.2　实验研究

大气化学的实验研究，概括来说，包括以下几方面。第一方面是对外场观测和野外实验中采集得到的空气样品(如颗粒物和挥发性有机气体样品)在实验室中进行预处理以及各种化学分析(如离子、元素碳/有机碳、重金属、特定有机物等)。此类分析因原始样品来自外场的直接采样，有时候也被归类为外场观测的范畴。第二方面是在实验室中进行的各种大气污染物(如各类痕量气体、自由基和颗粒物)监测/检测技术、方法和仪器设备的开发和应用，包括新技术、新方法、新仪器的开发以及原有技术、方法和仪器的改进等。第三方面是大气化学实验研究的重点，即在实验室中对实际大气中存在的污染问题和现象进行实验模拟，开展相关污染形成的物理化学机制以及过程的基础性研究。

实验室研究与外场观测相比的优势之一是可以排除地形、污染源排放以及气象条件的限制，在设定的、已知的且可以人为改变、控制和重复的大气条件下，对大气中特定污染物的大气化学反应过程进行模拟实验，探究其反应机制。大气化学实验模拟研究能够单纯模拟关键的大气化学过程，从而在复杂的现象和结果中提炼出化学反应的本质或者关键的化学反应参数。大气化学的模拟实验包括气相-均相反应动力学(前体物降解反应速率、一级和二级动力学常数、产物生成速率、产率)、反应机制(各种反应途径、主要产物及生成通道)、反应产物的物理化学及光学性质等。

0.2.3　模式计算

由于大气中存在数目繁杂的痕量气体，因此实际的大气化学反应十分复杂，总体的空气质量及其变化是由这些同时存在的数十个乃至百千万个化学反应共同决定的。在计算机技术较为发达的当代，人们已经可以尽可能地同时考虑和处理这些化学反应过程，以模拟和预测真实的大气反应体系。此外，由于实际大气还受到污染物排放和大气物理过程的影响，人们除了考虑化学反应外，还需要建立完整的模式模拟方法来较为完整地描述污染物在大气中的时空分布和迁移变化规律。

模式计算研究可大致分为统计模式和数值模拟两大类。统计模式是基于大量数据的统计描述，利用回归分析等统计方法得到经验关系式，用于预测某物种的未来浓度和变化等。数值模拟则通过求解表述大气物理、化学过程的数学方程组，来计算和预测物种的浓度等。数值模拟一般考虑排放(人为源和天然源)、输送、扩散、化学转化(气相、液相、固相化学反应)、清除机制(干湿沉降)等过程，往往需要成百上千个化学反应来表述物种在大气中的生成和消亡，计算量相对较大。因此随着计算机技术的迅速发展，以及人们对大气环境化学基础理论认识的深入，数值模拟也在逐渐发展进步。模式计算已经成为大气环境和大气化学研究必不可少且极其重要的研究手段。

真实大气中某个污染物的大气化学行为涉及其排放、在大气中的输送、化学反应和沉降等复杂的物理化学过程，这一特点决定大气化学研究往往需要将外场观测、实验研究和模式计算三者进行紧密结合。首先利用外场观测获得污染物的浓度水平、时间变化和空间分布等，然后利用实验室研究厘清污染物的化学反应过程，最后通过数值模拟重现和描述污染物的时空变化，并预测污染物未来的变化趋势。

0.3　本书章节安排

大气化学是一门快速发展中的学科，与其他学科的研究也有较多的交叉，内容涉及面是比较广的。本书系统介绍目前大气化学的基础理论、常见大气污染问题的化学机制，以及与气候变化相关的大气化学知识。具体安排如下。

第 1 章介绍地球大气演化历史、大气的分层、大气成分的度量和大气压强等基本概念。第 2 章介绍大气中存在的主要污染物成分及其来源，包括各类痕量气体、臭氧和颗粒物等，及其大气循环过程。第 3 章介绍大气光化学反应的基础知识，包括化学反应动力学基本原理、化学反应速率方程、反应级数、寿命、反应速率常数等，以及大气光化学反应基本定律、光反应过程、光反应速率和决定因素、常见大气光化学反应等。第 4 章在前三章基础上，针对对流层臭氧污染问题进行讲述，主要介绍臭氧污染的现状、形成机制及臭氧污染的控制对策和实践。第 5 章介绍大气颗粒物的相关内容，包括气溶胶的形貌、粒径以及各类成分和来源与化学反应生成机制。第 6 章介绍化学物质沉降过程、降水化学特征和酸化过程、酸雨的生成和防治对策等。第 7 章介绍平流层臭氧损耗问题，包括臭氧损耗反应、南极臭氧洞及非均相反应等。第 8 章介绍大气污染物的监测技术方法和基本原理，如光谱、色谱、质谱技术等。第 9 章介绍大气化学数值模拟，包括模式及其基本方程介绍，以及主要的大气化学传输模式及其评价与应用。第 10 章介绍气溶胶的光学特性、辐射强迫，以及大气污染与天气和气候相互作用。

✔思 考 题

1. 概述大气化学发展的历史脉络(国际和国内)。
2. 简述你对大气化学课程的初步认识。

参 考 文 献

唐孝炎, 张远航, 邵敏. 2006. 大气环境化学. 2 版. 北京: 高等教育出版社.

Chu B, Chen T, Liu Y, et al. 2021. Application of smog chambers in atmospheric process studies. National Science Review, 9(2): 121-136.

Ervens B, Turpin B J, Weber R J. 2011. Secondary organic aerosol formation in cloud droplets and aqueous particles (aqSOA): a review of laboratory, field and model studies. Atmospheric Chemistry and Physics, 11: 11069-11102.

Seinfeld J H, Pandis S N. 2016. Atmospheric Chemistry and Physics: From Air Pollution to Climate Change. New Jersey: John Wiley & Sons Inc.

第 1 章　大气层简介

由于引力作用而环绕地球的气体圈层为地球大气层。地球大气对地球上的生命体有着重要作用，为地球生命的繁衍和人类社会的发展提供了必要的生存环境。地球大气的演变、结构、状态和组成等因素时时处处都影响着人类的生产生活。因此，本章将着重叙述大气的历史演化、大气的垂直分层、大气成分的度量以及大气压强等概念。

1.1　大气的历史演化

目前科学界的普遍观点认为，在大约 46 亿年前，太阳系由气体和尘埃组成的星际云凝聚而成，称为“原始太阳星云”。一般都认为地球和其他类地行星如金星和火星的大气层，是星球本身俘获的挥发性物质释放而形成的。早期地球大气是由 CO_2、N_2 和 H_2O 以及痕量 H_2 组成的混合物，其成分与现今地球大气十分不同。地球内部释放的大部分水蒸气逐步形成海洋。地球内部释放的大量 CO_2 溶解在海洋中形成沉积碳酸盐，有估算指出现今大气中存在的 1 个 CO_2 分子对应约 10^5 个沉积岩中的 CO_2 分子。N_2 化学性质稳定，不溶于水，也不易沉积，因此大部分释放的 N_2 在漫长的地质年代逐步累积成大气中最为丰富的组分。

当今大气是有强氧化性的。地质学家研究发现在大约 23 亿年前，大气中的 O_2 含量出现了急剧增加，但是增长的原因仍存在一定争议。学界一般认为 O_2 早期是由可以实现 O_2 光合成的原核生物蓝藻生成的。但是这些细菌在 27 亿年前就已经出现，因此蓝藻暴发时间和 O_2 激增时间之间 4 亿年的时间缺口使该结论仍存在争议。一个可能的解释是 30 亿年前到 23 亿年前地球大气主要成分是还原性气体 H_2 和 CH_4。地球上大部分的氢以 H_2O 的形式存在，而氢可以逸出至太空中，氢的逸出将导致 O_2 的累积，但是一个可能性是这些由氢逸出而留下的 O_2 绝大部分参与了大陆岩层的氧化，这一氧化过程俘获了足够的 O_2，使得 23 亿年前大气中 O_2 水平限制在还原性气体通量低于净光合作用产率的临界点。实际上现今大气中 O_2 水平就是由光合作用生产和有机碳呼吸衰败耗损之间的平衡决定的。

现今地球大气主要由 N_2(约 78%)、O_2(约 21%)和 Ar(约 1%)组成，但其相对丰度在不同地质时代是由生物圈、地壳材料的摄取和释放以及地球内部排放共同决定的。大气中的 O_2 水平在地质演化过程中也发生过较大的波动，在过去 5 亿多年里，其浓度在 10%～35%波动。植物的出现，曾大大丰富了大气中的 O_2 含量，在大约 3 亿年前的石炭纪，地球大陆上原始森林遍布，O_2 含量一度达到了 35%。在 2.5 亿年前，O_2 含量一度降低至 11%，也因此导致了生物的大灭绝。在过去6000 万年以来，地球大气中 O_2 含量大约保持在21%。最近的研究指出，目前大气中 O_2 含量在下降(百万分之四每年)，其下降速度是大气中 CO_2 含量上升速度的两倍左右，化石燃料燃烧消耗是氧气含量下降的主要原因；研究还指出，如果不尽快采取措施，21 世纪末 O_2 含量下降速度将增加至百万分之十八每年。

水蒸气是大气中另一个含量丰富的组分，其主要存在于低层大气，且浓度变化范围很大，最高含量可达 3%。除了 N_2、O_2、惰性气体和水，剩余的气体组分，即痕量气体，占大气总含量低于 1%。然而，这些痕量气体在地球辐射平衡和大气层化学性质方面发挥着关键作用。与过去相比，现今大气中一些痕量气体的浓度出现了显著增长。CO_2 和 CH_4 的历史浓度可以由永久冻土溶液如南极洲与格陵兰岛的冰中捕获的空气泡重建。对于这类长寿命(部分为温室气体)并在全球范围内分布较为均匀的气体，极地冰核样品可以揭示其在此前时代的全球平均浓度。分析显示，CO_2 和 CH_4 的浓度从一万多年前冰河期末期直到约 300 年前基本保持不变。人类活动则是过去 200 年来大气痕量气体浓度迅速增长的主要因素，包括能源和交通化石燃料(煤和石油)燃烧、工业活动、生物质燃烧和森林退化等。这些改变导致了地球历史的新时代即“人类世”(anthropocene)的产生。CO_2、CH_4 和 N_2O 的浓度自 18 世纪末工业革命以来显著增加；煤和石油燃烧造成的 SO_2 全球释放量至少两倍于其自然排放量；更多的氮被人为固定并作为肥料用于农业而不是被生态系统自然固定；从氮气中合成氨的哈伯-博施法工艺的广泛使用也在很多方面改变了痕量气体的排放。

除了痕量气体，工业革命以来大气中悬浮颗粒物的浓度水平也有显著增加，尤其是在北半球工业地区。这些颗粒物一部分来自直接排放，另一部分来自化学反应生成，对空气质量、全球气候以及人体健康都有深刻影响。

1.2　大气的垂直分层

从太空中看，地球是一个颜色绚烂的星球：白色的云层和雪覆盖的区域、蓝色的海洋、棕色的大陆……星球的外围则由一层气体包围着，这层美丽而又千变万化的气体被称为大气或者大气层。大气层在水平和垂直方向上，性质不完全均匀，在垂直方向上层状分布则尤为明显。根据大气本身的物理化学性质，可以在垂直方向上分若干层，其中最主要的方式是按气温的垂直分布进行分层(图 1.2.1)，简述如下。

对流层：对流层是最底层的大气，也是大气运动最活跃的一层。高度从地球表面至对流层顶为 10 ~ 15 km(取决于纬度和每年的不同时段)。这一层的特征是温度随高度增加而降低，垂直混合作用强。大气中主要的天气现象如云、雨、雪、雾、冰雹都发生在这一层。对流层高度占大气层总高度的比例虽然较低，但却是大气中最稠密的一层，集中了约 80%的大气质量和 90%以上的水汽质量。

按照世界气象组织的定义，对流层顶指温度随高度降低的速率低于 2 $K \cdot km^{-1}$ 时的最低高度。对流层顶在热带地区高度最高，随着纬度增加逐步降低。赤道上方对流层顶的平均高度约为 16 km，极地上空的高度约为 8 km。对流层内温度几乎随着高度增加线性减少。干空气中其降低速率为 9.7 $K \cdot km^{-1}$。温度降低的原因是空气与太阳加热的地表之间距离的增加。在对流层顶，温度降低至约 217 K(–56 ℃)。对流层可以进一步分为行星边界层(高度约为从地球表面到约 1 km)，以及自由对流层(高度从约 1 km 到对流层顶)。

平流层：从对流层顶到平流层顶，这一层内空气稀薄，层内垂直混合作用较弱，只有大尺度的平流运动。层内水汽和尘埃含量都很少，天气现象很少出现。平流层(10 ~ 50 km)是由 20 世纪初法国气象学家莱昂菲利普·泰瑟朗·德·波特(Léon Philippe Teisserenc de Bort)发现的。通过利用气球搭载温度测定装置，他发现大气层的温度变化与当时的认识不同，温度未随着高度的增加而稳步降低至绝对零度，而是在 11 km 处不再下降并保持基本稳定。因此，他把这部分区域定义为平流层(意为稳定的层)。温度在 20 ~ 50 km 处又开始随高度增加，在平流层顶时达到 271 K，这一温度仅仅略低于地球表面的 288 K。平流层上部温度增加的主要原因是该层内 O_3 的存在能够吸收紫外辐射。

中间层：从平流层顶到中间层顶(80 ~ 90 km 高度)。这一层内温度又随着高度增加而降低，中间层顶是大气中温度最低的位置。这一层内也存在快速的垂直混合作用。

热层：该层位于中间层顶向上的区域(至约 120 km 高度处)。层内温度随着高度增加而增加，主要是由于 N_2 和 O_2 对短波辐射的吸收和快速的垂直混合。电离层处于中间层的上层和热层的下层的位置，其中的离子由光离子化产生。

散逸层：热层以上的最外面的大气层，也是地球大气圈向外太空过渡的一层，没有明确的上限。该层内的气体分子有足够的能量逃脱地球引力发生逸散。

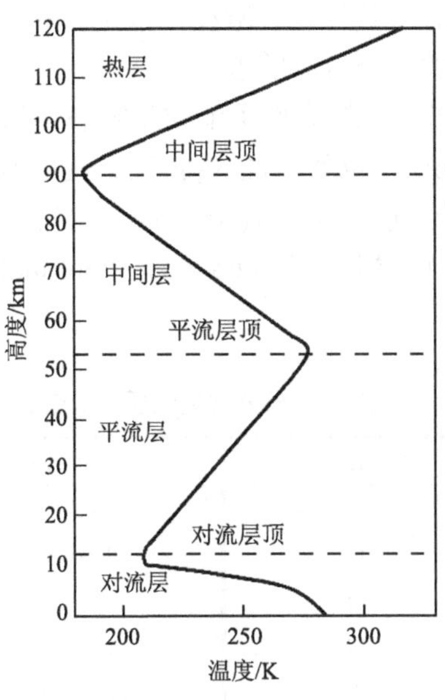

图 1.2.1　大气的分层及温度的变化

1.3　大气成分的度量

1.3.1　混合比

在介绍混合比之前，首先需了解理想气体和理想气体状态方程的概念。理想气体有以下几个性质：从微观上看，气体分子有质量，但是没有体积，是质点；分子在气体中的运动相互独立，不存在相互吸引与排斥作用(不存在分子势能)；在与容器器壁碰撞之前做匀速直线运动，分子与器壁之间的碰撞是完全弹性的，不存在动能损失。理想气体的内能是分子动能之和。理想气体严格遵守理想气体状态方程：

$$pV = nRT \tag{1.1}$$

式中，p 为压强；V 为体积；n 为物质的量(摩尔数)；R 为普适气体常量；T 为热力学温度(一般为开尔文温标，下同)。当 p、V、n 和 T 的单位分别为 Pa、m^3、mol 和 K 时，气体常量 R 为 8.314 $J \cdot mol^{-1} \cdot K^{-1}$(或 $Pa \cdot m^3 \cdot mol^{-1} \cdot K^{-1}$)；若 p 和 V 的单位分别为 atm 和 L 时，R 为 0.08205 $L \cdot atm \cdot mol^{-1} \cdot K^{-1}$。

对于某气体 A，其混合比 C_A 的定义为每摩尔空气中 A 物质的摩尔数(也等同于摩尔分数)。混合比的单位是 $mol \cdot mol^{-1}$(即每摩尔空气中的该气体的摩尔数)，或等同于单位 $L \cdot L^{-1}$(每体积空气中该气体的体积数)，因理想气体占据的体积与其分子数成正比。实际上，一切真实气体都不是理想气体，但对于大气化学，理想气体假设一般是成立的，这主要是因为地球大气中的压强和温度都不高，实际情况与理想气体的偏离一般在 1%以内。

气体的混合比并不随着空气密度的变化(如温度和压强导致的改变)而变化。假设大气中悬浮着一个密闭的充满空气的气球，当气球上升时，由于压强变小，其体积将增加，那么气球内每单位体积内的分子数目将会减少，但是各种不同气体的混合比是保持不变的。因此混合比是大气成分的一个可靠的度量。

表 1.3.1 中给出干空气中一些典型化学组分的混合比情况。空气中含量最高的气体是 N_2，其混合比为 0.78 $mol \cdot mol^{-1}$，也就是说 N_2 占据大气中所有分子数目的 78%。其次是 O_2，混合比为 0.21 $mol \cdot mol^{-1}$。再次为氩气(Ar)，混合比为 0.0093 $mol \cdot mol^{-1}$。其他气体含量相对较低，如二氧化碳(CO_2)混合比为 3.65×10^{-4} $mol \cdot mol^{-1}$，一氧化二氮(N_2O)混合比为 3.2×10^{-7} $mol \cdot mol^{-1}$。

表 1.3.1　干空气中部分常见物质的混合比　　(单位：$mol \cdot mol^{-1}$)

气体名称	混合比	气体名称	混合比
氮气(N_2)	0.78	氦(He)	5.2×10^{-6}
氧气(O_2)	0.21	甲烷(CH_4)	1.7×10^{-6}
氩气(Ar)	9.3×10^{-3}	氪(Kr)	1.1×10^{-6}
二氧化碳(CO_2)	3.65×10^{-4}	氢气(H_2)	5.0×10^{-7}
氖(Ne)	1.8×10^{-5}	一氧化二氮(N_2O)	3.2×10^{-7}
臭氧(O_3)	$0.01 \sim 10 \times 10^{-6}$		

对于这些含量极低的痕量气体，混合比常用的单位是百万分之一体积(parts per million volume，ppmv)、十亿分之一体积(parts per billion volume，ppbv)或者万亿分之一体积(parts per trillion volume，pptv)。当描述气体时，体积混合比如 ppmv 也常写作 ppm，若特指质量混合比，则百万分之一质量应简写为 ppmm；当描述溶液中的痕量组分时，质量混合比也可简写为 ppm(等于 $mg \cdot kg^{-1}$)。ppm 在不同背景下，含义稍有不同，应注意鉴别。1 ppmv = 1×10^{-6} $mol \cdot mol^{-1}$，1 ppbv = 1×10^{-9} $mol \cdot mol^{-1}$，1 pptv = 1×10^{-12} $mol \cdot mol^{-1}$。因

此，1 ppmv = 10^3 ppbv = 10^6 pptv。表 1.3.1 中 CO_2 的混合比可写作 365 ppmv，N_2O 的混合比为 320 ppbv。

表 1.3.1 给出的是干空气中一些常见组分的混合比。实际大气中还存在水蒸气，且混合比变化范围很大，可以从几个百分点(地表)到几个 ppmv(对流层顶)。对流层顶水蒸气含量极低的主要原因是这一区域温度较低，水蒸气结冰从而被除去，因此平流层中的水蒸气含量一般在 4 ~ 5 ppmv，含量甚至低于 O_3，故平流层是大气中极其干燥的区域。

1.3.2　数密度

对于某气体 A，其数密度(number density) n_A 的定义是每单位体积空气中 A 分子的数量，数密度单位通常为 cm^{-3}(每立方厘米空气中 A 分子数目)。对于气体和短寿命自由基等物质，数密度是最为常用的单位，在后续章节涉及的气相反应及其速率方程式中有重要应用。此外，数密度的另一个重要应用是作为光学性质活泼分子吸收或散射光的度量，因为气体吸光和散射的程度取决于沿光照方向的分子数目。

气体 A 的数密度和混合比之间可以通过空气的数密度(n_a)(每立方厘米空气中空气分子数)转换：

$$n_A = C_A n_a \tag{1.2}$$

空气数密度 n_a 与其大气压强有关，即取决于理想气体状态方程[式(1.1)]。空气数密度使用其摩尔数和体积来描述，可以写作：

$$n_a = \frac{N_A N}{V} \tag{1.3}$$

式中，N_A 为阿伏伽德罗常数，为 $6.022 \times 10^{23}\ mol^{-1}$。将式(1.3)代入式(1.1)，可得到：

$$n_a = \frac{N_A P}{RT} \tag{1.4}$$

式(1.2)即为

$$n_A = \frac{N_A P}{RT} C_A \tag{1.5}$$

从式(1.5)可以看出，数密度 n_A 与混合比不同，其随着 P 和 T 的变化而变化。

浓度的另外一个常见的度量单位是质量浓度 ρ_A，含义是每单位体积空气中 A 物质的质量(ρ_A 也可以用于表示密度，即单位体积物质的质量，质量单位可以为 g，有时候也可以为 kg)。ρ_A 和 n_A 之间的关系可以利用气体 A 的摩尔质量 M_A($g \cdot mol^{-1}$)来表示：

$$\rho_A = \frac{n_A M_A}{N_A} \tag{1.6}$$

由此出发，空气的平均摩尔质量 M_a 可以通过平均所有组分贡献得到：

$$M_a = \sum_i C_i M_i \tag{1.7}$$

式中，i 为空气中各种可能存在的组分。M_a 的值可以通过空气中三种最为主要的气体组分(考虑干空气)N_2、O_2 和 Ar(Ar 混合比取 0.01 $mol \cdot mol^{-1}$)估算得到：

$$M_a = 0.78\,\text{mol}\cdot\text{mol}^{-1}\times 28\,\text{g}\cdot\text{mol}^{-1} + 0.21\,\text{mol}\cdot\text{mol}^{-1}\times 32\,\text{g}\cdot\text{mol}^{-1} + 0.01\,\text{mol}\cdot\text{mol}^{-1}\times 40\,\text{g}\cdot\text{mol}^{-1} = 28.96\,\text{g}\cdot\text{mol}^{-1} \quad (1.8)$$

除了气体成分，数密度有时候也用于对大气中存在的颗粒物的量的描述，也就是用于描述每单位体积空气中存在的颗粒物的数目。颗粒物浓度也常用质量浓度表示(每单位体积空气中颗粒物的质量)。有关颗粒物的其他概念(如粒径分布、数密度分布等)将在第5章进行详细介绍。

1.3.3 分压

对于某气体A，其在总压强为P的混合气体中的分压P_A(partial pressure)的定义是当移除了所有其他气体分子之后，所有A分子所能施加的压力。气体分压P_A与总压P之间可以通过混合比来描述(道尔顿定律)：

$$P_A = C_A P \quad (1.9)$$

对于大气中的情况，若P是总的大气压，利用理想气体状态方程，可得

$$P_A = \frac{n_A}{N_A} RT \quad (1.10)$$

气体的分压是对气体分子与表面碰撞频率的一种量度，因此也决定分子在气相和共存的凝聚相(如水相)之间分子交换的速率。一些气体包括水蒸气由于它们在大气中经常发生相态的变化，因此其浓度也经常以分压的形式给出。注意，对于理想气体，气体A的混合比即A的量与总气体的量之间的比值，也就等于A在总气体中的分压($\varepsilon_A = \frac{C_A}{C_{total}} = \frac{P_A}{P}$)。

下面以水为例，来介绍水的分压，也常称为水的蒸气压(P_{H_2O})。如图1.3.1所示，假设液态水均匀分布在一个较浅的圆柱形平底容器中，并暴露于大气中。液态水分子总是处于恒定运动中，由于这一运动，平底容器表面的水分子会向大气挥发[图1.3.1(a)]。如果让这种挥发持续足够长的时间，实际上平底容器中所有的水都将会挥发。现在，在平底容器上方加一个盖子以阻止水分的挥发，此时从平底容器中挥发的水分子会与盖子发生碰撞并最终返回到平底容器中[图1.3.1(b)]。当水分子从平底容器中挥发的速率等于返回平底容器的水蒸气分子与液态水表面碰撞的速率时，体系达到稳态。碰撞的速率是由液面上方的水的蒸气压(P_{H_2O})决定的。当液面上方的水的蒸气压达到饱和(达到饱和蒸气压$P^{o}_{H_2O}$)时，液相和气相之间达到平衡。如果升高平底容器中水的温度，表面分子的能量也会相应提高，蒸发速率也会增加，因此也就需要一个较大的水蒸气分子与表面碰撞的速率，这也就意味着，此时水的饱和蒸气压随着温度的升高而升高。类似理解，当实际大气中的P_{H_2O}大于其饱和蒸气压时，就会形成液态水(也即云雾现象)。

水蒸气作为大气中一种极其重要的物质，其在大气中的含量有多种表示方法，除了体积混合比(ppmv)，还有其他几种：

(1)水蒸气质量与干空气(dry air)质量比，g $H_2O\cdot$(kg dry air)$^{-1}$；

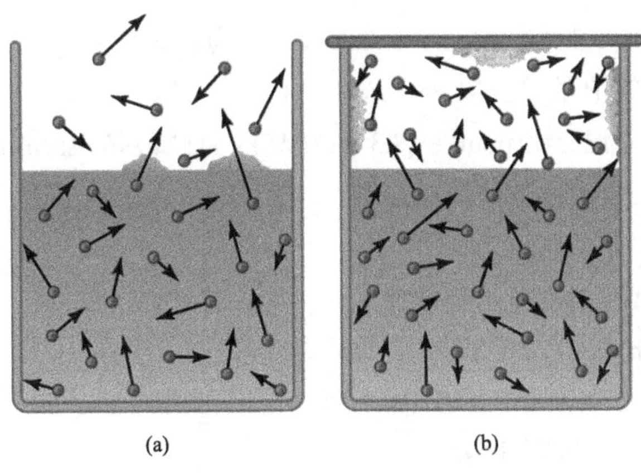

图 1.3.1　容器中水分的蒸发

(2)比湿度，水蒸气质量与总空气质量比，g $H_2O\cdot(\text{kg air})^{-1}$；

(3)质量浓度，g $H_2O\cdot(\text{m}^3\ \text{air})^{-1}$；

(4)质量混合比，g $H_2O\cdot(\text{g air})^{-1}$；

(5)相对湿度(relative humidity，RH)，水的蒸气与该温度下水的饱和蒸气压的比值，$P_{H_2O}/P_{H_2O}^{o}$。相对湿度(RH)一般常以百分比的形式给出：

$$\text{RH}=100\%\cdot\frac{P_{H_2O}}{P_{H_2O}^{o}} \tag{1.11}$$

相对湿度是天气预报中常常给出的天气指标。相应地，云雾一般是在 RH 大于 100%时发生的天气现象。

除了使用以上几种度量来描述大气组分的含量外，当描述大气中组分的排放量(如每年的排放总量)等概念时，也可使用一些其他单位。例如，每年多少太克，$\text{Tg}\cdot\text{a}^{-1}$($1\ \text{Tg}=10^{12}\ \text{g}=10^9\ \text{kg}$)。另一个常用的单位是吨(ton，t)($1\ \text{t}=10^6\ \text{g}=10^3\ \text{kg}$；$1\ \text{Tg}=10^6\ \text{t}$)；对于 CO_2 和 CH_4 等含量相对较高的气体，还可以使用千兆吨(gigaton，Gt)($1\ \text{Gt}=10^9\ \text{t}=10^{15}\text{g}=1\ \text{Pg}=10^3\ \text{Tg}$)。

此外，由于使用习惯上的不同，对于气体，常常使用类似 ppmv、ppbv、pptv 等单位，但有时候也会使用质量浓度如常见的 $\mu\text{g}\cdot\text{m}^{-3}$ 等单位。空气质量预报中常常混用 $\mu\text{g}\cdot\text{m}^{-3}$ 和 ppb 等来报道大气中细颗粒物或者其他污染气体如 NO_2、SO_2、O_3 等的浓度。因此质量浓度和混合比之间经常需要进行换算以进行比较。

假设某物质 i 的质量浓度 m_i 以 $\mu\text{g}\cdot\text{m}^{-3}$ 形式给出，则该物质的摩尔浓度 c_i 为 $\text{mol}\cdot\text{m}^{-3}$ 的形式，等于：

$$c_i=\frac{10^{-6}m_i}{M_i} \tag{1.12}$$

式中，M_i 为物质 i 的摩尔质量，$\text{g}\cdot\text{mol}^{-1}$。

空气在压强为 P 和温度为 T 时的总摩尔浓度 c，根据理想气体状态方程为 $c=P/RT$，由此可以得到：

$$\text{物质 } i \text{ 混合比(ppm)} = (RT/PM_i) \times \text{ 物质 } i \text{ 浓度}(\mu g \cdot m^{-3}) \tag{1.13}$$

如果 T 单位取 K，P 的单位取 Pa，式(1.13)可以写为

$$\text{物质 } i \text{ 混合比(ppm)} = (8.314T/PM_i) \times \text{ 物质 } i \text{ 浓度}(\mu g \cdot m^{-3}) \tag{1.14}$$

例 1.1：*假设在大气压为 1.013×10^5 Pa、温度为 298 K 时，地表臭氧浓度为 150 ppb，请计算此时臭氧浓度为多少 $\mu g \cdot m^{-3}$？*

答：*利用式(1.14)，并将左右两边做转换，可以得到：*

$$\begin{aligned}\text{物质 } i \text{ 浓度}(\mu g \cdot m^{-3}) &= PM_i/8.314T \times \text{ 物质 } i \text{ 的混合比(ppm)} \\ &= (1.013 \times 10^5\ \text{Pa}) \times 48\ g \cdot mol^{-1}/(8.314\ \text{Pa} \cdot m^3 \cdot mol^{-1} \cdot K^{-1} \times 298\ \text{K}) \times 0.15 \\ &= 294.4\ \mu g \cdot m^{-3}\end{aligned}$$

也就是说，此时 150 ppb 的臭氧相当于 294.4 $\mu g \cdot m^{-3}$。

1.4 大 气 压 强

1.4.1 大气压强的概念

大气压强是指大气对浸于其中的物体产生的压强，通常用单位横截面积上所承受的铅真气柱的重量表示。早在 1654 年，德国马德堡市长奥托·冯·格里克(Otto von Guericke)进行了一项著名的科学实验：当把两个直径为 35.5 cm 的空心铜半球紧贴在一起，抽出其中空气后，使用了 16 匹马竭尽全力才将两个半球拉开，从而证实了大气压的存在，并且说明表面积越大，承受的大气压力也越大。

大气压可以使用汞气压计(由装满汞的长玻璃管倒置在汞液中)测定得到。当把玻璃管倒置时，汞会从管中流出，因此在管上方形成一段真空，且该真空稳定在液面上方的平衡高度 h 处。这一平衡意味着管中液面上部高度为 h 的汞柱施加的压力，与管外同一水平液面上方由大气压施加的压力是相等的。此时，汞柱的压强为

$$P_A = \rho_{Hg} g h \tag{1.15}$$

式中，汞的密度 ρ_{Hg} 为 13.6 $g \cdot cm^{-3}$，重力加速度 g 为 9.8 $m \cdot s^{-2}$。在海平面上测得的 h 的平均高度为 76.0 cm，相应的大气压 P_A 为 1.013×10^5 $kg \cdot m^{-1} \cdot s^{-2}$(国际单位制)。如果以水取代汞，水的密度取值为 1 $g \cdot cm^{-3}$，此时 h 的平均高度将为 10.336 m。

国际上压强的标准单位为帕斯卡(Pa)，1 Pa = 1 $kg \cdot m^{-1} \cdot s^{-2}$。其他常见的描述大气压的单位有标准大气压(atm)(1 atm = 1.013×10^5 Pa)、巴(bar)(1 bar = 1×10^5 Pa)、毫巴(mbar)(1 mbar = 100 Pa)和托(torr)(1 torr = 1 mm Hg = 134 Pa)。毫巴的使用逐渐减少，一般可以用等效的国际单位百帕(hPa)取代。因此，海平面上的平均大气压可以用 $P = 1.013 \times 10^5$ Pa = 1013 hPa = 1013 mbar = 1 atm = 760 torr 来等效表示。

地球表面的平均大气压为 P_s = 984 hPa，略低于海平面的大气压，这是因为地球表面存在高低不平的陆地。地球大气的总质量 m_a 可以估算为

$$m_a = \frac{4\pi R^2 P_s}{g} = 5.2 \times 10^{18}\ \text{kg} \tag{1.16}$$

地球半径 R 取值为 6400 km。地球大气中空气的总摩尔数 $N_a = m_a/M_a = 1.8 \times 10^{20}$ mol。

1.4.2　大气压的垂直分布

地球大气层的压强是随着高度增加而呈指数关系降低的。对流层和平流层大约占据大气 99.9%的质量，当高度升到 80 km，大气压降低为 0.01 hPa，也就是 99.999%的大气都是在 80 km 以下的。假如家用汽车可以垂直向上驾驶，实际上人类可以在大约 1 h 之内进入外太空。

考虑大气中存在的一个空气团，其厚度为 dz，水平面积为 A，下表面所处高度为 z (图 1.4.1)。此时空气团下表面受到的压力为 $P(z)A$，上表面受到的压力为 $P(z+\mathrm{d}z)A$，气团的净压力$[P(z)-P(z+\mathrm{d}z)]A$ 为气压梯度力。由于 $P(z)$大于 $P(z+\mathrm{d}z)$，因此气压梯度力是向上的。为了使得这一空气团处于平衡，空气团的重力必须与气压梯度力平衡：

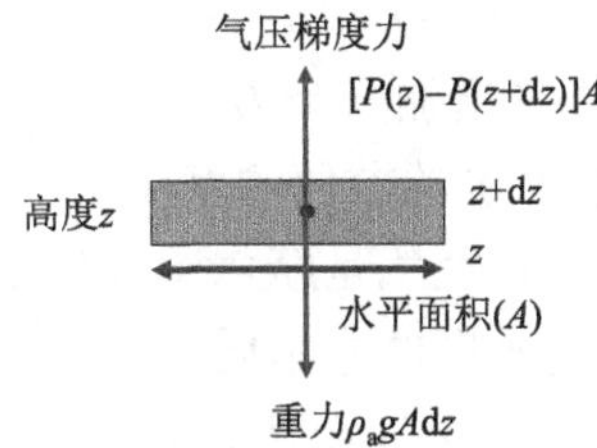

图 1.4.1　大气中某空气团垂直方向受力

$$mg = \rho_a g A \mathrm{d}z = [P(z) - P(z + \mathrm{d}z)]A \tag{1.17}$$

整理可得

$$-\rho_a g = \frac{P(z + \mathrm{d}z) - P(z)}{\mathrm{d}z} \tag{1.18}$$

右边按定义为 dP/dz，因此可进一步得到：

$$\frac{\mathrm{d}P}{\mathrm{d}z} = -\rho_a g \tag{1.19}$$

由理想气体状态方程($pV = nRT$)，可以得到：

$$\rho_a = \frac{PM_a}{RT} \tag{1.20}$$

式中，M_a 为空气的摩尔质量；T 为温度。将式(1.20)代入式(1.19)可得

$$\frac{\mathrm{d}P}{P} = -\frac{M_a g}{RT}\mathrm{d}z \tag{1.21}$$

假设温度 T 随着高度不发生变化(实际上在 80 km 以下，温度 T 的变化只有约 20%)，将式(1.21)进一步积分可得

$$P(z) = P(0)\exp\left(-\frac{M_a g}{RT}z\right) \tag{1.22}$$

式(1.22)也称为气压定律。

可以进一步定义大气的标高 H：

$$H = \frac{RT}{M_a g} \tag{1.23}$$

因此气压定律可以简写为

$$P(z) = P(0)e^{-\frac{z}{H}} \tag{1.24}$$

若大气平均温度 $T = 250$ K，可以计算得到大气标高 $H = 7.4$ km。气压定律可以解释观测到的 P 与 z 之间的指数关系，z 对 $\ln P$ 作图可以得到一条斜率为$-H$ 的直线。在实际情况中，这一斜率因温度随着高度有一定程度的变化(在上述计算中忽略了此变化)会有微小波动。

空气密度沿着垂直方向的变化与气压的变化类似。从式(1.20)可知，ρ_a 和 P 也是线性相关的，假设 T 为常数，同样可以推导得到：

$$\rho_a(z) = \rho_a(0)e^{-\frac{z}{H}} \tag{1.25}$$

式(1.24)和式(1.25)表明，当高度增加一个 H 时，空气的压强和密度将降低 2.7 倍($e = 2.7$)。H 实际上提供了描述大气层厚度的方便的度量。

在大气标高的推导过程中，假设空气是摩尔质量为 29 $g \cdot mol^{-1}$ 的均匀混合的气体，读者可能会认为不同的气体因有着不同的摩尔质量而可能有着不同的大气标高。特别是，由于 N_2 和 O_2 的摩尔质量不同，人们可能会认为 O_2 混合比将随高度增加而减少。实际上，空气混合物的重力分离是依靠分子扩散实现的，而在 100 km 高度下的空气中，这一扩散显著低于湍流垂直混合。因此只有在 100 km 以上，气体的重力分离才比较显著，即较轻的气体会在较高的高度富集。实际上，也正是由于空气湍流混合作用，摩尔质量相对较高的氟氯烃类物质能够到达平流层，且混合比与其在地表类似，因而能够参与臭氧的耗损(第 7 章)。

✔思 考 题

1. 大气中 CO_2 浓度由工业革命前的 280 ppmv 增长到当前大气中的 400 ppmv，请据此计算地球大气中的碳增加的质量(假设 CO_2 与大气中其他组分混合均匀，地球大气的总质量为 5.2×10^{18} kg)。

2. 设想有两架飞机，分别飞行在 10 km 和 20 km 的高空，请计算这两个不同高度大气空气的密度比。

3. 分别计算温度为 273 K、288 K 和 298 K 时，海平面和不同高度下的空气数密度[利用式(1.4)和式(1.25)]。

4. 在 1 个大气压 298 K 下，NO_2 的混合比为 80 ppb，将此浓度换算为 $\mu g \cdot m^{-3}$。

参 考 文 献

唐孝炎，张远航，邵敏. 2006. 大气环境化学. 2 版. 北京：高等教育出版社.

Jacob D J. 1999. Introduction to Atmospheric Chemistry. New Jersey: Princeton University Press.

Seinfeld J H, Pandis S N. 2016. Atmospheric Chemistry and Physics: From Air Pollution to Climate Change. New Jersey: John Wiley & Sons Inc.

第 2 章　大气成分循环过程

2.1　大气污染物的来源

大气污染通常指由人类活动或自然界向大气中排放一种或多种物质，且达到足够的浓度，维持足够的时间，进而对人类、生态、材料或者其他环境要素(包括大气性质、水体性质等)产生危害的现象。

大气污染主要来自人类活动以及自然过程。人类活动涉及生活活动与生产活动，其中生产活动是导致大气污染形成的重要因素。自然过程包括森林火灾、岩石风化、火山喷发等。这些自然过程可以将含硫、含氮、含碳的污染物释放到大气中，抑或使大气中的一些气体组分含量远超其正常含量，进而引起大气污染。

一般来讲，污染物在大气中维持足够的浓度以及在此浓度下持续足够的时间是形成大气污染的两个必要条件。污染物一旦被释放到大气中，就会与海洋、土壤、植被等其他圈层进行物质交换，通过大气循环过程如干湿沉降、化学反应等物理化学过程从大气中去除。但如果污染物在大气中的生成速率(包括直接释放)超过其去除速率，其浓度会在大气中进行累积。如果累积的浓度超过正常的安全水平，污染物就会直接对人类、动植物、水体环境等造成伤害。

根据不同的物理化学特征将排放进入大气的污染物进行分类。按照其存在的形态，可以将大气污染物分为气态污染物和颗粒态污染物；按照其与污染源的关系，又可以将大气污染物分为一次污染物和二次污染物。

所谓一次污染物是从污染源直接排放的原始物质，且进入大气后其性质没有发生根本改变；而二次污染物是从污染源排出的一次污染物与大气中已有的成分产生一系列(光)化学反应，进而形成与原污染物性质完全不同的新污染物。在展开讨论各类污染物之前，本书首先介绍各大气污染物的主要来源。

根据大气污染的定义，大气污染物主要来源于人类活动和自然过程，即人为源和天然源(图 2.1.1)。

2.1.1　人为源

化石燃料(包括煤、石油、天然气等)的燃烧，是向大气排放污染物的重要人为源。煤是主要的工业和民用燃料，它的主要成分是碳(C)，并含有氢(H)、氧(O)及少量的氮(N)、硫(S)和金属化合物。煤燃烧时除产生大量烟尘外，还会形成 CO、CO_2、SO_2、NO_x[包括一氧化氮(NO)和二氧化氮(NO_2)]、烃类有机物等。这些物质中有一部分属于不完全燃烧产物，如 CO、黑碳(BC)颗粒等，另一部分则属于完全燃烧产物(如 CO_2、SO_2 等)。燃煤产生的 SO_2 占人为源排放总量的 70%，NO_2 和 CO_2 均约占 50%，粉尘约占 40%。除工业

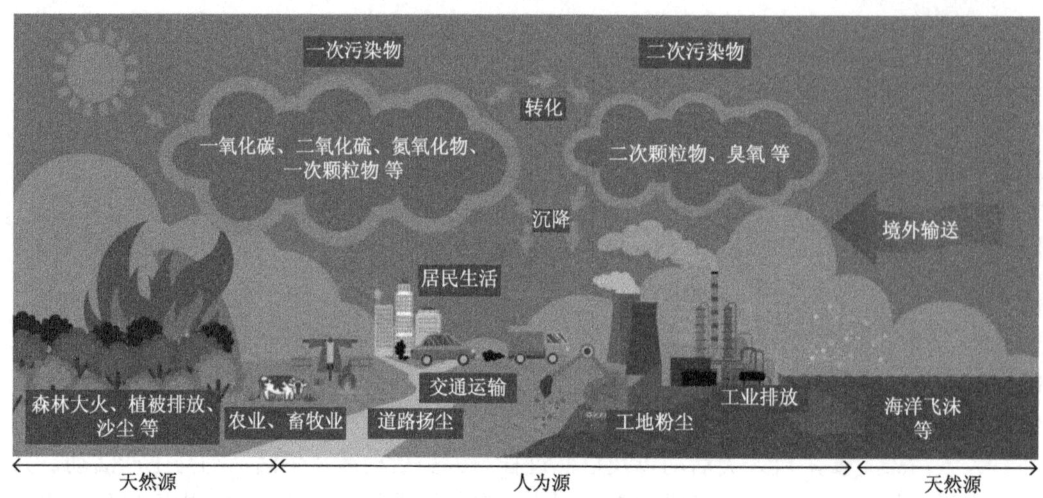

图 2.1.1　大气污染物来源示意图

和民用燃煤外，以内燃机为主的各种交通运输工具数量庞大、种类繁多，也是重要的大气污染物排放源。汽车、火车、轮船和飞机等内燃机燃烧排放的废气中含有 CO、NO_x、碳氢化合物、含氧有机化合物、硫氧化物和铅的化合物等多种物质。

工业生产过程中排放的污染物也是城市大气的重要污染源。例如，石油工业排放硫化氢(H_2S)气体和各种碳氢化合物；钢铁工业在炼焦、炼铁和炼钢过程中会释放大量碳氧化物、粉尘及氟化物；有色金属冶炼厂会排放 SO_2、NO_x 以及有毒的重金属物质，如铅、镉、锌等；酸碱盐工业会排出 SO_2、NO_x、氟化氢(HF)以及各种酸性废气；磷肥厂会排出氟化物等。

固体废弃物是人类生产生活产生的多种固态废弃物的总称，其组成极为复杂。焚烧固体废弃物是其主要的处理方法。用焚烧炉焚烧垃圾时，产生的热能可被进一步利用，但焚烧过程也会产生有毒有害的大气污染物，如二噁英等。生活垃圾也可通过填埋方式来进行处理，但在处理过程中会产生大量填埋气体(landfill gas，LFG)，主要包括 CH_4、CO_2、O_2、N_2 和 H_2，以及其他多种痕量气体。在人为 CH_4 的排放量中，垃圾填埋位列所有排放源的第三位。

农药及化肥的使用也是大气污染物的一个重要来源。在喷洒农药的过程中，部分农药会以液态或颗粒态的形式直接散发到大气中，而黏附在农作物表面或残留在农作物体内的农药也可以通过挥发进而释放到大气中。进入大气中的农药会吸附在大气颗粒物表面，随大气运动输送到其他地方，进而可能造成大面积农药污染。有关化肥使用对大气环境产生不利影响的机理，目前仍在深入探究。当使用氮肥时，含氮的肥料会在土壤中发生一系列反应进而产生氮氧化物并释放到大气中，肥料中的氮也可以通过反硝化作用形成氧化亚氮和氮气，然后释放到空气中。不溶于水的氧化亚氮能够被输送到平流层中，会与臭氧发生化学反应，进而破坏平流层臭氧。

在我国，尤其是在农村地区，生物质能源一直被视为主要的能量来源之一，主要形式是燃烧大量木材。过度砍伐森林既破坏自然的植被系统，又造成水土流失。与此同时，生物质燃烧过程中产生的大量 CO、NO_x、SO_2、挥发性有机物(VOC)等也会造成严重的大气污染。

2.1.2 天然源

大气污染物的天然源主要包括森林排放[释放萜烯类($(C_5H_8)_n$)碳氢化合物]、海浪飞沫[产生硫酸盐(SO_4^{2-})和亚硫酸盐(SO_3^{2-})]、海洋浮游植物[释放二甲基硫(CH_3SCH_3)等挥发性含硫物质]、扬尘、沙尘暴、土壤粒子、森林或草原火灾(释放 CO、CO_2、SO_2、NO_x、VOC 等)、火山活动(排放 SO_2、SO_4^{2-}等颗粒物)。与人为源相比，尽管由天然源排放的大气污染物种类少、浓度低，但从全球尺度来看，天然源对大气污染物浓度的贡献不可忽视，尤其在清洁地区。有研究估计了全球硫氧化物和氮氧化物的排放量，发现全球 60%的硫排放和 93%的氮排放来自天然源。

通过人类活动和自然过程向大气中排放的气体污染物可以根据化学成分大致分成：①含硫化合物、②含氮化合物、③含碳化合物和④含卤素化合物。接下来将一一介绍这四种化合物。

2.2 含硫化合物

硫在地球大气中的总体积混合比小于 1 ppm。然而，含硫化合物对大气化学、天气和气候有着深远影响。大气中主要的含硫化合物包括 H_2S、二甲基硫(CH_3SCH_3)、二硫化碳(CS_2)、氧硫化碳(OCS)和 SO_2 等。硫在大气中可以以五种价态存在，含硫化合物的化学反应活性与硫的价态成反比。还原性的硫化合物，其价态一般为–2 价或–1 价，能被羟基自由基迅速氧化，也可以被其他氧化剂氧化，在大气中的寿命一般是几天。含硫化合物的水溶性能力随硫价态的增加而增长。还原性的含硫化合物优先以气态的形式存在，而高价态的含硫化合物，如+6 价，通常出现在颗粒或液滴中。当低价态的含硫化合物转化为高价态的含硫化合物后，主要通过干湿沉降来确定其在大气中的停留时间。

2.2.1 二氧化硫

SO_2 是主要的人为含硫大气污染物。在大陆背景地区，SO_2 的体积混合比在 20 ppt 至几十 ppb；在未受污染的海洋边界层内，SO_2 的浓度一般在 20 ~ 50 ppt；在人类活动密集的城市地区，SO_2 体积混合比可高达几百 ppb。SO_2 是无色、有刺激性气味的气体，但其本身毒性不大。SO_2 在大气中(尤其在污染大气中)容易被氧化形成三氧化硫(SO_3)，进而能与水分子结合生成硫酸分子，或经过均相/非均相成核作用形成硫酸气溶胶，进而与其他物质发生化学反应生成硫酸盐。硫酸和硫酸盐能够形成硫酸烟雾和酸性降水(如酸雨)，会造成严重的生态环境以及人体健康危害。SO_2 之所以被公认为是重要的大气污染物，主要原因在于它是形成硫酸烟雾和酸雨的主要成分。

大气中 SO_2 主要来源于含硫物质的燃烧。硫在燃料过程中以有机硫化物或无机硫化物的形式存在。全球除海洋外的硫排放量为 98 ~ 120 Tg S(百万吨硫)，其中人为源(90%来自北半球)贡献 75%。中国的硫排放问题一直受到国际社会的高度关注，20 世纪 70 ~ 90

年代，我国的硫排放呈现快速上升趋势，1990 年的排放量大约占亚洲总排放的 2/3。近年来中国 SO_2 排放量的增长趋势显著变缓，2010 年以后，我国 SO_2 的排放量呈逐年降低趋势(图 2.2.1)。

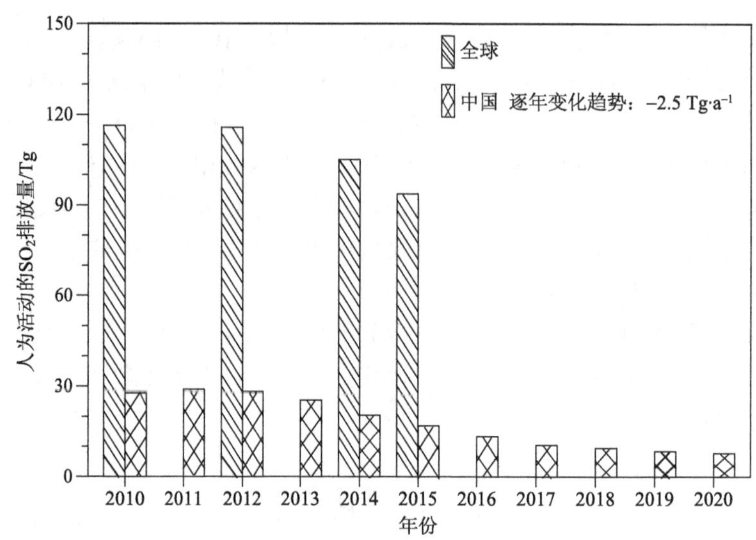

图 2.2.1 2010 ~ 2020 年全球和中国人为活动的 SO_2 排放量

2.2.2 低价态含硫化合物

含硫的大气污染物也有很多来自天然源，包括生物活动、火山喷射、海水浪花等。生物活动产生的含硫化合物主要以硫化氢和二甲基硫的形式存在；火山喷发的含硫化合物大部分以二氧化硫的形式存在；海浪释放的含硫化合物的主要成分是硫酸盐。

与人为源不同，天然源排放的硫主要以低价态的形式存在，其中主要是硫化氢、二甲基硫和氧硫化碳。天然源排放的硫化氢主要来自动植物机体的腐烂，即动植物机体中的硫酸盐经微生物的厌氧活动还原而产生。火山活动也能排放少量硫化氢。关于硫化氢的排放数据，至今尚未统计完全。人为活动排放硫化氢的量不大，据估计，全球硫化氢的工业排放量是二氧化硫排放量的 2%左右，因此由人类活动产生的硫化氢对大气环境构成的污染暂不严重。

二甲基硫，也称 DMS，是海洋排放的主要含硫物种，一般由海水中的浮游生物产生。DMS 在海洋边界层中的平均混合比介于 80 ~ 100 ppt，但在海岸和上升流中可高达 1 ppb，即 DMS 在海洋中的浓度与海水深度和测量位置有关，且存在昼夜变化的特征。海洋中的 DMS 也会释放到大气中，进而被大气的 OH 自由基和 NO_3 自由基氧化。在白天，DMS 主要与 OH 自由基发生反应，因为 OH 自由基的生成需要有太阳光的照射；而在夜间，NO_3 自由基是氧化 DMS 的主要氧化剂。因此，DMS 浓度在海洋边界层内会呈现明显的昼夜变化特征，其浓度在夜间会达到高值。DMS 被氧化后会生成二氧化硫和甲烷磺酸，是海洋大气中二氧化硫和甲烷磺酸的主要来源。

氧硫化碳是大气中含量丰富的含硫气体，在大气中的寿命较长，主要原因是较弱的化学反应活性。除火山喷发可直接将二氧化硫送入平流层外，氧硫化碳是唯一一种能通过扩散或夹卷作用进入平流层的含硫化合物。实际上，氧硫化碳进入平流层被认为是能维持平流层硫酸盐浓度稳定不变的主要因素。

2.3　含氮化合物

大气中主要的含氮化合物包括氧化亚氮(N_2O)、一氧化氮(NO)、二氧化氮(NO_2)、硝酸气体(HNO_3)和氨气(NH_3)等。氧化亚氮是一种无色气体，主要是由自然排放产生的，且主要由土壤中的细菌作用产生。这种气体常被用作麻醉剂，通常也被称为笑气。一氧化氮既能由人为活动产生，又能来自自然排放。一氧化氮是在高温燃烧过程中形成的主要氮氧化物之一，即由燃料中的氮与空气中存在的氧相互作用，或者大气中的氮和氧在高温燃烧过程下的化学转化而产生。燃烧过程也会直接释放二氧化氮，但量较少。二氧化氮主要通过一氧化氮的氧化而生成。一氧化氮和二氧化氮可被统称为氮氧化物(NO_x)。氮氧化物对人体有危害，会破坏皮肤组织，与血红蛋白结合会使人体缺氧，也会引起肺水肿，甚至发展成肺癌等。大气中的硝酸气体通过二氧化氮的氧化而生成。氨气主要由天然源排放。其他的氮氧化物，如三氧化氮(NO_3)和五氧化二氮(N_2O_5)，在大气中存在的浓度较低，但其化学作用显著，也不可忽视。

2.3.1　氧化亚氮

氧化亚氮(也称一氧化二氮，N_2O)既是一种重要的温室气体(温室效应是甲烷的 10 倍)，又是一种消耗臭氧的化学物质，约占长寿命温室气体辐射强迫的 7%。排放到大气中的氧化亚氮既有天然源(约 60%)的贡献，又有人为源(约 40%)的贡献，涉及海洋、土壤、生物质燃烧、化肥使用和各种工业过程等。全球人为产生的氧化亚氮排放主要来源于农田施肥，在过去 40 多年里增加了 30%。由于大量使用氮肥和粪肥，农业氧化亚氮的排放量占人为排放量的 70%。这种增加是大气中氧化亚氮负荷增长的主要原因。

氧化亚氮的排放既有天然源，又有人为源。天然源以海洋和森林为主，热带森林和热带土壤是大气氧化亚氮的重要排放源。人为源则涉及农田氮肥的使用、工业生产和家畜排放。在工业革命以前，大气中氧化亚氮的浓度为 270 ppb，截至 2018 年，已增长到 331 ppb。在过去 10 年(2007 ~ 2016 年，表 2.3.1)，全球氧化亚氮的年均排放量为 17.1 Tg N，排放量范围为 15.9 ~ 17.7 Tg N，其中 43%来自人为源，且随着工业合成氮肥和农业活动的发展，这部分人为源的贡献越显重要。与此同时，人为排放量的增加几乎是大气氧化亚氮浓度增长的唯一原因。

氧化亚氮对人体无毒无害，所以不被当作污染物处理，但它不易溶于水，能传输至平流层，并通过化学反应产生一氧化氮，进而会引起臭氧层的破坏。

表 2.3.1　2007～2016 年全球平均氧化亚氮排放量　(单位：Tg N·a^{-1})

排放源	项目	数值
人为源	化石燃料燃烧和工业排放	1.0
	农业活动	3.8
	生物质和生物燃料燃烧	0.6
	人为活动导致的水体排放	0.9
	海洋上的大气氮沉降	0.1
	陆地上的大气氮沉降	0.8
	气候和土地利用变化等其他间接影响	0.2
	总计	7.4
天然源	自然条件下的内陆水体排放	0.3
	开放的海洋排放	3.4
	天然植被下的土壤排放	5.6
	化学反应生成	0.4
	总计	9.7
所有排放		17.1

2.3.2　氮氧化物

一氧化氮和二氧化氮是大气中主要的含氮污染物。其天然源主要为生物源，包括：①由生物机体腐烂形成的硝酸盐经细菌作用产生一氧化氮，及随后被缓慢氧化形成的二氧化氮；②生物源产生的氧化亚氮被氧化而生成 NO_x；③有机体中氨基酸经分解而产生的氨被 OH 自由基氧化成 NO_x。人为源主要来自燃料的燃烧。燃烧可细分为流动燃烧和固定燃烧。城市大气中 2/3 的氮氧化物来自汽车等流动源的排放，1/3 来自固定源的排放。无论是流动源还是固定源，燃烧过程主要产生的是一氧化氮，只有很少一部分是二氧化氮。一般可假定燃烧过程产生的 NO_x 中的一氧化氮占 90%以上。2000 ～ 2010 年全球平均对流层氮氧化物排放量中人为源占 77%，天然源占 23%(表 2.3.2)。

表 2.3.2　2000～2010 年全球平均对流层氮氧化物排放量　(单位：Tg N·a^{-1})

排放源	项目	数值
人为源	化石燃料燃烧和工业排放	28.3
	农业排放	3.7
	生物质和生物燃料燃烧	5.5
	总计	37.5
天然源	土壤排放	7.3
	闪电生成	4
	总计	11.3
所有排放		48.8

资料来源：Philippe 等 (2013)。

据计算，燃烧 1 t 天然气约产生 6.4 kg NO_x；燃烧 1 t 煤能产生 8.0 ~ 9.0 kg NO_x；燃烧 1 t 石油则会产生 9.1 ~ 12.3 kg NO_x。从全球范围来看，1976 年 NO_x 的人为排放量约为 1.9×10^7 t，2000 年以后，人为源 NO_x 的排放量升至 51.9 Tg N·a^{-1}。由于 NO_x 在大气化学中的重要性，大气 NO_x 排放量的变化一直是全球研究的热点。

2.3.3　氨气

NH_3 是一种有强烈刺激性气味的无色气体，是大气中重要的碱性气体，含量仅次于氮气和氧化亚氮，是最丰富的气体含氮化合物。NH_3 主要来自动物废弃物、土壤腐殖质的氨化、土壤氨基肥料的损失以及工业排放。它的生物源来自细菌分解废弃有机物中的氨基酸。2000 ~ 2008 年，全球氨气排放量从 59.4 Tg N·a^{-1} 升高至 65.3 Tg N·a^{-1}，增长 10%(表 2.3.3)。

表 2.3.3　2000 年和 2008 年全球氨气排放量　　(单位：Tg N·a^{-1})

来源	2000 年	2008 年
家畜的排泄物	8.0	8.7
农业土壤和作物	25.2	28.3
生物质燃烧	4.4	5.5
工业和化石燃料燃烧	1.3	1.6
人口与宠物	3.0	3.3
垃圾堆肥处理	4.0	4.4
天然植被下的土壤	2.4	2.4
野生动物的排泄物	2.5	2.5
海洋和火山	8.6	8.6
总排放量	59.4	65.3

资料来源：Sutton 等 (2013)。

大气中的 NH_3 容易被诸如水和土壤的表面吸收而形成铵根离子(NH_4^+)，形成大气颗粒物污染。大量研究证明，在全球颗粒物污染的治理过程中，NH_3 的减排比 NO_x 的减排更有效果。湿沉降和干沉降是大气中 NH_3 的主要去除机制，一般来讲，NH_3 在低层大气中的停留时间较短，大约为 10 d。从营养价值层面看，在某些地区，大气中 NH_3 和 NH_4^+ 的沉降可能是生物圈的重要营养物质来源。大气中 NH_3 的浓度变化很大，这取决于与富氨地区的距离。全球各大洲 NH_3 含量的变化范围为 0.04 ~ 0.7 Tg N。

2.4　含碳化合物

大气中含碳化合物主要包括碳的氧化物，如一氧化碳和二氧化碳，以及碳氢化合物和含氧烃类，如醛、酮、酸等。

2.4.1 挥发性有机物

含碳有机物根据其挥发性，可以分成挥发性有机物(VOC)、半/中等挥发性有机物(S/IVOC)和低挥发性有机物(LVOC)。VOC 是饱和蒸气浓度(C^*)大于 10^6 μg·m^{-3} 的有机物，有机气体的排放通常就是 VOC 的排放。S/IVOC 是饱和蒸气浓度(C^*)介于 1 ~ 10^5 μg·m^{-3} 的有机物，在实际大气中气相和颗粒相并存。LVOC 是饱和蒸气浓度(C^*)介于 10^{-3} ~ 1 μg·m^{-3} 的有机物，在典型大气条件下以颗粒相存在。本节主要探讨 VOC。

不同的机构和组织对 VOC 有不一样的定义。世界卫生组织(WHO)将常温下沸点为 50～260 ℃的各种有机化合物定义为 VOC。但美国环境保护署认为 VOC 是除一氧化碳、二氧化碳、碳酸、金属碳化物、金属碳酸盐和碳酸铵外任何参与大气光化学反应的碳化合物。VOC 在我国通常指常压下沸点在 260 ℃以下、常温下饱和蒸气压大于 70 Pa 的有机化合物，或在 20 ℃下蒸气压大于或者等于 10 Pa 且具有挥发性的全部有机化合物。

大气中 VOC 的种类丰富。从化学结构来讲，VOC 可以分成 8 类：烷烃类、烯烃类、芳香烃类、卤代烃类、酯类、醛类、酮类和其他化合物。从环保意义上讲，主要指化学性质活泼的 VOC。在大气污染研究工作中通常将 VOC 划分为两大类：甲烷和非甲烷 VOC(NMVOC)。甲烷是大气中丰度最高的气态有机物，占气态有机物的 80%～85%，但甲烷在大多数光化学反应中呈惰性状态；而除甲烷外的其他 VOC 在大气化学中具有非常重要的作用，是形成光化学烟雾的重要前体物。在全球 NMVOC 的排放量中，大约 10%来自人为排放，90%来自生物排放。但在我国 NMVOC 的排放量中，人为源排放为天然源的 1 ~ 2 倍。天然源具体可以包括生物排放(如土壤微生物和植被等)和非生物过程(如森林或草原大火、火山喷发等)，人为源主要包括化石燃料燃烧(如煤燃烧和汽车尾气排放等)、油气挥发和泄漏(如天然气、液化石油气和汽油等)、溶剂挥发(如油漆、黏合剂和清洗剂等)、石油化工、生物质燃料燃烧、烹饪和烟草烟气等。在京津冀、长三角、珠三角和成渝等城市区域，NMVOC 的排放主要来自人为源，具体包括移动源、工业源和溶剂使用源等。2010 年以后，我国溶剂使用源和工业源的 NMVOC 排放量逐年增加，而交通源和居民源的 NMVOC 排放量有所减缓(图 2.4.1)。

1. 甲烷(CH_4)

甲烷是一种无色但化学性质稳定的无害烃。作为大气中重要的温室气体，其浓度仅次于二氧化碳，但温室效应比二氧化碳强 20 倍，在大气中停留时间约 10 年。甲烷的来源可分为 4 种，包括二氧化碳的还原、乙酸的发酵、热化学反应、燃烧过程。

二氧化碳的还原，指地壳中俘获的二氧化碳会在热力反应下形成甲烷，这一过程通常发生在火山口和地热口，但排放量很小。埋藏在地壳中的碳也可以被还原成甲烷，如煤、石油和天然气等。以上甲烷的来源通常被称为非生物成因，即由热力催化反应产生。有机质的发酵，指在细菌参与下，发生复杂的生物化学反应而产生甲烷，这种途径被称为生物成因。厌氧细菌的活动使有机质分解，经分解产生的乙酸会与二氧化碳在甲烷菌的作用下发生化学反应生成甲烷。甲烷菌是典型的厌氧细菌，需要很强的无氧条件才能

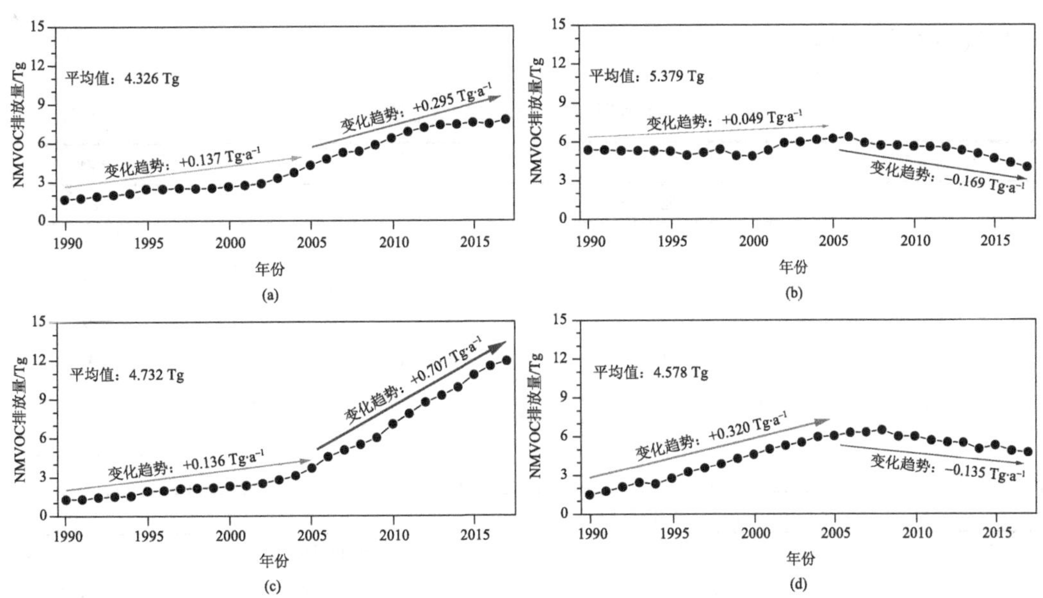

图 2.4.1　1990 ~ 2017 年我国各行业人为源 NMVOC 排放量变化情况：(a)工业源，(b)居民源，(c)溶剂使用源，(d)交通源

生存，因此淹水的土壤、沉积物、水稻田、食草动物的肠胃、垃圾填埋场等场所是产生甲烷的主要生物来源。另外，甲烷的来源还有人为源和天然源产生的生物质的不完全燃烧，并且随着燃烧条件的不同，会产生不同量的甲烷。

从排放量来看，甲烷主要来自厌氧细菌的发酵过程，如沼泽、泥塘、湿冻土带、水稻田底部以及生物质燃烧等。原油和煤气的泄漏也会释放出一定量的甲烷气体。

早期大气中甲烷的浓度只有 700 ppb 左右。1750 年以来，甲烷浓度已经增加了 1060 ppb，并且仍呈增长趋势。2019 ~ 2020 年甲烷浓度的增长速度远高于过去十年的平均增长速度。大气中甲烷浓度的增加会对天气和气候产生显著影响。甲烷的温室效应约占长效温室气体变暖效应的 16%。大约 52%的甲烷是由天然源(如湿地排放等，表 2.4.1)排放到大气中的，大约 48%来自人为源(农业和废弃物、化石燃料燃烧等，表 2.4.1)。另外，一氧化碳的排放也已被公认为甲烷浓度增长的一个重要原因。

在全球气候变暖的背景下，甲烷作为短寿命的强效温室气体，减少其排放可显著减缓全球变暖趋势，对实现《巴黎协定》温控目标尤为重要。政府间气候变化专门委员会(IPCC)第六次评估报告也指出，甲烷减排是未来几十年减缓全球变暖的最高效方法之一。

2. NMVOC

NMVOC 种类繁多，不同的过程如排放、输送、化学反应等会产生不同的种类。常见的 NMVOC 涉及苯、甲苯、二甲苯、苯乙烯、三氯乙烯、三氯甲烷、三氯乙烷、二异氰酸酯、二异氰甲苯酯等。从排放角度来看，排放量最大的 NMVOC 以由自然界植物释放的萜烯类化合物为主[如异戊二烯(isoprene)和单萜烯(monoterpene)]，约占 NMVOC 总量的 65%。在城市和乡村大气中，异戊二烯和单萜烯易发生化学反应而生成光化学氧化剂和气溶胶颗粒物。

表 2.4.1　大气甲烷的全球排放量估算　　(单位：$Tg \cdot a^{-1}$)

排放源	项目		数值
天然源	湿地排放		149
	其他排放	淡水(湖泊与河流)	159
		野生动物	2
		白蚁	9
		地质(陆地和海洋)	45
		其他海洋(海气通量与水合物)	6
		永冻层	1
		小计	222
	总计		371
人为源	农业和废弃物	发酵和粪便	109
		垃圾填埋	64
		大米	31
		小计	204
	化石燃料燃烧	煤炭	38
		石油和天然气	70
		交通运输	5
		工厂	3
		小计	116
	生物质燃烧和生物燃料	生物质燃烧	17
		生物燃料	10
		小计	27
	总计		347

NMVOC 的排放量通常与自然条件有关。例如，异戊二烯的排放量会随着温度的升高和光照强度的增大而增加，而 α-蒎烯的排放量会在相对湿度较高的情况下增大。研究表明，在全球尺度上，天然源对 NMVOC 的贡献要超过人为源，其中最重要的排放源是森林和灌木林。

相较于自然排放，人为源的 NMVOC 也十分复杂。根据来源的形式，可以将 NMVOC 分为固定源、流动源和无组织源。固定源通常指化石燃料燃烧、石油存储和转运、溶剂使用等过程；流动源主要涉及交通工具包括飞机、轮船和汽车在使用过程中的排放，也包括非交通源的发动机排放；无组织源包括生物质燃烧和溶剂挥发等过程。在以上人为源 NMVOC 的排放渠道中，交通工具的排放量占比最大。但交通工具使用不同的燃料会释放不同成分的 NMVOC。例如，汽油车的尾气中主要包括乙烯、甲苯、苯、异戊烷等，柴油车排放的尾气中主要物种是乙烯、丙烯和 C_8 以上的正构烷烃等。第二大人为源 NMVOC 的排放主要来自溶剂的使用，不同的溶剂会释放不同组分的 NMVOC。在美国和欧洲等发达地区，近年来随着人们对交通源排放的严格控制，溶剂使用已经逐步超越前者，成为城市地区 NMVOC 最重要的来源，这主要归因于挥发性化学品(volatile chemical products，VCPs)的使用，包括生活中常见的清洁剂、个护产品、涂料、农药、印刷油墨、黏合剂等。这些化学品除释放 NMVOC 外，也会长期缓慢地释放气相和颗粒相中均存在的 S/IVOC。同 NMVOC 一样，S/IVOC 也会通过化学反应生成臭氧和有机气溶胶，是目前大气化学领域研究的热点之一。

与甲烷相比，NMVOC 在大气中的寿命较短，且在南北半球因排放强度不同而浓度差异较大。一般来讲，NMVOC 特别是轻 NMVOC，如乙烷，在南北半球都具有明显的季节性变化，其浓度最大值普遍出现在冬季。

近些年我国臭氧污染严峻，尤其是在城市地区，臭氧浓度逐年上升。NMVOC 作为臭氧的前体物，通常也呈现出城市地区的浓度比周边环境浓度高的情况。因此，我国已经开始重视由 NMVOC 引起的大气环境污染问题。

2.4.2　碳的氧化物

1. 一氧化碳(CO)

一氧化碳是一种无色无味的气体，是排放量最大的大气污染物之一。一氧化碳的人为源主要来自化石燃料的不完全燃烧，即当氧气不足时，会发生如下化学反应：$C + 0.5O_2 \longrightarrow CO$ 或 $C + CO_2 \longrightarrow 2CO$。据估计，在全球范围，每年因人类活动包括森林砍伐、草原和废弃物的焚烧以及化石燃料和民用燃料使用而排放的一氧化碳总量高达 1350 Tg。另外，甲烷和其他碳氢化合物的氧化也是一氧化碳的一个重要来源，其中人为源导致的每年一氧化碳的排放量约 615 Tg。一氧化碳的天然源主要包括：①甲烷的转化，即生命有机体分解产生的甲烷经 OH 自由基氧化生成一氧化碳；②海水中一氧化碳的挥发，即海水中一氧化碳的过饱和度很高，因此海洋会不间断地向大气释放一氧化碳，且每年排放量约 50 Tg；③植物排放，即植被排放的烃类，如萜烯，经过 OH 自由基的氧化可以生成一氧化碳；④森林野火、农业废弃物的燃烧等也会产生大量一氧化碳。

一氧化碳在全球对流层尺度上的化学寿命为 30 ~ 90 d，对流层大气中的混合比为 40 ~ 200 ppb。一氧化碳的浓度会随着纬度和高度的变化发生明显的变化。从地理位置上看，一氧化碳浓度的最大值通常出现在北半球中纬度地区，且北半球大气中的一氧化碳浓度要高于南半球。在垂直高度上，一氧化碳的混合比会随着高度的升高而降低。在时间尺度上，一氧化碳的浓度会随着季节发生变化，最大值通常出现在春季，最小值一般出现在夏末秋初。从城郊差异来看，城市地区的一氧化碳浓度要远高于郊区，燃料的燃烧过程以及城市密集的交通是城市大气中一氧化碳的主要来源。

2. 二氧化碳(CO_2)

二氧化碳是一种无毒的气体，对人体没有明显的危害作用，但在大气环境问题上，二氧化碳所引起的全球变暖已受到人们的普遍关注，约占气候变暖效应的 66%。二氧化碳的温室效应主要源于其对红外热辐射的吸收，特别是波长在 12 ~ 18 μm 的辐射段。因此，低层大气中的二氧化碳能够有效吸收地面发射的长波辐射，使近地面大气变暖，产生温室效应。

人为源二氧化碳主要来自矿物燃料的燃烧。据估计，由矿物燃料燃烧排放到大气中的二氧化碳，在 19 世纪 60 年代约为 $5.4 \times 10^8\ t \cdot a^{-1}$，20 世纪初约为 $4.10 \times 10^9\ t \cdot a^{-1}$，到 20 世纪末，增加至 $1.540 \times 10^{10}\ t \cdot a^{-1}$。另外，土地利用类型的变化，如人类大量砍伐森林、毁灭草原等，地球表面的植被日趋减少，导致整个植物界从大气中吸收二氧化碳减少。

天然源二氧化碳主要有：①海洋的脱气，即大气圈与水圈具有强烈的二氧化碳交换作用，据估计，大约有 10^{11} t 的二氧化碳在海洋和大气之间不停地交换；②甲烷的转化，即甲烷在平流层中会与 OH 自由基反应，最终被氧化成二氧化碳；③动植物呼吸、腐败以及生物质燃烧。现如今正在发生的气候变化和相关的反馈，如干旱的频次有所增加和野火相关发生次数与强度有所增加，以及海洋温度的升高等，既减少了陆地生态系统对二氧化碳的吸收，同时又增强了陆地系统向大气释放的二氧化碳含量。

目前全球大气二氧化碳浓度正逐年上升，据测定，19 世纪中叶二氧化碳的环境浓度在 315 ppm 左右，到 2020 年全球平均二氧化碳浓度高达 413 ppm，增加接近 31%，增长速度惊人。二氧化碳增长的主要原因是人为源的持续贡献，如大量化石燃料的燃烧、水泥的生产和生物质燃烧等。

如图 2.4.2 所示，我国二氧化碳排放量在 1997～2020 年大致经历了三个阶段：①1997～2001 年为缓慢增长阶段，年均增长 2.6%；②2002～2013 年为迅速增长阶段，因经济增长与城市化快速推动，以每年 9.6%的速度攀升；③2014～2020 年为增速趋缓阶段，排放略有下降，但在 2017 年重现增长态势，2020 年全国排放量为 100 亿 t 左右。从部门消耗来看，工业为第一大的排放部门，电力为第二大排放部门。从能源品种来看，煤炭是最主要的排放源，其次是石油制品，但近些年天然气排放的贡献逐年增长。

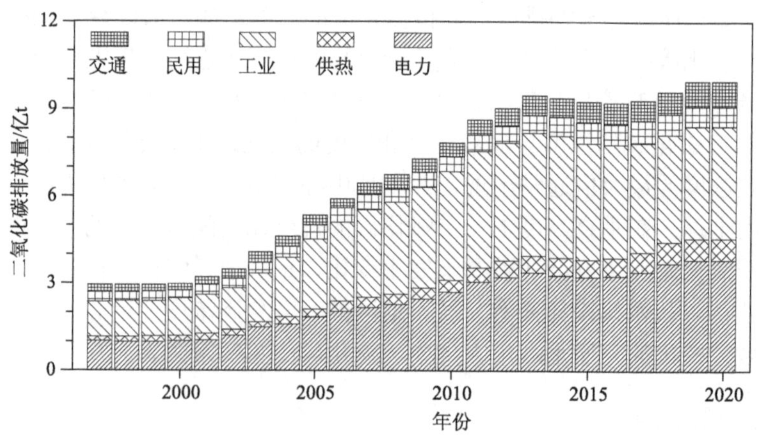

图 2.4.2　1997～2020 年我国主要行业二氧化碳排放量

2.5　含卤素化合物

2.5.1　卤代烃

大气中的卤代烃包括卤代脂肪烃和卤代芳烃，其中一些高级的卤代烃以气溶胶的形式存在，两个碳原子或两个碳原子以下的卤代烃呈气体状态。卤代烃不易溶于水，但脂溶性强，能破坏肝脏、诱发癌变等。

气态卤代烃，如甲基溴(CH_3Br)、甲基氯(CH_3Cl)、甲基碘(CH_3I)等，通常来自天然源，且易在对流层大气中发生化学反应，如甲基氯(甲基溴)会与大气中的 OH 自由基发生化学反应，其平均寿命约为 1.5(1.6) a。由于较长的生命周期，甲基氯(甲基溴)可以通过向上扩散而被夹卷进入平流层。但甲基碘的大气寿命较短，约 8 d，主要是因为甲基碘在太阳光照射下容易发生光解。

其他低级卤代烃，如三氯甲烷($CHCl_3$)、氯乙烷(CH_3CCl_3)、氯乙烯(C_2H_3Cl)等，都是常用的化学试剂，因此在生产和使用过程中会通过挥发而进入大气环境中。除人为活动释放的三氯甲烷外，海洋的排放量也不容忽视。

在近些年的大气环境污染问题中，氯氟烃类所产生的危害备受关注。氯氟烃类通常指氟利昂类化合物，主要包括一氟三氯甲烷(CFC-11 或 F-11)和二氟二氯甲烷(CFC-12 或 F-12)等。这类化合物被广泛应用到制冷剂、消防灭火剂、电子工业溶剂等生产生活中。因此，在人为活动时所释放的氟利昂类化合物会通过对流层而进入平流层，在平流层中会进行光分解，产生的氯原子会损耗平流层臭氧，进而引起全球性的环境问题，其中最为人熟知的是臭氧层空洞问题。有关平流层臭氧破坏问题将在第 7 章中详细讲解。

与此同时，氟利昂类化合物也是重要的温室气体，具有很强的红外辐射吸收能力，且其吸收性能与它们在大气中的浓度呈线性关系。因此，氟利昂类化合物浓度的增加既能加剧平流层臭氧的破坏，也会进一步影响全球的天气和气候，具有双重的危害效应。

2.5.2　其他含氯化合物

大气中其他含氯的无机物主要还包括氯化氢(HCl)和氯气(Cl_2)。氯化氢气体的主要来源涉及废物焚烧和盐酸制造等过程。氯化氢在大气环境中的本底浓度为 1.3 ~ 5.0 ppb。大气中的氯化氢气体极易溶于水，形成盐酸雾，进而有可能产生酸雨。氯气主要由自来水净化厂、化工厂等产生，火山活动也能释放氯气。一般来讲，氯气在大气环境中的本底浓度较低，为 16 ~ 95 ppb，对动物和植物的直接危害不大。

2.5.3　氟化物

常见的氟化物主要包括氟(F_2)、氟化氢(HF)、氟化硅(SiF_4)、六氟化硫(SF_6)等。相较于其他的含卤化合物，氟化物是一种对动植物甚至人体都有很强毒性的大气污染物。

氟化物的排放主要集中在以土为原料的陶瓷和砖瓦等行业以及燃煤量大的产业。例如，炼铝厂在高温作业时，使用的原料萤石(CaF_2)会在高温下发生化学反应，进而生成大量的 HF 和 SiF_4 等氟化物气体；磷肥厂在生产过程中会大量使用磷矿石 [$Ca_3(PO_4)_2 \cdot CaF_2$]原料，在用硫酸处理时硫酸会与磷矿石发生反应而生成 HF、SiF_4 和 H_2SiF_6 等气体。因此，在这些污染源附近，氟化物浓度往往非常高。

含碳的全氟代烃具有很强的温室效应，在大气中的寿命长。主要物种包括四氟化碳(CF_4)、六氟化二碳(C_2F_6)和十氟化四碳(C_4F_{10})。其中，CF_4 含量最高，生命周期约 50000 a；C_4F_{10} 含量很少，生命周期为 2600 a。全氟代烃的排放主要来自铝的冶炼。CF_4 也有一定的天然源，但人为源的排放远超天然源，约 1000 倍以上。表 2.5.1 给出我国 2010 年全氟化碳(PFCs)总的排放量情况。

表 2.5.1　我国 2010 年氢氟碳化物(HFCs)、全氟化碳(PFCs)和六氟化硫(SF_6)排放量

(单位：万 t)

物种		总排放量	金属冶炼	卤烃和六氟化硫生产	卤烃和六氟化硫消费
氢氟碳化物(HFCs)	HFC-23	0.86	—	0.86	—
	HFC-32	0.17	—	0.01	0.16
	HFC-125	0.19	—	0.02	0.17
	HFC-134a	1.89	—	0.04	1.85
	HFC-143a	0.02	—	0.01	0.01
	HFC-152a	0.02	—	0.02	—
	HFC-227ea	0.00	—	0.00	—
	HFC-236fa	0.00	—	0.00	—
	HFC-245fa	0.01	—	0.00	0.01
全氟化碳(PFCs)	CF_4	0.12	0.11	0.00	0.01
	C_2F_6	0.01	0.01	0.00	0.00
六氟化硫(SF_6)		0.09	—	—	0.09

注：0.00 表示数值低于 0.005；

—表示不存在此排放源或对现有源排放量和汇清除没有计算。

资料来源：《中华人民共和国气候变化第三次国家信息通报》。

SF_6 也是一种温室气体，其寿命为 3200 a。几乎所有的 SF_6 都由人为活动产生。例如，在镁的生产过程中，为防止镁发生氧化，往往会在铸锭过程中在镁液表面抛撒 SF_6。但抛撒多少量的 SF_6 就会向大气中释放对应含量的 SF_6。SF_6 另一个重要的源排放来自电力行业，即在电力行业作为气体绝缘器及高压转换器。据统计，1995 年全球 SF_6 排放量约 5800 t，其中 80%来自绝缘器及高压转换器的消耗，20%来自镁的生产。表 2.5.1 给出我国 2010 年 SF_6 总的排放量情况。

2.5.4　含溴化合物

最常见的含溴化合物是哈龙(Halon)，曾经常被用来制作成消防灭火器。但哈龙会破坏臭氧层，因此被设定为受控的化学品。虽然哈龙的使用减少了，但大气中含溴化合物的浓度仍在上升，主要原因是甲基溴的贡献。大气中的甲基溴大约有一半来自人类活动

(如熏蒸和生物质燃烧等)，另一半来自天然的生物活动。近几年甲基溴也已被列入受控物质清单中。

2.6　大气气溶胶

气溶胶指固体或液体微粒均匀分散在大气中所形成的相对稳定的悬浮体系。所谓液体或固体微粒，指空气动力学直径在 0.003 ~ 100 μm 范围内的液滴或固态粒子，如常见的 $PM_{2.5}$，即空气动力学直径小于 2.5 μm 的粒子。

本节重点介绍气溶胶的来源，以及我国气溶胶污染的状况。有关大气气溶胶的属性及其化学反应将在第 5 章详细阐述。

2.6.1　气溶胶的来源

表 2.6.1 和表 2.6.2 详细阐述大气气溶胶的种类及其来源。人类生产生活以及自然火灾(包括火山爆发、森林及农田火灾)所排放的气体或发生化学反应而产生的液态或固态粒子、植物花粉和孢子、海洋表面风浪作用使海水泡沫飞溅而形成的海盐粒子、地球表面的岩石和土壤风化所产生的颗粒等，构成了来源广泛且成分复杂的大气气溶胶体系。

表 2.6.1　各类气溶胶的全球排放量　(单位：$Tg\cdot a^{-1}$)

气溶胶来源	排放量
天然源	
一次排放	
矿物质沙尘	
0 ~ 1.0 μm	48
1.0 ~ 2.5 μm	260
2.5 ~ 5.0 μm	609
5.0 ~ 10.0 μm	573
0 ~ 10.0 μm	1490
海盐	10100
火山灰	30
生物残骸	50
二次生成	
二甲基硫转换的硫酸盐	12.4
火山排放二氧化硫生成硫酸盐	20
生物排放 VOC 生成有机气溶胶	11.2
人为源	
一次排放	
工业粉尘	100
黑碳(Tg C)	12
有机气溶胶(Tg C)	81

续表

气溶胶来源	排放量
二次生成	
二氧化硫转化的硫酸盐(Tg S)	48.6
氮氧化物转换的硝酸盐(Tg NO_3)	21.3

表 2.6.2　对流层大气中主要的气溶胶物种及其来源和生命周期　(单位：d)

气溶胶物种	主要来源	生命周期
硫酸盐(sulfate)	一次来源：海洋和火山排放； 二次来源：自然和人为排放二氧化硫等含 S 气体的氧化	~7
硝酸盐(nitrate)	氮氧化物的氧化	~7
黑碳(black carbon)	化石燃料和生物质燃烧	7~10
有机气溶胶(organic aerosol)	化石燃料和生物质燃烧、 大陆和海洋生态系统排放、 人为和生物的非燃烧源等	~7
沙尘(mineral dust)	风侵蚀、土壤再悬浮、 部分农业和工业活动	1~7
海盐(sea spray)	海洋飞沫的破碎	1~7

从上述体系中可以发现，大气气溶胶的来源既包括人为活动所产生的气溶胶粒子，又包括大自然所产生的颗粒物。就天然源而言，既有直接排放的一次气溶胶粒子，如扬尘、岩石风化、火山喷发和森林火灾等燃烧过程、海水溅沫、生物排放等，又有上述某些过程所产生的气体，在漂浮过程中经太阳光照射或其他化学反应而生成的气溶胶粒子，本书将这些因化学转化而形成的粒子称为二次气溶胶粒子。人为活动所产生的气溶胶粒子过程与天然源相似。

在全球尺度上，每年气溶胶的排放量巨大。天然源是大气气溶胶的主要来源，是人为来源的 5 倍多。天然源中，直接排放占主导；但在人为源中，直接排放的颗粒物只占 22%~53%，更多的气溶胶来自二次转化。

2.6.2　我国气溶胶污染状况

我国大气污染防治进程始于 20 世纪 70 年代，在 1970 ~ 1990 年主要针对工业点源的悬浮颗粒物控制，1990~2000 年主要针对燃煤和工业源的二氧化硫与悬浮颗粒物的控制，2000 年后进入对多污染源导致的区域复合型污染的控制阶段。2013 年，国务院颁布了“大气十条”，以颗粒物浓度为标准对各地区的大气污染防治工作提出了具体要求，这是我国大气污染防治的重大举措，是第一次以环境质量为约束目标的战略行动。2018 年，继“大气十条”之后，生态环境部发布实施《打赢蓝天保卫战三年行动计划》，制订了未来三年内，我国在大气污染防治方面的任务、目标及计划，以期大幅减少大气污染物的排放，明显改善环境空气质量，增强人民的蓝天幸福感。

自 2013 年以来，我国大气 $PM_{2.5}$ 污染显著改善(图 2.6.1)。2020 年全国 337 个城市年均 $PM_{2.5}$ 浓度为 33 $\mu g\cdot m^{-3}$，相较于 2013 年降低了 54.2%。从重点区域的变化来看，京津冀和长三角的年均 $PM_{2.5}$ 浓度下降明显，分别从 106 $\mu g\cdot m^{-3}$ 和 67 $\mu g\cdot m^{-3}$ 下降到 51 $\mu g\cdot m^{-3}$ 和 35 $\mu g\cdot m^{-3}$。虽然我国气溶胶污染已经显著改善，但距离世界卫生组织的准则值(5 $\mu g\cdot m^{-3}$)存在较大差距。

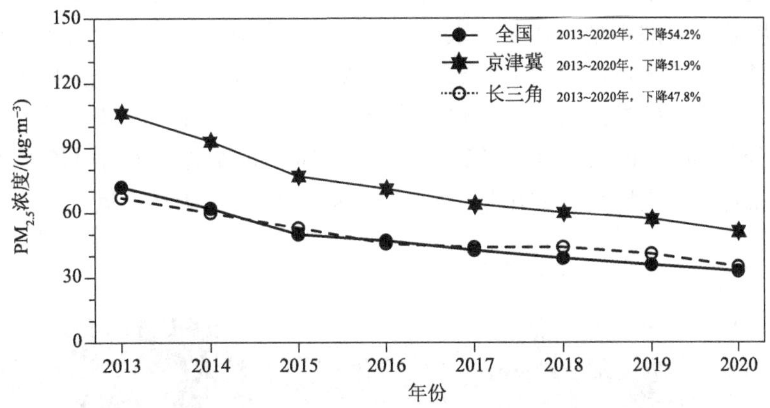

图 2.6.1　全国及重点区域 2013～2020 年年均 $PM_{2.5}$ 浓度变化

我国现行的《环境空气质量标准》与世界卫生组织污染物浓度限值相比仍有一定差异。表 2.6.3 展示我国 $PM_{2.5}$ 浓度的《环境空气质量标准》和世界卫生组织建议的浓度限值的比较，可以看出当前我国气溶胶污染物浓度限值在一级、二级水平上与世界卫生组织各阶段目标值并非完全匹配。此外，我国当前的空气质量标准浓度限值较为宽松，如我国 $PM_{2.5}$ 年均浓度为 35 $\mu g\cdot m^{-3}$，相比美国 15 $\mu g\cdot m^{-3}$、欧盟 25 $\mu g\cdot m^{-3}$ 和世界卫生组织准则值 5 $\mu g\cdot m^{-3}$ 还存在较大差距。通过总结西方国家污染防治历程能够发现，曾饱受大气污染困扰的国家通过科学管控、积极立法等措施，来实现空气质量根本改善。我国在未来也应逐步实行更严格的空气质量保护措施来实现空气质量更清洁的目标。

表 2.6.3　我国 $PM_{2.5}$ 浓度的《环境空气质量标准》与世界卫生组织建议的浓度限值的比较

(单位：$\mu g\cdot m^{-3}$)

类型	我国《环境空气质量标准》		世界卫生组织《空气质量准则》2021 版				
	一级标准	二级标准	第一阶段	第二阶段	第三阶段	第四阶段	准则值
年均值	15	35	35	25	15	10	5
日均值	35	75	75	50	37.5	25	15

2.7　臭　　氧

臭氧是大气中重要的痕量气体，其平均含量在 10～100 ppb。对流层的臭氧含量仅占总含量的 10%左右，但在 10～30 km 的平流层内，臭氧浓度最大。臭氧在地球大气的化学过程中起着非常重要的作用，平流层臭氧能吸收太阳短波(紫外)辐射(210 ~ 290 nm)，不仅阻止紫外线直接照射地面，还改变透入对流层的太阳辐射谱分布。与此同时，臭氧吸收太阳辐射后会发生光分解，其光解产物中的电子激发态氧原子(O^1D)具有足够的能量与其他分子发生反应，如甲烷和水汽等，从而产生大气中重要的 OH 自由基。OH 自由基的生成大大促进大气中其他相关的化学反应。

平流层臭氧起到了保护人类与环境的重要作用，但在对流层中，臭氧浓度尤其是近地面臭氧浓度超过自然水平时，会对人体健康、生态系统、气候变化等方面产生显著影响。对流层臭氧并非来自直接污染排放，而是 VOC 和 NO_x 在太阳光照射下发生光化学反应的产物，是典型的二次污染物，也是造成我国区域大气复合污染的重要因素之一。

有关平流层的臭氧，本书将在第 7 章详细论述，本节主要介绍对流层的臭氧来源(图 2.7.1)，而有关对流层臭氧的化学反应，本书将在第 4 章中详细展开。

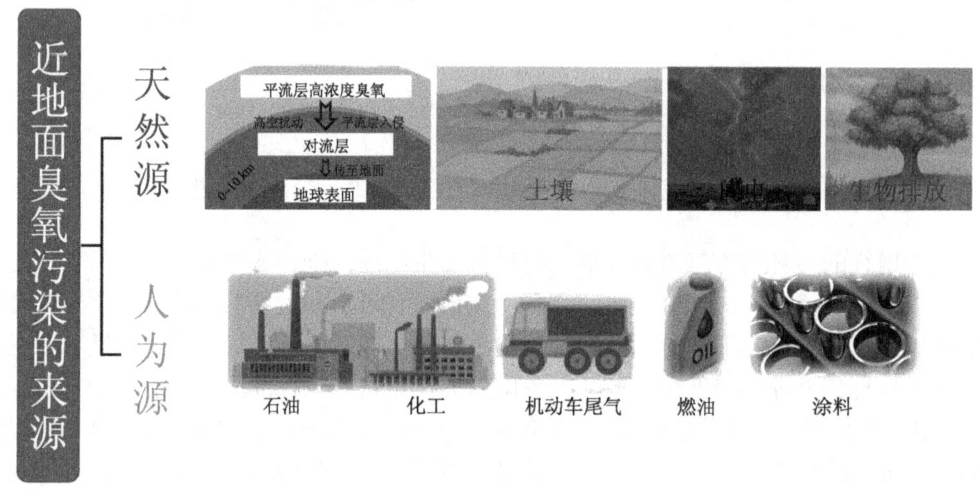

图 2.7.1　近地面臭氧污染主要来源示意图

2.7.1　天然源

对流层臭氧的天然来源主要有两个：①平流层入侵，即平流层向对流层输入；②光化学反应生成。此外，植物也能直接释放臭氧，但这部分排放非常少。

对于平流层向对流层的输入，往往发生在极地气团与中纬度空气团或赤道气团与极地气团相遇时，热结构不同使对流层顶出现“空隙”，使平流层挟带臭氧的空气进入对流层，导致局部地区的臭氧浓度突然升高，并且峰值出现的时间与光化学反应最有利的时间不一定相符。这种情况称为“对流层顶折叠”现象。此外，如果年均臭氧浓度的峰值出现在冬季或者春季，或臭氧浓度没有表现出明显的昼夜变化特征等现象，都可以作为平流层臭氧向对流层输入的证据。

对于光化学反应生成这一途径，很多研究已经证明，自然界的光化学过程是对流层臭氧的重要来源。例如，NO_2 光解生成臭氧的机制如下：$NO_2 + h\nu \longrightarrow NO + O(^3P)$、$O(^3P)$

$+ O_2 + M \longrightarrow O_3 + M$。

通过光化学反应生成的臭氧，其特征与太阳光强度密切相关，如浓度有明显的昼夜变化、峰值往往出现在阳光强的时段、夏季臭氧浓度会显著高于其他季节等。此外，植物(包括森林)排放的萜烯类挥发性有机物和一氧化氮经光化学反应也能生成臭氧，这也是天然臭氧的重要来源之一。

2.7.2 人为源

对流层臭氧的人为源主要有：①工业生产，石油化工与火力发电以及其他综合工业园区会释放出相当可观的氮氧化物和碳氢化合物，这些臭氧前体物在太阳光照射下会发生光化学反应进而生成臭氧；②交通运输，汽车作为城市地区重要的交通工具，汽车尾气会释放氮氧化物和烯烃类碳氢化合物，在太阳光照射下以及合适的气象条件作用下就会发生化学反应进而生成臭氧；③燃煤电厂，煤燃烧过程会产生一氧化氮，在合适的条件下会通过化学反应生成臭氧，因此在燃煤电厂的烟羽中也能够测量到浓度较高的臭氧。表 2.7.1 详细给出我国典型城市重点行业对夏季臭氧浓度的贡献。

表 2.7.1　我国典型城市重点行业对夏季臭氧浓度的贡献

城市	时段	重点行业贡献
北京	2000 年夏季	移动源(32%)、工业源(20%)、挥发损耗(13%)、天然源(12%)
北京	2013 年夏季	工业源(38%)、移动源(22%)、天然源(20%)、电厂(15%)
上海	2015 年夏季	移动源(43%)、电厂及工业等固定燃烧源(21%)、工业过程源(18%)、天然源(18%)
上海	2013 年夏季	工业源(67%)、天然源(12%)、移动源(8%)
南京	2015 年夏季	移动源(36%)、工业过程源(24%)、电厂及工业等固定燃烧源(21%)、天然源(15%)
广州	2015 年夏季	移动源(39%)、工业源(22%)、天然源(6%)、居民源(10%)
广州	2013 年夏季	工业源(51%)、移动源(18%)、天然源(13%)、电厂(11%)
成都	2013 年夏季	工业源(40%)、移动源(28%)、天然源(21%)

资料来源：《中国大气臭氧污染防治蓝皮书(2020 年)》。

☛名词解释

【一次污染物和二次污染物】

依照大气污染物与污染源的关系，可将其分为一次污染物和二次污染物。若大气污染物是从污染源直接排放出来的原始物质，进入大气后其性质没有发生变化，则称其为一次污染物；若由污染源排出的一次污染物与大气中原有成分或几种一次污染物之间发生一系列化学变化或光化学反应，形成与原污染物性质不同的新污染物，则所形成的新污染物称为二次污染物。

【VOC 的定义及其化学结构分类】

VOC 在不同的机构和组织有不一样的定义。根据世界卫生组织的定义，VOC 是在常温下沸点为 50 ~ 260 ℃的各种有机化合物。但美国环境保护署认为 VOC 是除一氧化碳、二氧化碳、碳酸、金属碳化物、金属碳酸盐和碳酸铵外任何参与大气光化学反应的碳化合物。在我国，VOC 指常温下饱和蒸气压大于 70 Pa、常压下沸点在 260 ℃以下的有机化合物，或在 20 ℃下蒸气压大于或者等于 10 Pa 且具有挥发性的全部有机化合物。从化学结构来讲，VOC 可以分成 8 类：烷烃类、烯烃类、芳香烃类、卤代烃类、酯类、醛类、酮类和其他化合物。

✔思 考 题

1. 氮氧化物(NO_x)的来源有哪些？与 SO_2 的来源有什么差别？
2. 臭氧(O_3)的主要来源有哪些？
3. 什么是大气气溶胶？其成分包含哪些？
4. 我国气溶胶污染和臭氧污染的现状如何？

参 考 文 献

中国环境科学学会臭氧污染控制专业委员会. 2022. 中国大气臭氧污染防治蓝皮书(2020 年). 北京: 科学出版社.

中华人民共和国生态环境部. 2018. 中华人民共和国气候变化第三次国家信息通报. https://www.mee.gov.cn/ywgz/ydqhbh/wsqtkz/201907/P020190701762678052438[2023-01-01].

Philippe C, Christopher S, Govindasamy B, et al. 2013. Carbon and other biogeochemical cycles//Climate Change 2013: the Physical Science Basis. Contribution of Working Group I to the Fifth Assessment Report of the Intergovernmental Panel on Climate Change. Cambridge: Cambridge University Press, 465-570.

Sutton M A, Reis S, Riddick S N, et al. 2013. Towards a climate-dependent paradigm of ammonia. emission and deposition. Philosophical Transactions of the Royal Society B, 368(1621): 20130166.

第 3 章　大气化学反应动力学基础

化学动力学的基本任务是研究各种因素(如反应系统中各物质的浓度、介质、温度、光和催化剂等)对反应速率的影响，揭示化学反应的机理，研究物质的结构与反应性能的关系。由于太阳辐射的存在和大气的氧化性，大气中各种反应主要以光解和自由基氧化的形式进行。大气化学反应可分为气相、液相和非均相反应。大气化学反应动力学的具体任务是定量研究大气中的化学反应速率及各因素对反应速率的影响，揭示大气化学反应机理，并为大气化学模式提供各种重要参数。学习大气化学反应动力学，可以判断有效控制大气污染的关键反应。本章简要介绍化学反应动力学的一些基本概念和大气光化学反应机理，为后面章节的对流层化学、平流层化学以及气溶胶化学学习打下基础。

3.1　化学反应动力学基础

3.1.1　反应与反应速率

1. 基元反应

考虑一个常见化学反应的一般形式：

$$aA + bB \longrightarrow cC + dD \tag{3.1R}$$

式中，A、B、C、D 为反应参与物和生成物的物种名称；a、b、c 和 d 为对应上述物质的化学计量系数。当反应物微粒(分子、原子、离子或自由基)在碰撞中相互作用直接转化为生成物分子，称为基元反应(或简单反应)。基元反应是无法被分解为两个或两个以上更简单的反应，没有任何中间产物。作为反应物参加每一基元化学物理反应的化学粒子(包括分子、原子、自由基或离子)的数目称为反应分子数。通常，根据反应物分子数可将基元反应划分为单分子反应、双分子反应和三分子反应。

$$\text{单分子：}A \longrightarrow B + C \tag{3.2R}$$

$$\text{双分子：}A + B \longrightarrow C + D \tag{3.3R}$$

$$\text{三分子：}A + B + C \longrightarrow D + E \tag{3.4R}$$

由多个基元反应构成的反应称为总包反应(或复杂反应)。总包反应表达反应前后物种的变化及各种物质间的计量关系，不能确定地表达反应具体机理。例如，H_2 和 I_2 生成 HI 的气相反应，经研究证实是分三步进行的。

$$I_2 + M \longrightarrow 2I\bullet + M \tag{3.5R}$$

$$2I\bullet + M \longrightarrow I_2 + M \tag{3.6R}$$

$$2I\cdot + H_2 \longrightarrow 2HI \tag{3.7R}$$

总结果为

$$H_2 + I_2 \longrightarrow 2HI \tag{3.8R}$$

上述反应中，反应(3.5R)～反应(3.7R)是基元反应，反应(3.8R)是由以上 3 个基元反应构成的总包反应。反应(3.5R)和反应(3.6R)中 M 代表第三种惰性分子(主要是 N_2 和 O_2)，通常不发生化学变化，是由转移反应产生的多余能量来稳定形成的中间体。

反应机理表示一个反应是由哪些基元反应组成或从反应形成产物的具体过程，又称反应历程，如上述反应(3.5R)～反应(3.7R)。化学反应方程式是否为基元反应必须通过实验才能确定。

2. 反应速率

反应速率反映的是化学反应进行的快慢。对于化学反应(3.1R)，反应速率就可以表示为Δt时间内反应物浓度和生成物浓度的变化值。假设 t_1 时刻，测得反应体系中 A、B、C、D 四种物质的浓度分别为 $c(A)_1$、$c(B)_1$、$c(C)_1$、$c(D)_1$，经一段时间后在 t_2 时刻测得浓度变化为 $c(A)_2$、$c(B)_2$、$c(C)_2$、$c(D)_2$。那么，$\Delta t = t_2 - t_1$、$\Delta c = c_2 - c_1$，各物种的反应速率可通过计算得到：

$$r(A) = -\frac{\Delta c(A)}{\Delta t} \tag{3.1}$$

$$r(B) = -\frac{\Delta c(B)}{\Delta t} \tag{3.2}$$

$$r(C) = \frac{\Delta c(C)}{\Delta t} \tag{3.3}$$

$$r(D) = \frac{\Delta c(D)}{\Delta t} \tag{3.4}$$

注意，各物种的反应速率不同，但满足关系式：

$$r(A):r(B):r(C):r(D) = a:b:c:d \tag{3.5}$$

因此本书用 r 来表示这个反应的化学反应速率：

$$r = \frac{r(A)}{a} = \frac{r(B)}{b} = \frac{r(C)}{c} = \frac{r(D)}{d} \tag{3.6}$$

化学反应速率 r 是一个标量(常用的单位有 $mol \cdot m^{-3} \cdot s^{-1}$、$mol \cdot m^{-3} \cdot min^{-1}$ 等)，其数值的大小与选择的物质种类无关，对于同一反应，只有一个值。在实际应用中，常选浓度变化易测定的物质来表示化学反应速率。

3.1.2 反应速率方程及速率常数

1. 反应速率方程

反应速率往往可以通过反应系统中各个组分浓度的函数关系来表达，这种关系式称

为反应速率方程。对于反应(3.1R)，其反应速率方程可表达为

$$r = k[\mathrm{A}]^m [\mathrm{B}]^n [\mathrm{C}]^p [\mathrm{D}]^q \tag{3.7}$$

式中，[A]、[B]、[C]、[D]为物种 A、B、C、D 的浓度；m、n、p 和 q 取决于反应机理，它们可以是 0、整数或分数。k 称为反应速率常数，是一个与浓度无关的数，但不是绝对常数，与反应物的性质、反应温度、反应介质、催化剂的存在与否和反应容器的器壁性质有关。

对于大气中发生的大多数气相化学反应，产物的指数项 p 和 q 一般为 0，所以反应速率方程仅与反应物的浓度有关，与产物的浓度无关。此时反应速率可简写为

$$r = k[\mathrm{A}]^m [\mathrm{B}]^n \tag{3.8}$$

该关系式说明，反应速率与反应体系中某些组分的某次方之积成比例。对于基元反应，$m = a$、$n = b$。因此式(3.8)可写为

$$r = k[\mathrm{A}]^a [\mathrm{B}]^b \tag{3.9}$$

对于非基元反应，其速率方程式中反应物的级数不一定与化学计量系数有直接对应关系，因此不能由化学反应方程式直接写出，而要由实验确定。

2. 反应级数

在速率方程式中，各组分的指数次方为该组分的级数。因此可称反应(3.1R)为 A 的 m 级反应，B 的 n 级反应。而一个反应的级数是各组分的级数之和，所以这个反应的总级数是 $m+n$。例如，反应：

$$\mathrm{NO} + \mathrm{O_3} \longrightarrow \mathrm{NO_2} + \mathrm{O_2} \tag{3.9R}$$

对组分 NO 和 O_3 来说反应级数都为 1，所以此反应是 NO 或 O_3 的一级反应。总反应级数为 2，所以此反应是二级反应。反应级数的大小表示浓度对反应速率的影响程度，反应级数越大，说明反应速率受到浓度的影响越大。

反应级数可以有正整数、0、分数甚至负数，有些复杂反应无法用简单的数字来表示级数。对于基元反应，级数必须是整数，且整个反应级数必须小于等于 3。因此，如果一个反应不满足这些条件，可以判断该反应不可能是基元反应。

常见的零级反应有表面催化反应和酶催化反应：如氨在铂或钨金属表面分解；一级反应有放射性衰变等；二级反应有乙烯、丙烯的二聚作用，碘化氢的热分解反应等。

3. 反应速率常数

反应速率方程中的反应速率常数 k 是一个与浓度无关的系数。对于不同级数的反应，k 的单位不同。在气相反应中，如果浓度用 $\mathrm{cm^{-3}}$ 表示，时间用 s 表示，则 k 的单位是 $\mathrm{cm^{-3}{\cdot}s^{-1}}$，因此对于零级反应，$k$ 的单位为 $\mathrm{cm^{-3}{\cdot}s^{-1}}$；对于一级反应，$k$ 的单位为 $\mathrm{s^{-1}}$；二级反应，单位则是 $\mathrm{cm^{3}{\cdot}s^{-1}}$；三级反应，单位则是 $\mathrm{cm^{6}{\cdot}s^{-1}}$。可见，反应速率常数 k 的单位与反应级数有关；反之，从 k 的单位也可以推测反应级数。表 3.1.1 列出不同反应级数的反应速率方程示例及相对应的反应速率常数 k 的单位。

表 3.1.1 不同反应级数的反应速率方程示例及相对应的反应速率常数 k 的单位

反应级数	反应速率方程示例	k 的单位
0	$r = k$	$cm^{-3} \cdot s^{-1}$
1	$r = k[A]$	s^{-1}
2	$r = k[A][B]$	$cm^{3} \cdot s^{-1}$
3	$r = k[A]^2[B]$	$cm^{6} \cdot s^{-1}$

在实际中，反应速率常数可由实验数据推断，举例如下。

对 NO 和 Br_2 的反应进行 5 组实验，实验条件和测得的反应速率数据如表 3.1.2 所示。

表 3.1.2 实验条件及对应数据

实验	初始浓度/($mol \cdot L^{-1}$)		反应速率/($mol \cdot L^{-1} \cdot s^{-1}$)
	NO	Br_2	
1	0.10	0.10	12
2	0.10	0.20	24
3	0.10	0.30	36
4	0.20	0.10	48
5	0.30	0.10	108

比较实验 1、2、3，NO 不变，Br_2 初始浓度线性变化，随之反应速率按相同比例变化，可知反应对 Br_2 是 1 级的。

比较实验 1、4、5 可知 Br_2 初始浓度不变，而 NO 初始浓度增加一倍时，反应速率为 4 倍；NO 浓度增为 3 倍时，速率增为 9 倍，可知此反应对 NO 是 2 级的。即有反应速率方程为

$$r = k[NO]^2\left[Br_2\right] \tag{3.10}$$

用实验 1 的数据有

$$12 = k \times 0.1^2 \times 0.1 \tag{3.11}$$

用其他实验数据可算得相同的 k 值。

反应速率常数 k 受到一些环境因素的影响，如温度。瑞典科学家斯万特·奥古斯特·阿伦尼乌斯(Svante August Arrhenius，1859—1927)通过大量实验与理论的论证揭示了反应速率常数对温度的依赖关系，逐步建立了反应动力学中著名的阿伦尼乌斯定理。该定理表明反应速率常数与温度呈指数关系：

$$k = Ae^{-E_a/RT} \tag{3.12}$$

对方程两边取对数可以得到对数式表达：

$$\ln k = \ln A - \frac{E_a}{RT} \tag{3.13}$$

式中，k 为当反应温度为 T(K)时的反应速率常数；R 为理想气体常数；A 和 E_a 为与反应温度无关、数值取决于反应本身的常数，A 称为指前因子(也称为频率因子)，E_a 称为活

化能。

阿伦尼乌斯定理除对所有的基元反应适用外，对于大部分(不是全部)复杂反应也适用。在较小的温度范围内，可以通过指数阿伦尼乌斯方程拟合出许多反应速率常数与温度之间的依赖关系。在温度变化范围较小的对流大气层中，指前因子 A 可以近似地看作一个与温度无关的常数，一般可以直接使用阿伦尼乌斯定理。然而，当活化能很小或等于 0 的时候，指前因子 A 与温度有关，随着实验温度范围的扩大，则会与阿伦尼乌斯定理产生较大的误差。

由 $\ln k$ 对 $1/T$ 作图，可以得到一条直线，由直线的截距和斜率可以分别求出 A 和 E_a。如果有两个不同温度下的反应速率常数，T_1 温度时的反应速率常数为 k_1，T_2 温度时的反应速率常数为 k_2，相减得到：

$$\ln\frac{k_2}{k_1}=\frac{E_a}{R}\left(\frac{1}{T_1}-\frac{1}{T_2}\right) \tag{3.14}$$

根据式(3.14)也可以求得活化能 E_a；或者在已知活化能的情况下，可求解某一温度下的反应速率常数。阿伦尼乌斯活化能的定义说明 k 值随着 T 的变化率取决于 E_a 的大小，E_a 大的反应，反应速率常数对温度的变化更为敏感：对于同一反应，升高一定温度，在高温区的值增加较少，因此对于原本反应温度不高的反应，可采用升温的方法提高反应速率；对于不同反应，升高相同温度，E_a 大的速率常数增大倍数多，因此升高温度对反应慢的反应有明显的加速作用。

为了得到活化能 E_a 的表达式，对阿伦尼乌斯定理指数表达式求微分，得到以下关系：

$$\frac{\mathrm{d}\ln k}{\mathrm{d}T}=\frac{E_a}{RT^2} \tag{3.15}$$

或

$$E_a=-R\frac{\mathrm{d}\ln k}{\mathrm{d}\frac{1}{T}} \tag{3.16}$$

有些反应的速率常数并不满足阿伦尼乌斯定理，即由 $\ln k$ 对 $1/T$ 作图无法得到直线，此时活化能就不是一个与温度无关的常数，而是与温度有关的量。对于许多复杂反应，当用其表观速率常数(或反应速率)的对数对热力学温度的对数作图时，其活化能曲线在一定温度范围内可以得到一条直线，符合这一规律的反应称为阿伦尼乌斯型反应，否则为反-阿伦尼乌斯型反应。但是 E_a 只对基元反应有物理意义。

3.1.3 半衰期和寿命

反应速率常数是反应进行速度的定量测量，因此可以作为某种反应物在大气中存活多长时间的一个参数。然而，更有直观意义的参数是污染物与活性物质(如 OH 自由基或 NO_3 自由基)反应的半衰期($\tau_{1/2}$)或自然寿命(τ)，后者通常简称为“寿命”。

半衰期($\tau_{1/2}$)定义是反应物浓度下降到其初始值的一半时所需的时间，而寿命定义为反应物浓度下降到其初始值的 1/e 时所需的时间(e 是自然对数的基数，e = 2.718)。$\tau_{1/2}$ 和 τ 都与速率常数和参与反应的其他反应物的浓度直接相关。表 3.1.3 中给出了一级、二级和三级反应中速率常数与半衰期和寿命之间的关系。

表 3.1.3 一级、二级和三级反应的速率常数、半衰期和寿命之间的关系

反应级数	反应式	反应物 A 的 $\tau_{1/2}$	反应物 A 的 τ
1	A ⟶ 产物	0.693/k	1/k
2	A+B ⟶ 产物	0.693/k[B]	1/k[B]
3	A+B+C ⟶ 产物	0.693/k[B][C]	1/k[B][C]

从动力学推导出半衰期和寿命的过程如下。

表 3.1.3 半衰期和寿命的表达式可以很容易地从速率定律中推导出来。对于污染物种类 A 的一级反应，反应的速率定律为

$$\mathrm{A} \xrightarrow{k_1} \text{产物} \tag{3.10R}$$

反应速率方程为

$$\frac{-\mathrm{d}[\mathrm{A}]}{\mathrm{d}t} = k_1[\mathrm{A}] \tag{3.17}$$

重新排列之后变成

$$\frac{-\mathrm{d}[\mathrm{A}]}{[\mathrm{A}]} = k_1 \mathrm{d}t \tag{3.18}$$

当 A 的初始浓度为$[\mathrm{A}]_0$时，从时间 $t = 0$ 开始积分到时间为 t 时得到

$$\ln\frac{[\mathrm{A}]}{[\mathrm{A}]_0} = -k_1 t \tag{3.19}$$

根据定义，一个半衰期后(即在 $t = t_{1/2}$ 处)$[\mathrm{A}] = 0.5[\mathrm{A}]_0$。代入积分速率表达式，可得到

$$t_{1/2} = -\frac{\ln 0.5}{k_1} = \frac{0.693}{k_1} \tag{3.20}$$

对于二级和三级反应，如果假设除 A 以外的反应物的浓度恒定，则推导是相同的，除了 k 被 k[B](二级)或 k[B][C](三级)取代。

然而，在大多数实际情况下，至少一种其他反应物的浓度不是恒定的，而是随着反应和新注入的污染物等变化的。因此，使用污染物的半衰期(或寿命)对于二级或三级反应是一个近似，涉及其他反应物的浓度恒定的假设。因此，双分子和三分子反应的半衰期直接受到其他反应物浓度的影响。

速率常数 k 和寿命 τ 之间的推导关系，与 $t_{1/2}$ 的情况类似，除了 $t = \tau$，$[\mathrm{A}] = [\mathrm{A}]_0/\mathrm{e}$。此处不再重复。

举例说明使用寿命来表征有机物的反应性。例如，压缩天然气(CNG)是一种广泛使用的燃料，其主要成分是甲烷(CH_4)。甲烷唯一已知的显著化学损失过程是与 OH 自由基的反应：

$$\mathrm{CH_4} + \bullet\mathrm{OH} \longrightarrow \bullet\mathrm{CH_3} + \mathrm{H_2O} \tag{3.11R}$$

$$k_{3.11R}^{298K} = 6.3 \times 10^{-15}\ \text{cm}^3 \cdot \text{mol}^{-1} \cdot \text{s}^{-1} \tag{3.21}$$

取一个典型的平均值，白天 OH 自由基浓度为 1 × 10^6 cm^{-3}(每立方厘米自由基分子数)，甲烷的寿命相对于此去除过程是

$$\tau_{OH}^{CH_4} = \frac{1}{k_{3.11R}[OH]} = \frac{1}{\left[6.3 \times 10^{-15}\ \text{cm}^3 \cdot \text{s}^{-1} \times \left(1 \times 10^6\ \text{cm}^{-3}\right)\right]} = 1.59 \times 10^8\ \text{s} = 5\ \text{a} \tag{3.22}$$

丙烷是另一种广泛用作燃料的有机物。它与 OH 自由基的反应是

$$C_3H_8 + \bullet OH \longrightarrow \bullet C_3H_7 + H_2O \tag{3.12R}$$

$$k_{3.12R}^{298K} = 1.1 \times 10^{-12}\ \text{cm}^3 \cdot \text{mol}^{-1} \cdot \text{s}^{-1} \tag{3.23}$$

假设相同的 OH 自由基浓度，可以计算

$$\tau_{OH}^{C_3H_8} = 9.1 \times 10^5\ \text{s} = 10.5\ \text{d} \tag{3.24}$$

以上计算说明为什么控制臭氧的时候，专注于控制“非甲烷碳氢化合物”。由于甲烷在对流层中反应缓慢，因此从城市地区臭氧形成的角度来看，在数小时到几天的时间范围内，它的反应贡献很小。甲烷是唯一一种在对流层中存活足够长的碳氢化合物，可以穿过对流层顶并以高浓度进入平流层。另外，丙烷反应足够快，它可以帮助局部和区域光化学烟雾形成。

以上关于寿命的计算，它们仅对指定的反应有效，如果存在其他竞争损失过程，如光解，则实际的整体寿命将相应缩短。另外，对于像甲烷这样的物种，它不会与 O_3 或 NO_3 自由基等其他大气物种发生光解或显著反应，$\tau_{OH}^{CH_4}$ 接近 CH_4 的整体寿命。

3.1.4　稳态近似假设

当一个中间体在某些反应中的形成速率等于在另一些反应中的去除速率时，此中间体处于稳态，它的浓度称为稳态浓度。将中间体做稳态处理的近似方法被称为稳态近似假设(PSSA)。

对某物种而言，需要首先计算其达到稳态的时间，以判断在一定时间范围内，该物种能否采用稳态法处理。某物种达到稳态时间的计算如下。

先考虑一个简单的情况，中间体 B 由物种 A 生成，并通过与物种 C 反应去除：

$$A \xrightarrow{1} B \tag{3.13R}$$

$$r_1 = k_1[A] \tag{3.25}$$

$$B + C \xrightarrow{2} D \tag{3.14R}$$

$$r_2 = k_2[B][C] \tag{3.26}$$

所以

$$\frac{d[B]}{dt} = k_1[A] - k_2[B][C] \tag{3.27}$$

设 t 为 $0\to t$ 时，k_1[A]和 k_2[C]为常数，则

$$\mathrm{d}\frac{[\mathrm{B}]}{k_1[\mathrm{A}]-k_2[\mathrm{B}][\mathrm{C}]}=\mathrm{d}t \tag{3.28}$$

$$\ln\left(k_1[\mathrm{A}]-k_2[\mathrm{B}][\mathrm{C}]\right)=-k_2[\mathrm{C}]t+常数 \tag{3.29}$$

因为 $t=0$ 时，$[\mathrm{B}]=0$，所以

$$\ln\left(\left(k_1[\mathrm{A}]-k_2[\mathrm{B}][\mathrm{C}]\right)/k_1[\mathrm{A}]\right)=-k_2[\mathrm{C}]t \tag{3.30}$$

$$[\mathrm{B}]_t=\frac{k_1[\mathrm{A}]\left(1-\mathrm{e}^{-k_2[\mathrm{C}]t}\right)}{k_2[\mathrm{C}]} \tag{3.31}$$

在稳态时，$r_1=r_2$，所以

$$[\mathrm{B}]_\mathrm{a}=k_1[\mathrm{A}]/k_2[\mathrm{C}] \tag{3.32}$$

式中，$[\mathrm{B}]_\mathrm{a}$为稳态时物种 B 的浓度；$[\mathrm{B}]_t$为 t 时刻 B 的浓度。$t=0$ 时，$[\mathrm{B}]_0=0$，t 增加，$[\mathrm{B}]_t$也增加，并逐渐接近于$[\mathrm{B}]_\mathrm{a}$。若假设当$[\mathrm{B}]_t=0.99[\mathrm{B}]_\mathrm{a}$时达到稳态，那么 B 物种达到稳态的时间计算如下。

将$[\mathrm{B}]_t=0.99[\mathrm{B}]_\mathrm{a}$及式(3.31)代入式(3.32)，可得

$$1-\mathrm{e}^{-k_2[\mathrm{C}]t}=0.99 \tag{3.33}$$

$$\mathrm{e}^{-k_2[\mathrm{C}]t}=0.01 \tag{3.34}$$

$$t=4.6/k_2[\mathrm{C}] \tag{3.35}$$

即对于 B(一级去除反应)，达到稳态的时间约为 $4.6/k_2[\mathrm{C}]$。

例如，在 NO_2 光解过程中，原子氧 O 达到稳态的时间为

$$t_\mathrm{O}=\frac{4.6}{19.72\times2.1\times10^5}\,\mathrm{min}=1\times10^{-6}\ \mathrm{min} \tag{3.36}$$

NO_3 自由基达到稳态的时间为

$$t_{\mathrm{NO_3\cdot}}=4.6/\left(2.8\times10^4[\mathrm{NO}]+3938[\mathrm{NO_2}]\right) \tag{3.37}$$

若$[\mathrm{NO}]=1\times10^{-7}$(体积分数)，$[\mathrm{NO_2}]=1\times10^{-6}$(体积分数)，则

$$t_{\mathrm{NO_3\cdot}}=7\times10^{-4}\ \mathrm{min} \tag{3.38}$$

O_3 达到稳态的时间为

$$t_{\mathrm{O_3}}=4.6/\left(23.89[\mathrm{NO}]+4.84\times10^{-2}[\mathrm{NO_2}]\right) \tag{3.39}$$

若$[\mathrm{NO}]=1\times10^{-7}$(体积分数)，$[\mathrm{NO_2}]=1\times10^{-6}$(体积分数)，则

$$t_{\mathrm{O_3}}=1.9\ \mathrm{min} \tag{3.40}$$

N_2O_5 达到稳态的时间为

$$t_{\mathrm{N_2O_5}}=4.6/6.854\ \mathrm{min}=0.67\ \mathrm{min} \tag{3.41}$$

以上虽为近似计算，但可看出各物种达到稳态的时间范围。

采用 NO_2 光解反应测定紫外光强时，由于光解离过程反应众多，因此在用反应速率

方程计算光解反应的速率常数 k 值(作为光强的度量)时，通常运用稳态法处理。

3.2　光化学反应机理

3.2.1　光子能量

在光的作用下进行的化学反应称为光化学反应。光是一种电磁辐射，具有波动和微粒的二重性。光子的能量与波长有关。根据普朗克定律，一个频率为 ν 的光子的能量 ε 为

$$\varepsilon = h\nu \tag{3.42}$$

而波长

$$\lambda = c / \nu \tag{3.43}$$

1 mol 光子的能量称为 1 爱因斯坦，用符号 ε_{E} 表示，即

$$\varepsilon_{\mathrm{E}} = 6.022\times10^{23} h\nu = 6.022\times10^{23} hc / \lambda \tag{3.44}$$

式中，h 为普朗克常数($6.626 \times 10^{-34}\ \mathrm{J\cdot s}$)；$c$ 为光速($2.9979 \times 10^{8}\ \mathrm{m\cdot s^{-1}}$)；$\nu$ 为频率。光能量与波长 λ 有关，λ 以 nm 表示，于是有

$$\varepsilon_{\mathrm{E}}\left(\mathrm{kJ\cdot mol^{-1}}\right) = 1.19625\times10^{5} / \lambda \tag{3.45}$$

光子的能量随着光的波长的增大而下降。表 3.2.1 列出各种光的典型波长及其相应的能量。可见光的波长范围是 400 ~ 750 nm，紫外线波长为 150 ~ 400 nm，近红外线的波长为 750 ~ 3×10^{4} nm 。在光化学中，人们关注的波长在 100 ~ 1000 nm 的光波包括紫外线、可见光和红外线。

表 3.2.1　各种光的典型波长及其相应的能量

光称	典型波长/nm	能量/($\mathrm{kJ\cdot mol^{-1}}$)
红光	700	170
橙光	620	190
黄光	580	210
绿光	530	230
蓝光	470	250
紫外线	420	280
近紫外线	400 ~ 200	300 ~ 600
真空紫外线	200 ~ 50	600 ~ 2400

3.2.2　光化学基本定律

1. 光化学第一定律

格鲁西斯-特拉帕定律：只有被分子吸收的光才能引发分子的化学变化。该定律在 19 世纪由格鲁西斯(Grothus)和特拉帕(Draper)总结得到，故称格鲁西斯-特拉帕定律。根据这个定律，在进行光学化反应研究时，要注意光源、反应器材料及溶剂等的选择。

2. 光化学第二定律

斯塔克-爱因斯坦定律：分子吸收光的过程是单分子过程。在初级过程中，一个被吸收的光子只活化一个分子。该定律在20世纪初由斯塔克(Stark)和爱因斯坦(Einstein)提出，故称斯塔克-爱因斯坦定律。根据该定律，若要活化1 mol分子，则要吸收1 mol光子。

定律基础：电子激发态分子的寿命很短($\leqslant 10^{-8}$ s)，在此期间吸收第二个光子的概率很小(适用于大气中的化学过程。但对于高通量光子的激光化学，发现有的分子可吸收两个或更多的光子，因此光化学第二定律不适用于光强度很大、激发态分子寿命较长的情况)。

3. 朗伯-比尔定律

平行的单色光通过浓度为c、长度为l的均匀介质时，未被吸收的透射光强度I与入射光强度I_0之间的关系为

$$\ln\left(I_0 / I\right) = \alpha cl \tag{3.46}$$

式中，α为摩尔吸收系数。在大气化学中应用此定律时，浓度c的单位采用cm^{-3}，常用N来表示；光路长度l的单位采用cm；对于气相介质，摩尔吸收系数的单位是cm^2，常用σ来表示，也被称为吸收截面。这样，朗伯-比尔定律就写为

$$\ln\left(\frac{I_0}{I}\right) = \sigma Nl \text{ 或 } I / I_0 = \mathrm{e}^{-\sigma Nl} \tag{3.47}$$

3.2.3 光化学反应的初级过程和次级过程

1. 初级过程

光化学反应是从反应物吸收光子开始的，所以光的吸收过程是光化学反应初级过程的第一步，即化学物种吸收光子形成激发态物种。在大气光化学中，光子是化学反应的一个反应物，被写作$h\nu$：

$$\mathrm{A} + h\nu \longrightarrow \mathrm{A}^* \tag{3.15R}$$

A^*为A的电子激发态，即活化分子。一旦一个分子吸收光子激发成电子激发态，它会经历许多不同的光物理和光化学初级过程。光物理过程包括辐射跃迁和非辐射跃迁，在辐射跃迁中，活化分子以荧光或磷光的形式发光，并返回基态[反应(3.16R)]，在非辐射跃迁中[反应(3.17R)]，吸收的光子的部分或全部能量最终转化为热量。

$$\mathrm{A}^* \longrightarrow \mathrm{A} + h\nu \tag{3.16R}$$

$$\mathrm{A}^* + \mathrm{M} \longrightarrow \mathrm{A} + \mathrm{M} \tag{3.17R}$$

光化学过程指活化分子解离、异构化、重排或与另一分子反应的过程。反应(3.18R)为光解离反应：

$$\mathrm{A}^* \longrightarrow \mathrm{B} + \mathrm{C} \tag{3.18R}$$

反应(3.19R)为活化分子与其他分子反应生成新产物：

$$A^* + B \longrightarrow C + D \tag{3.19R}$$

光化学过程会产生新的化学物种。其中光解离是大气化学中最普遍和最重要的光化学反应，可解离产生原子、自由基等，且它们可以通过次级过程进行热反应。这类反应在大气中很重要，光解产生的自由基及原子往往是大气中 OH、HO_2、RO_2 等自由基的重要来源。

2. 次级过程

初级过程中反应物与生成物之间进一步发生的反应，如大气中 HI 的光化学反应过程。

初级过程：

$$HI + h\nu \longrightarrow H + I \tag{3.20R}$$

次级过程：

$$H + HI \longrightarrow H_2 + I \tag{3.21R}$$

$$I + I \longrightarrow I_2 \tag{3.22R}$$

总过程：

$$2HI \xrightarrow{h\nu} H_2 + I_2 \tag{3.23R}$$

3.2.4 光化学反应速率

1. 量子产额

为了衡量光化学反应的效率，引入量子产额的概念。对于某一光化学反应初级过程，各种光物理和光化学过程的初级量子产额用ϕ表示。例如，在夜间化学中起重要作用的 NO_3 自由基吸收可见光红色区域(600 ~ 700 nm)的光。光吸收时形成的电子激发态可以离解成 NO_2 + O 或 NO + O_2，或者它可以发出荧光：

$$NO_3\bullet + h\nu \longrightarrow NO_3{}^*\bullet \tag{3.24R}$$

$$NO_3{}^*\bullet \longrightarrow NO_2 + O \tag{3.25R}$$

$$NO_3{}^*\bullet \longrightarrow NO + O_2 \tag{3.26R}$$

$$NO_3{}^*\bullet \longrightarrow NO_3\bullet + h\nu \tag{3.27R}$$

每个过程的初级量子产额定义如下：

$$\phi_{3.25R} = \frac{\text{初级过程中形成的}NO_2\text{或}O\text{数量}}{NO_3\bullet\text{吸收的光子数}} \tag{3.48}$$

$$\phi_{3.26R} = \frac{\text{初级过程中形成的}NO\text{或}O_2\text{数量}}{NO_3\bullet\text{吸收的光子数}} \tag{3.49}$$

$$\phi_{3.27R} = \frac{NO_3\bullet\text{发射的光子数}}{NO_3\bullet\text{吸收的光子数}} \tag{3.50}$$

根据定义，所有光化学和光物理过程的初级量子产额的总和加起来必须是 1。对于上述过程，即有$\phi_{3.25R}+\phi_{3.26R}+\phi_{3.27R}=1$。需要注意的是，在不同波长下，虽然总和是 1，但是不同过程的量子产额是不同的。例如，在 NO_3 的光反应过程中，在波长 585 nm 时$\phi_{3.25R}$为 1.0，然而在 635 nm 处减小到 0。$\phi_{3.26R}$在大约 595 nm 处增加到 0.36 的峰值，然后在更长的波长处减少。$\phi_{3.27R}$在约 640 nm 处增加到 1。

在一些情况下，报告的是总量子产额，而不是初级量子产额。特定产物 A 的总量子产额通常用ϕ_A表示，定义为每吸收一个光子所形成的产物 A 的分子数。因此总量子产额包括初级过程和次级过程在内的总效率。由于次级化学对稳定产物形成的潜在贡献，特定产物的总量子产额可能超过 1。事实上，在链式反应中，某些物质的总量子产额可能在 10^6 或更高的数量级。

2. 光化学反应速率表达

对于一个光化学初级过程反应：

$$A+h\nu \longrightarrow A^* \longrightarrow B+C \tag{3.28R}$$

初级量子产额表示为

$$\phi_B=\frac{d[B]/dt}{I_a}=\frac{r}{I_a} \tag{3.51}$$

所以反应速率 r(也称为光吸收速率)为

$$r=\phi_B I_a \tag{3.52}$$

式中，I_a是吸收光效率(单位时间内吸收光子的数量)。上面提到，初级量子产额和吸收光效率与光的波长有关。假设某一体积不变的空间的空气所得到波长为λ的入射光的光化通量为 $F(\lambda)$，该体积吸收波长为λ的光的强度可以由前面介绍的朗伯-比尔定律计算。盒内吸收物质 A 的浓度[A]为 cm^{-3}，吸收截面σ为 cm^2。被空气吸收的光 $I_a(\lambda)$可以近似地表示为

$$I_a(\lambda)=\sigma(\lambda)F(\lambda)[A] \tag{3.53}$$

计算 A 的光解，必须只考虑导致光化学变化部分的光，这样就要考虑量子产额的问题，即导致化学部分的光占总的光吸收的份额。在这里引入 $\Phi(\lambda)$，代表λ波长处由光解生成其他产物所占的初级量子产额。那么 A 在λ波长处的光解速率为

$$r_A(\lambda)=\sigma(\lambda)\Phi(\lambda)F(\lambda)[A] \tag{3.54}$$

A 的总光解速率 r_X 是这个表达式在所有可能波长上的积分：

$$r_A=\left[\int_{\lambda_1}^{\lambda_2}\sigma(\lambda)\Phi(\lambda)F(\lambda)d\lambda\right][A] \tag{3.55}$$

式中，λ_1和λ_2分别为发生光吸收的最短和最长的波长。对于对流层，$\lambda_1=290$ nm，因为大气中存在各种光吸收物质，到达对流层的都是波长大于 290 nm 的光，只有这部分光才能与对流层发生光化学反应。因此，也将波长≥290 nm 的光称为光化辐射(actinic radiation)。光化通量指光化辐射强度，是单位体积受到的辐射通量。

对于大气中某一给定的体积，波长为λ的辐射其光化通量 $F(\lambda)$是由两部分辐射组成的，分别为：①直接太阳辐射 $I_d(\lambda)$，由太阳发射经过一定的大气层被大气中气体及粒子吸收、散射削弱后到达某一体积的光，其中包括被反射回宇宙空间的部分；②间接太阳辐射，包括地面反射辐射 $I_r(\lambda)$，即入射到地面的光被地面反射回来的部分，以及散射辐射 $I_s(\lambda)$，即由太阳来的直接光或地面来的反射光被大气中气体及粒子散射后进入给定体积的部分。因此有

$$F(\lambda)=I_{\mathrm{d}}(\lambda)+I_{\mathrm{r}}(\lambda)+I_{\mathrm{s}}(\lambda) \tag{3.56}$$

光化通量 $F(\lambda)$描述分子可吸收的光强度，它取决于许多因素，包括地理位置、时间、季节以及云的存在与否。

在实际应用时，λ 一般采用波段而非上述连续形式，采取不同的波段 $\Delta\lambda$，将式(3.55)改写为

$$r_{\mathrm{A}}=\sum_i \sigma(\lambda_i)\Phi(\lambda_i)F(\lambda_i)\Delta\lambda_i[\mathrm{A}] \tag{3.57}$$

式中，$\sigma(\lambda_i)$、$\Phi(\lambda_i)$和 $F(\lambda_i)$分别为 $\Delta\lambda_i$ 波长间隔上平均波长 λ_i 的吸收截面、量子产额和光化通量。

将光解反应看作一个反应速率常数为 j_{A} 的一级反应过程，其反应速率方程表达式为

$$r_{\mathrm{A}}=-\frac{\mathrm{d}[\mathrm{A}]}{\mathrm{d}t}=j_{\mathrm{A}}[\mathrm{A}] \tag{3.58}$$

式中，r_{A} 单位为 $\mathrm{cm^{-3}\cdot s^{-1}}$；$j_{\mathrm{A}}$ 单位为 $\mathrm{s^{-1}}$；[A]单位为 $\mathrm{cm^{-3}}$。联立式(3.57)和式(3.58)，得到一级速率系数 j_{A} 表达式为

$$j_{\mathrm{A}}=\left[\int_{\lambda_1}^{\lambda_2}\sigma(\lambda)\Phi(\lambda)F(\lambda)\mathrm{d}\lambda\right] \tag{3.59}$$

或

$$j_{\mathrm{A}}=\sum_i \sigma(\lambda_i)\Phi(\lambda_i)F(\lambda_i)\Delta\lambda_i \tag{3.60}$$

σ 值和 j 值已有不少实验数据支撑。无数据时，也可以采用计算的方法，即使用实验测得的 $\sigma(\lambda)$和 $F(\lambda)$来计算 j。$\Phi(\lambda)$可采用文献值；没有 Φ 值时，有时可以用 $\Phi=1.0$ 代替，由此值计算的是 j 值的上限。

也可以反过来通过已知的 $\sigma(\lambda)$、$\Phi(\lambda)$和 j_{A} 来求光强。用物理方法测量光强比较复杂，在光化学研究中通常采用化学方法，将某一已知量子产额的光化学反应速率常数测量出来作为光强的量度。这种方法既可以用于测人工光源的强度，又可以测量某地的实际光强。

3. 温度和压力对光化学反应速率的影响

对于光化学反应，温度对反应速率的影响一般都不大。这是因为光化学反应的初级反应与光的强度有关，而次级反应又常涉及自由基的反应，这些反应的活化能都比较小，所以反应速率受温度的影响不大。

大气环境中，三分子反应的反应速率和压力有关，一些反应的级数会随压力的变化而变化。例如，OH 自由基对 SO_2 的氧化反应，在低压是三级反应，在高压是二级反应。OH 自由基和 SO_2 分子键放出能量，而这些释放的能量必须被移除才能形成稳定的 $HOSO_2$ 分子，否则这部分内能会使得 $HOSO_2$ 快速分解重新形成 HO• + SO_2。第三体分子 M 是通过与 $HOSO_2^*$(激发态)碰撞并移走它多余的能量使其成为稳定的分子。该反应总包反应可写为

$$\bullet OH + SO_2 + M \longrightarrow HOSO_2 + M \tag{3.29R}$$

但基元反应步骤为

$$\bullet OH + SO_2 \underset{k_b}{\overset{k_a}{\rightleftharpoons}} HOSO_2^* \tag{3.30R}$$

$$HOSO_2^* + M \underset{k_b}{\overset{k_a}{\rightleftharpoons}} HOSO_2 + M \tag{3.31R}$$

式中，*代表分子处于振动激发态。推广为一般体系中形成产物 AB：

$$A + B \longrightarrow AB^* \qquad (k_a) \tag{3.32R}$$

$$AB^* \longrightarrow A + B \qquad (k_b) \tag{3.33R}$$

$$AB^* + M \longrightarrow AB + M^* \qquad (k_c) \tag{3.34R}$$

$$M^* \longrightarrow M + 能量 \qquad (k_d) \tag{3.35R}$$

采用稳态近似处理，即激发态复合物 AB^* 的寿命很短，一经产生就发生反应，其中 AB 的产生与 A 和 B 的消耗相等。因此，可以假定它在任何时候都处于稳态。反应速率为

$$\frac{d[AB]}{dt} = k_c\left[AB^*\right][M] \tag{3.61}$$

$$k_a[A][B] = k_b\left[AB^*\right] + k_c\left[AB^*\right][M] \tag{3.62}$$

将式(3.62)代入式(3.61)，得到反应速率：

$$\frac{-d[A]}{dt} = \frac{-d[B]}{dt} = \frac{d[AB]}{dt} = \frac{k_a k_c[A][B][M]}{k_b + k_c[M]} \tag{3.63}$$

在大气中，[M]只是空气 n_a 的数密度，通常直接与压力有关，因为在大气环境下，[M]是[N_2]和[O_2]的总和，这两种气体实际上决定了大气压力。如果在低压范围 $[M] \ll k_b/k_c$，式(3.63)可以简化为

$$\frac{-d[A]}{dt} = \frac{-d[B]}{dt} = \frac{d[AB]}{dt} = \frac{k_a k_c[A][B][M]}{k_b} \tag{3.64}$$

此时，反应是三级的，总的反应速率线性地取决于[M]。如果在高压范围 $[M] \gg k_b/k_c$，式(3.64)可以简化为

$$\frac{-d[A]}{dt} = \frac{-d[B]}{dt} = \frac{d[AB]}{dt} = k_a[A][B] \tag{3.65}$$

此时，反应是二级的，AB 产量受 AB^* 产量的限制，且与 M 的浓度无关；M 大量存在，

以确保所有 AB^*(激发态)转化为 AB。

3.2.5　大气中重要吸光物质的光解离

前文提到光解离是大气化学中最普遍和最重要的光化学反应。太阳辐射通过大气层时，大气中的各种组分能够吸收一定波长的太阳辐射，吸收高能量的太阳光量子后可引起分子解离。下面介绍大气中一些重要的光解离反应。

1. O_2 和 N_2 的光解离

$$O_2 + h\nu \longrightarrow O + O \tag{3.36R}$$

氧分子的键能为 493.8 $kJ \cdot mol^{-1}$，$\lambda < 240$ nm 的紫外线可以引起 O_2 的光解离。

在平流层中，O_2 光解离产生的 O 可与 O_2 发生如下反应：

$$O + O_2 + M \longrightarrow O_3 + M \tag{3.37R}$$

这一反应是平流层中 O_3 的来源，也是消除 O 的主要过程。它不仅吸收来自太阳的紫外线而保护地面的生物，同时也是上层大气能量的一个储库。

$$N_2 + h\nu \longrightarrow N + N \tag{3.38R}$$

N_2 键能较大，为 939.4 $kJ \cdot mol^{-1}$，对应的光波长为 127 nm，因此，N_2 的光解离限于臭氧层以上。

2. O_3 的光解离

O_3 的光解离有两条主要途径。当吸收波长小于 336 nm 的太阳辐射时，O_3 光解离产生激发态氧原子 $O(^1D)$：

$$O_3 + h\nu(\lambda < 336\ \text{nm}) \longrightarrow O_2 + O(^1D) \tag{3.39R}$$

这一反应产生的 $O(^1D)$量子产额随波长变化。在室温情况下，当波长为 300 ~ 310 nm 时，量子产额大于 0.5；当波长大于 329 nm 时，量子产额只有 0.05 ~ 0.06。

$O(^1D)$与大气中的水汽分子会生成 OH 自由基：

$$O(^1D) + H_2O \longrightarrow 2 \cdot OH \tag{3.40R}$$

这是对流层大气中 OH 自由基的重要来源，对大气化学过程有着重要意义。

当 O_3 吸收波长为 315 ~ 1200 nm 的太阳辐射时，光解离产生基态氧原子 $O(^3P)$：

$$O_3 + h\nu(315\ \text{nm} < \lambda < 1200\ \text{nm}) \longrightarrow O_2 + O(^3P) \tag{3.41R}$$

$O(^3P)$很快与 O_2 分子结合，重新生成 O_3：

$$O_2 + O(^3P) + M \longrightarrow O_3 + M \tag{3.42R}$$

3. NO_2 的光解离

NO_2 的键能为 300.5 $kJ \cdot mol^{-1}$，在大气中活泼，易参与许多光化学反应，是城市大气中重要的吸光物质，在低层大气中可以吸收全部来自太阳的紫外线和部分可见光，在 290

~400 nm 范围内有连续吸收光谱，在对流层大气中具有重要意义。NO_2光解离产生氧原子。氧原子与O_2反应产生O_3，这是污染大气中O_3的重要来源：

$$NO_2 + h\nu \longrightarrow NO + O \tag{3.43R}$$

$$O + O_2 + M \longrightarrow O_3 \tag{3.44R}$$

4. HNO_2、HNO_3的光解离

HNO_2的HO—NO的键能为 201.1 kJ·mol^{-1}，H—ONO的键能为324.0 kJ·mol^{-1}，HNO_2对200～400 nm波长的光有吸收：

$$HNO_2 + h\nu \longrightarrow HO\bullet + NO \tag{3.45R}$$

$$HNO_2 + h\nu \longrightarrow H + NO_2 \tag{3.46R}$$

$$HO\bullet + NO \longrightarrow HNO_2 \tag{3.47R}$$

$$HO\bullet + HNO_2 \longrightarrow H_2O + NO_2 \tag{3.48R}$$

$$HO\bullet + NO_2 \longrightarrow HNO_3 \tag{3.49R}$$

HNO_2的光解离是大气中OH自由基的重要来源之一。

HNO_3的HO—NO_2的键能为199.4 kJ·mol^{-1}，对120～335 nm波长的光的辐射有不同的吸收，其光解离机理是

$$HNO_3 + h\nu \longrightarrow HO + NO_2 \tag{3.50R}$$

$$HO\bullet + CO \longrightarrow CO_2 + H \tag{3.51R}$$

$$H + O_2 + M \longrightarrow HO_2\bullet + M \tag{3.52R}$$

$$2HO_2 \longrightarrow H_2O_2 + O_2 \tag{3.53R}$$

5. 过氧化物的光解离(过氧化氢、有机过氧化物)

过氧化氢(H_2O_2)和有机过氧化物(ROOH)的光解离是对流层中OH、HO_2和RO_2等自由基的重要来源：

$$H_2O_2 + h\nu \longrightarrow 2\bullet OH \tag{3.54R}$$

$$CH_3OOH + h\nu \xrightarrow{a} CH_3OO\bullet + H \tag{3.55R}$$

$$\xrightarrow{b} CH_3O\bullet + \bullet OH \tag{3.56R}$$

$$2CH_3OO \xrightarrow{a} 2CH_3O + O_2 \tag{3.57R}$$

$$\xrightarrow{b} HCHO + CH_3OH + O_2 \tag{3.58R}$$

$$\xrightarrow{c} CH_3O_2CH_3 + O_2 \tag{3.59R}$$

$$CH_3O + O_2 \longrightarrow HCHO + HO_2 \tag{3.60R}$$

6. 甲醛的光解离

HCHO 中 H—CHO 的键能为 356.5 kJ·mol^{-1}，它对 240～360 nm 波长的光有吸收，吸光后的光解反应为

$$HCHO + h\nu \longrightarrow H + \bullet CHO \quad (\lambda < 370\ nm) \tag{3.61R}$$

$$HCHO + h\nu \longrightarrow H_2 + CO \quad (\lambda < 320\ nm) \tag{3.62R}$$

对流层中由于有 O_2 的存在，可进一步反应：

$$H + \bullet CHO \longrightarrow H_2 + CO \tag{3.63R}$$

$$2H + M \longrightarrow H_2 + M \tag{3.64R}$$

$$2\bullet CHO \longrightarrow 2CO + H_2 \tag{3.65R}$$

醛类的光解离是过氧自由基的主要来源：

$$H + O_2 \longrightarrow HO_2\bullet \tag{3.66R}$$

$$\bullet CHO + O_2 \longrightarrow HO_2\bullet + CO \tag{3.67R}$$

7. 卤代烃的光解离

卤代甲烷(CH_3X)的光解离对大气污染的化学作用最大，卤代甲烷在近紫外线的照射下发生光解离：

$$CH_3X + h\nu \longrightarrow \bullet CH_3 + X \tag{3.68R}$$

对于不同的卤素，CH_3—X 的键能：

$$CH_3—F > CH_3—H > CH_3—Cl > CH_3—Br > CH_3—I \tag{3.66}$$

工业上大量生成和使用的 CFCs，它们吸收强烈的太阳紫外辐射时(波长 185 ～ 227 nm)，解离产生 Cl 原子。$CFCl_3$(氟利昂-11)和 CF_2Cl_2(氟利昂-12)的光解离：

$$CFCl_3 + h\nu \longrightarrow CFCl_2 + Cl \tag{3.69R}$$

$$CFCl_3 + h\nu \longrightarrow CFCl + 2Cl \tag{3.70R}$$

$$CF_2Cl_2 + h\nu \longrightarrow CF_2Cl + Cl \tag{3.71R}$$

$$CF_2Cl_3 + h\nu \longrightarrow CF_2Cl + 2Cl \tag{3.72R}$$

这些反应在平流层中对臭氧有很重要的消耗作用，在第 7 章将进行详细介绍。

✔思 考 题

1. 什么是基元反应和总包反应？什么是反应级数、反应速率常数？

2. 何谓量子产额？有一光化学初级反应 A + $h\nu \longrightarrow$ P，设单位时间、单位体积吸光的强度为 I_a，试写出该初级反应的速率表达式。若 A 的浓度增加一倍，速率表达式有何变化？

3. 改变 A 和 B 的反应初始浓度$[A]_0$和$[B]_0$，测定 A 的半衰期得到如下结果：

$[A]_0/(mol\cdot dm^{-3})$	0.010	0.010	0.020
$[B]_0/(mol\cdot dm^{-3})$	0.500	0.250	0.250
$t_{1/2}$/min	80	160	80

(1)证明反应速率方程为 $r = k[A]^2[B]$。

(2)求反应速率常数 k。

4. 对于某一级反应，在 300 K 温度下完成 50%的反应需要 20 min，在 350 K 温度下完成 50%的反应需要 5 min。计算该反应的活化能。

5. 用波长为 313 nm 的单色光照射气态丙酮，发生下列分解反应：

$$(CH_3)_2CO + h\nu \longrightarrow C_2H_6 + CO$$

若反应池的容量是 59.0 cm^3，丙酮吸收入射光的分数为 0.915，在反应过程中，得到下列数据：反应温度为 840 K，照射时间 t = 7.0 h，入射能为 $4.81 \times 10^{-3}\ J\cdot s^{-1}$，起始压力为 102.16 kPa，终了压力为 104.42 kPa，计算此反应的量子产额。

参 考 文 献

唐孝炎，张远航，邵敏. 2006. 大气环境化学. 2 版. 北京：高等教育出版社.

徐永福，贾龙，葛茂发，等. 2006. 大气条件下臭氧与乙烯反应的动力学研究. 科学通报，(16): 1881-1884.

Demore W B, Sander S P, Golden D M, et al. 1994. Chemical Kinetics and Photochemical Data for Use in Stratospheric Modeling. Pasadena: JPL Publ.

Feltham E J, Almond M J, Marston G, et al. 2000. Reactions of alkenes with ozone in the gas phase: a matrix-isolation study of secondary ozonides and carbonyl-containing reaction products. Spectrochimica Acta A, 56: 2605-2616.

Finlayson-Pitts B J, Pitts Jr. J N. 2000. Chemistry of the Upper and Lower Atmosphere. New York: Academic Press.

Seinfeld J H, Pandis S N. 2016. Atmospheric Chemistry and Physics: From Air Pollution to Climate Change. 3rd ed. Hoboken: Wiley Press.

Seroji A R, Webb A R, Coe H, et al. 2004. Derivation and validation of photolysis rates of O_3, NO_2, and CH_2O from a GUV-541 radiometer. Journal of Geophysical Research, 109(D21): 307-310.

Webb A R, Bais A F, Blumthaler M. 2002. Measuring spectral actinic flux and irradiance: experimental results from the actinic flux determination from measurements of irradiance (ADMIRA) project. Journal of Atmospheric & Oceanic Technology, 19(7): 1049-1062.

第 4 章　对流层臭氧化学

氧化性是对流层大气的典型特点，自由基和 O_3 是重要的氧化剂。对流层大气受人为活动和地球表面天然活动影响显著，人为源和天然源排放的还原性大气污染物(如 VOC、H_2S、NO_x 等)会与对流层大气中的氧化剂发生反应进而消耗氧化剂。但实际上对流层大气的氧化性并没有因人为活动导致的污染大量排放而降低，甚至在很多地区出现大气氧化性的增加。造成这一现象的重要原因是对流层大气中的臭氧除了可以来自平流层输送，还可以通过 VOC 与 NO_x 的光化学反应生成，而臭氧的光解又进一步产生自由基。“VOC-NO_x-O_3”这一反应体系是对流层大气维持氧化性的关键过程。

4.1　对流层臭氧污染的特征和危害

最早关于对流层 O_3 污染的报道出现在 20 世纪 40 年代的美国洛杉矶，其特征是大气中呈现淡蓝色烟雾，大气能见度降低，刺激人的眼睛和呼吸道，损伤植被叶片等。高浓度 O_3 出现的气象条件主要表现为较高的气温、充足的日照、较少的云量、较低的相对湿度及地面低风速，因此 O_3 污染出现时间通常是在光照强、湿度低的夏季中午或午后。Haggen-Smit 在 20 世纪 50 年代识别出洛杉矶烟雾事件中关键的污染物是 O_3，并初步提出了 O_3 的形成机制，其并不来自直接排放，而是由机动车尾气等排放的 NO_x 和 VOC 在光照条件下发生化学反应而生成的。为了与平流层 O_3 进行区分，光化学烟雾又经常被称为“对流层臭氧污染”“近地面臭氧污染”“大气二次臭氧污染”等。

O_3 作为一种重要的光化学氧化剂，人体瞬时或长时间暴露于高浓度 O_3 中，可导致一系列的健康问题。O_3 吸入人体后可以与呼吸道中的细胞、体液和机体组织发生化学反应，导致呼吸系统疾病与肺功能减弱；长期暴露于 O_3 中可能会使肺部组织永久损伤。O_3 还可以通过血液进入循环系统，造成中风、心律失常等心血管疾病，降低血液的输氧功能，造成组织缺氧。O_3 引起人体健康损伤的症状包括眼鼻灼烧感、皮肤屏障损伤、咳嗽、头疼与呼吸短促等。此外，O_3 可以扰乱人体新陈代谢，诱发淋巴细胞染色体病变，对免疫系统造成破坏，并加速人体衰老。特殊人群如孕妇、婴幼儿、老人、户外工作者等对 O_3 污染则更为敏感，长期暴露于高浓度 O_3 可产生致命威胁。对于已经患有心血管疾病和慢性呼吸疾病的人，O_3 浓度的增加可导致心血管疾病和呼吸疾病的死亡风险增高。

世界卫生组织 2005 年公布的空气质量参考指数(air quality guideline，AQG)建议的安全 O_3 浓度低于 100 $\mu g \cdot m^{-3}$(以暴露在污染环境下 8 h 为极限)，对先前版本的《空气质量准则》建议的极限值(120 $\mu g \cdot m^{-3}$)作了下调。O_3 浓度若高于 160 $\mu g \cdot m^{-3}$，则会对身体相对虚弱的小孩和肺病患者产生不健康的影响。O_3 浓度若高于 240 $\mu g \cdot m^{-3}$，则会对所有人都产生危害。中国发布的《环境空气质量标准》(GB 3095—2012)中增加的 O_3 标准浓度指标参考了 WHO 2005 AQG 标准。2021 年，世界卫生组织发布了最新修订的《全球空气质量指导值(2021)》(AQG 2021)，这是自 2005 年以来首次更新空气质量指南，过去 15 年科学家对空气污染如何影响人类健康有了更清晰和全面的认识。修订的 AQG 2021 基于长期 O_3 浓度与总死亡率及呼吸道死亡率之间关联的健康影响证据，增设了 O_3 浓度高峰季平均值目标值(60 $\mu g\cdot m^{-3}$)，这一修订意味着 O_3 污染正对全世界人类健康造成越来越大的影响。中国《环境空气质量标准》的参考指数遵循了世界卫生组织 160 $\mu g\cdot m^{-3}$ 的中期目标，而美国环境保护署的空气质量指数将安全的“绿色区域”定为 120 $\mu g\cdot m^{-3}$ 以下。全球疾病负担研究报告(*Global Burden of Diseases*)表明 2015 年由对流层 O_3 污染导致的全球早死亡人数为 25.4 万人，到了 2019 年这一数字已经增长到 36.5 万人。而与 O_3 相关的早死亡大多发生在发展中国家，应给予高度重视。

近地面 O_3 污染对植被、土壤和生态系统均会产生影响。高浓度 O_3 可以直接影响植物调节叶片上气孔开张的保卫细胞的钾离子浓度，改变细胞膨压，诱导气孔关闭。植物气孔闭合除了会减少 O_3 的吸收，也会抑制 CO_2 吸收和水汽交换。然而，随着 O_3 暴露时间的延长，O_3 诱导的气孔关闭会出现滞后甚至失灵的现象，从而导致大量 O_3 进入细胞间隙，进入细胞的 O_3 将诱导叶片内部抗氧化系统启动解毒和修复过程，此过程会消耗大量的能量并对光合反应系统造成不同程度的损伤，降低羧化速率和电子传递速率，进而抑制光合和蒸腾作用，损害植物生长。O_3 不仅抑制植物生长，还导致农作物大量减产，并且影响粮食品质。研究表明，当前环境 O_3(平均浓度值为 40 ppb)可导致主要粮食作物(小麦、水稻、大豆和马铃薯等)减产 10%左右，未来地表 O_3 浓度升高情景下(51 ~ 71 ppb)，作物产量将进一步降低 10% ~ 20%。对粮食品质的影响包括影响淀粉、蛋白质及一些营养元素的浓度等。地表 O_3 浓度升高对植物光合作用、生长和生物量积累、物质分配等过程的连锁负效应导致陆地生态系统生产力和固碳能力降低，削弱了自然生态系统的碳汇能力。此外，植物长期过量摄取 O_3 还可以引起物种组成、冠层结构改变，影响生态系统种群均匀度和丰富度，威胁生态系统多样性，最终影响生态系统碳、氮和水循环。

为评价区域 O_3 风险和评估 O_3 对生态系统影响带来的损失，学者主要通过不同评估指标评估区域、国家或全球尺度上地表 O_3 污染的生态效应。总体来说，评估指标的研究主要经历了三个阶段，分别是浓度响应关系、剂量响应关系和通量响应关系评估指标的研究。浓度响应关系评估指标主要包括白天 7 h(9:00 ~ 16:00)O_3 浓度平均值(M7)或白天 12 h (8:00 ~ 20:00)O_3 浓度平均值(M12)，早期曾广泛应用于表征 O_3 浓度暴露与农作物产量损失相关性的研究中。剂量响应关系评估指标主要有 O_3 小时浓度高于或等于 60 $\mu g\cdot kg^{-1}$ 的累积值(SUM06)，以及 O_3 小时浓度在规定时段内的加权求和值(W126)和整个生长季太阳辐射大于 50 $W\cdot m^{-2}$ 时段内 O_3 小时浓度超过 X ppb 的累计值(AOTX)，X 普遍设为 40。剂量响应关系评估指标综合考虑 O_3 浓度和暴露时间对植物生长的影响，在世界范围内得到广泛应用。通量响应关系评估指标可用整个生长季单位面积上气孔 O_3 吸收通量超过临界值 Y $nmol\cdot m^{-2}\cdot s^{-1}$ 的积累量(PODY)。通量响应指标同时考虑环境因子(物候、温度、光照、蒸气压和土壤水势等参数)和植物自身对 O_3 响应的影响，但是所需参数较多，限制较大。目前，哪个指标更适合区域 O_3 风险评估仍然存在争论。

4.2　对流层大气中主要的氧化反应

4.2.1　对流层大气中的氧化剂及其主要来源

对流层大气的氧化能力取决于氧化剂浓度水平。•OH 和 O_3 是对流层大气中最重要的氧化剂。HO_2•与•OH 之间可以相互转化，因此通常将二者合称为 HO_x•(•OH+HO_2•)。NO_3•则是夜间化学反应的重要氧化剂。另外，Cl 原子是海洋大气环境中的重要氧化剂。大气中主要氧化剂及其来源见表 4.2.1。

表 4.2.1　大气中主要氧化剂及其来源

氧化剂	生成氧化剂的主要反应
•OH/HO_2•	$O_3 + h\nu \longrightarrow O(^1D) + O_2$；$O(^1D) + H_2O \longrightarrow 2$•OH
	$HONO + h\nu \longrightarrow$ •OH + NO
	$H_2O_2 + h\nu \longrightarrow 2$•OH
	$HCHO + h\nu + 2O_2 \longrightarrow CO + 2HO_2$•
O_3	$NO_2 + h\nu\ (\lambda < 424\ nm) \longrightarrow NO + O(^3P)$；$O(^3P) + O_2 + M \longrightarrow O_3 + M$
NO_3•	$NO_2 + O_3 \longrightarrow NO_3$• $+ O_2$
Cl	$ClNO_2 + h\nu \longrightarrow Cl + NO_2$
	$Cl_2 + h\nu \longrightarrow 2Cl$

大气中•OH 主要来自 O_3、气态亚硝酸(HONO)等化合物的光解反应。O_3 在波长小于 336 nm 的阳光照射下可以光解产生电子激发态 $O(^1D)$原子[反应(4.1R)]。其中一部分 $O(^1D)$原子会与大气中的水蒸气反应生成•OH[反应(4.2R)]，另一部分 $O(^1D)$则会失活变成基态 $O(^3P)$原子[反应(4.3R)]。例如，在 50%相对湿度、常温条件(300 K)的地表大气中，约有 10%的 $O(^1D)$原子会生成•OH。

$$O_3 + h\nu\ (\lambda < 336\ nm) \longrightarrow O(^1D) + O_2 \tag{4.1R}$$

$$O(^1D) + H_2O \longrightarrow 2\bullet OH \tag{4.2R}$$

$$O(^1D) + M \longrightarrow O(^3P) \tag{4.3R}$$

HONO 的光解是清晨时污染大气中•OH 的重要来源[反应(4.4R)]。HONO 可以通过 NO 与•OH 的气相化学反应生成，也可以来自燃烧排放，但近年来的研究证实非均相反应是污染大气中 HONO 的主要来源。

$$HONO + h\nu\ (\lambda < 400\ nm) \longrightarrow \bullet OH + NO \tag{4.4R}$$

在 NO_x 浓度较低的清洁大气中，HO_2•之间可以反应生成 H_2O_2，其在光照条件下又会光解产生•OH：

$$H_2O_2 + h\nu\ (\lambda < 370\ \text{nm}) \longrightarrow 2{\bullet}OH \tag{4.5R}$$

甲醛光解的一个重要途径是产生 H 原子和•CHO，其又与 O_2 快速反应生成 $HO_2{\bullet}$[反应(4.6aR)]，另一个去除途径则是光解产生 H_2 和 CO[反应(4.6bR)]：

$$HCHO + h\nu\ (\lambda < 370\ \text{nm}) \longrightarrow H + {\bullet}CHO + 2O_2 \longrightarrow CO + 2HO_2{\bullet} \tag{4.6aR}$$

$$HCHO + h\nu\ (\lambda < 320\ \text{nm}) \longrightarrow H_2 + CO \tag{4.6bR}$$

当大气NO浓度较高时(约大于10 ppt)，$HO_2{\bullet}$可以与NO反应生成•OH和NO_2[反应(4.7R)]。

$$HO_2{\bullet} + NO \longrightarrow {\bullet}OH + NO_2 \tag{4.7R}$$

对流层 O_3 主要来自 NO_2 的光解。NO_2 在波长小于 424 nm 的阳光照射下会发生光解反应生成 $O(^3P)$原子和 NO[反应(4.8R)]，$O(^3P)$原子与大气中的 O_2 可以快速反应而生成 O_3[反应(4.9R)]：

$$NO_2 + h\nu\ (\lambda < 424\ \text{nm}) \longrightarrow NO + O(^3P) \tag{4.8R}$$

$$O(^3P) + O_2 + M \longrightarrow O_3 + M \tag{4.9R}$$

对流层 O_3 的生成除了取决于 NO_2 浓度，还会受到 VOC 的影响，这一部分内容将在 4.2.2 节进行详细介绍。另外，在个别时段和地区平流层输送也可能是对流层 O_3 的来源。虽然对流层 O_3 也主要来自光解反应，但由于其能够在大气中停留较长时间，因此在夜间也能保持一定浓度水平，成为夜间化学反应的重要氧化剂之一。

$NO_3{\bullet}$主要来自 NO_2 和 O_3 的反应(4.10R)，但 $NO_3{\bullet}$在光照条件下能够很快分解[反应(4.11aR)和反应(4.11bR)]：

$$NO_2 + O_3 \longrightarrow NO_3{\bullet} + O_2 \tag{4.10R}$$

$$NO_3{\bullet} + h\nu \longrightarrow NO_2 + O \tag{4.11aR}$$

$$NO_3{\bullet} + h\nu \longrightarrow NO + O_2 \tag{4.11bR}$$

因此 $NO_3{\bullet}$在白天的大气化学过程中发挥的作用较小，是污染大气夜间化学反应的重要氧化剂之一。

海洋大气中的 Cl 原子主要来自海洋飞沫中的 NaCl 与大气中的一些气态污染物(如 N_2O_5 和 $ClONO_2$)反应，生成含氯的气态化合物：

$$N_2O_5(g) + NaCl(s) \longrightarrow ClNO_2(g) + NaNO_3(s) \tag{4.12R}$$

$$ClONO_2(g) + NaCl(s) \longrightarrow Cl_2(g) + NaNO_3(s) \tag{4.13R}$$

$ClNO_2$ 和 Cl_2 光解产生 Cl 原子：

$$ClNO_2 + h\nu \longrightarrow Cl + NO_2 \tag{4.14R}$$

$$Cl_2 + h\nu \longrightarrow 2Cl \tag{4.15R}$$

4.2.2　对流层大气中的气相氧化反应

气相氧化反应是对流层大气中的很多无机化合物如 CO、SO_2、NO_x 等的化学去除途径之一。CO 和 NO_x 的氧化过程与对流层臭氧生成紧密相关，而 SO_2 和 NO_x 的氧化则是气溶胶化学的重要内容之一。本节主要介绍 CO 和 NO_x 的氧化。

CO 在大气中的去除主要通过与•OH 发生氧化反应，生成 CO_2 和 H 原子，H 原子与 O_2 快速反应生成 HO_2•：

$$CO + \cdot OH \longrightarrow CO_2 + H;\quad H + O_2 + M \longrightarrow HO_2\cdot + M \tag{4.16R}$$

NO_x 在大气中的化学反应一方面是 NO 与 NO_2 之间的转化，即 NO_2 光解产生 NO 和 O 原子[反应(4.8R)]，而 NO 又与 O_3 反应生成 NO_2[反应(4.17R)]：

$$O_3 + NO \longrightarrow O_2 + NO_2 \tag{4.17R}$$

在白天 NO_x 以 NO_2 为主，NO 与 NO_2 浓度在白天的平均比值约为 0.1。所以日间 NO_x 的主要去除途径是 NO_2 与•OH 的反应：

$$\cdot OH + NO_2 + M \longrightarrow HNO_3 + M \tag{4.18R}$$

在夜间，NO_2 可以与 O_3 反应生成 NO_3•[反应(4.19R)]，NO_2 可以与 NO_3•反应生成 N_2O_5，但 N_2O_5 也会发生热分解产生 NO_2 和 NO_3•：

$$NO_2 + NO_3\cdot + M \rightleftharpoons N_2O_5 + M \tag{4.19R}$$

N_2O_5 的气相化学反应较慢，其可以与大气中的水反应生成 HNO_3，这也是 NO_x 从大气中去除的重要途径之一。除 HNO_3 外，NO_x 氧化过程中还会与有机物所产生的自由基反应而生成一些硝酸酯类物质，如过氧乙酰基硝酸酯(PAN)、烷基硝酸酯($RONO_2$)等。在大气化学研究中，通常将 NO_x 及其氧化产物定义为 NO_y，二者的差值(NO_y–NO_x)记作 NO_z。NO_y(或 NO_z)与 NO_x 比值越高，则说明气团老化程度更高，即经历了更长时间的化学氧化过程。

根据氧化剂类型可以将大气 VOC 氧化反应分为•OH 氧化、O_3 氧化、NO_3•氧化、Cl 原子氧化等。各类 VOC 包括烷烃、烯烃、芳香烃、羰基化合物等均能够被•OH 氧化。O_3 氧化对烯烃较为重要。NO_3•和 Cl 原子氧化则分别在夜间和海洋大气中较为重要，其与 VOC 的作用机制与•OH 相似，因此本节重点介绍各类 VOC 与•OH 和 O_3 发生的氧化反应。

1. 烷烃：氢摘取反应

对流大气中烷烃或其他烷基基团(RH)主要氧化途径是•OH 引发的氢摘取反应，生成烷基自由基(R•)：

$$RH + \cdot OH \longrightarrow R\cdot + H_2O \tag{4.20R}$$

R•与 O_2 快速反应生成过氧烷基自由基(RO_2•)[反应(4.21R)]。在城市大气中 NO 浓度较高，RO_2•会与 NO 反应生成烷氧自由基(RO•)和 NO_2[反应(4.22aR)]或烷基硝酸酯($RONO_2$)[反应(4.22bR)]，后一反应途径所占比例会随着碳原子个数的增加而升高。

$$R\cdot + O_2 \longrightarrow RO_2\cdot \tag{4.21R}$$

$$RO_2\cdot + NO \longrightarrow RO\cdot + NO_2 \tag{4.22aR}$$

$$RO_2\cdot + NO \longrightarrow RONO_2 \tag{4.22bR}$$

RO•与 O_2 可以进一步反应生成 HO_2•和羰基化合物：

$$RO\cdot + O_2 \longrightarrow HO_2\cdot + \text{羰基化合物} \tag{4.23R}$$

RO•和 RO_2•还可以与 NO_2 发生反应，分别生成 $RONO_2$ 和过氧烷基硝酸酯($ROONO_2$)。这两种化合物不稳定，容易分解产生自由基和 NO_2。

$$RO\cdot + NO_2 \longrightarrow RONO_2 \tag{4.24R}$$

$$RO_2\cdot + NO_2 \longrightarrow ROONO_2 \tag{4.25R}$$

当 NO 浓度较低时，RO_2•之间也可以发生反应或者与 HO_2•反应而生成过氧有机物。综上，烷烃在大气中的主要氧化途径如图 4.2.1 所示。

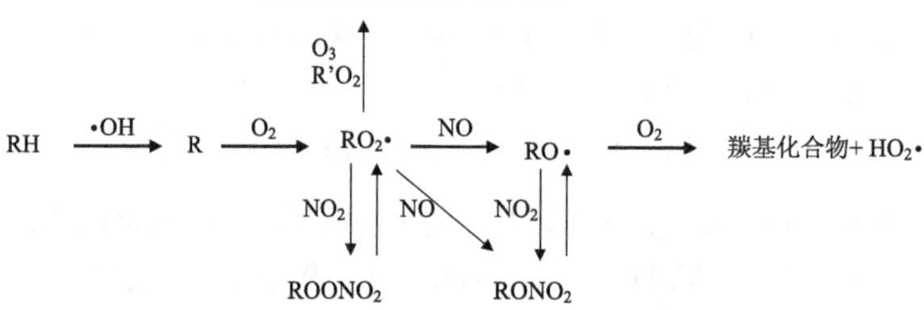

图 4.2.1 烷烃(RH)在大气中的主要氧化途径

2. 烯烃：加成和氢摘取反应

烯烃分子中双键(C═C)的存在使其能够与•OH 发生加成反应，另外也可以与•OH 发生氢摘取反应。前者是烯烃与•OH 反应的主要途径，后者贡献较小。加成反应是•OH 先加到 C═C 上，双键断裂进一步生成羟基烷基自由基：

$$\cdot OH + \;>C=C< \;\longrightarrow \left[>C\overset{\overset{OH}{\vdots}}{=}C< \right] \longrightarrow -\overset{\overset{OH}{|}}{\underset{|}{C}}-\underset{|}{\dot{C}}- \tag{4.26R}$$

氢摘取反应则通常是取代丙烯基的 H 原子：

$$RCH_2CH=CH_2 + \cdot OH \longrightarrow RCH(OH)CH=CH_2 + H_2O \tag{4.27R}$$

对于加成或氢摘取反应所生成的羟基有机自由基，其后续反应与 R•相似，先与 O_2 发生反应生成过氧羟基有机自由基，然后与 NO 反应去掉一个氧原子，再发生一系列后续反应，最终生成 HO_2•和甲醛等羰基化合物。

O_3 氧化也是烯烃在大气中重要的去除途径，其反应机理是 O_3 与 C═C 发生加成反应，生成一个不稳定的环状臭氧化物，其快速分解生成羰基化合物和带有过剩能量的

Criegee 双自由基：

$$R_1R_2C{=}CR_3R_4 + O_3 \longrightarrow [\text{primary ozonide}] \xrightarrow{a} R_1R_2C{=}O + [\dot{C}R_4R_3{-}O{-}\dot{O}]^* ;\quad \xrightarrow{b} R_3R_4C{=}O + [\dot{C}R_1R_2{-}O{-}\dot{O}]^* \tag{4.28R}$$

Criegee 双自由基的后续反应途径包括：热稳定化、解离、异构化、与大气中其他化合物发生反应等。研究发现烯烃和 O_3 的反应会生成•OH，这一反应是夜间•OH 的重要来源。

3. 芳香烃：加成和氢摘取反应

对于含有烷基基团的芳香烃，其与•OH 的反应主要是苯环的加成反应和烷基的氢取代反应，以甲苯为例：

$$C_6H_5CH_3 + \dot{O}H \longrightarrow C_6H_5\dot{C}H_2 + H_2O;\quad \longrightarrow \text{HO-甲苯加合物} \tag{4.29R}$$

在常温常压条件下，加成反应是主要途径，占比在 90%以上。氢取代反应所产生的自由基的后续反应与 R•相似。加成反应所产生的 HO-苯环加合物会进一步与 O_2 和 NO_2 反应，生成酚、醛酮、环氧有机物等。

4. 含氧有机物：氢摘取反应

大气中的含氧有机物主要包括醛、酮、醇、过氧化物等，其与•OH 主要发生氢摘取反应。醛类化合物主要发生醛基上的氢摘取反应，醇类化合物则主要发生羟基上的氢摘取反应，酮类和过氧化物主要发生烷基上的氢摘取反应。

羰基化合物与•OH 的氧化过程会产生过氧酰基硝酸酯(peroxyacyl nitrates，PANs)。大气中主要的 PANs 是过氧乙酰基硝酸酯(peroxyacetyl nitrate，PAN)和过氧丙酰基硝酸酯(peroxypropionyl nitrate，PPN)，其分子式分别是 $CH_3C(O)OONO_2$ 和 $CH_3CH_2C(O)OONO_2$。接下来以乙醛与•OH 的反应过程为例来说明对流层大气中 PAN 的生成过程。

乙醛与•OH 首先发生氢摘取反应生成乙酰基(CH_3CO•)，其很快与 O_2 反应生成过氧乙酰基[$CH_3C(O)O_2$•]：

$$CH_3CHO + \bullet OH \longrightarrow CH_3CO\bullet + H_2O;\quad CH_3CO\bullet + O_2 \longrightarrow CH_3C(O)O_2\bullet \tag{4.30R}$$

$CH_3C(O)O_2\bullet$与 NO 反应生成含氧乙酰基[$CH_3C(O)O\bullet$]，并很快与 O_2 反应生成过氧甲基($CH_3O_2\bullet$)：

$$CH_3C(O)O_2\bullet + NO \longrightarrow NO_2 + CH_3C(O)O\bullet \tag{4.31R}$$

$$CH_3C(O)O\bullet + O_2 \longrightarrow CH_3O_2\bullet + CO_2 \tag{4.32R}$$

除了与 NO 反应，$CH_3C(O)O_2\bullet$也可以与 NO_2 发生反应生成 PAN：

$$CH_3C(O)O_2\bullet + NO_2 + M \longrightarrow CH_3C(O)OONO_2 + M \tag{4.33R}$$

PAN 受热分解会产生 NO_2 和过氧乙酰基，因此 PAN 是二者很重要的储库。PAN 不仅是污染大气中光化学过程的重要产物，另外由于其大气寿命较长，可以长距离传输，因此 PAN 是清洁大气中 NO_x 的重要潜在来源。

4.3 对流层臭氧污染生成机制

对流层臭氧污染的生成机制从最早的 7 个反应发展到现在的准特定化学反应机理(master chemical mechanism，MCM)，包含 143 种 VOC，近两万个化学反应，其中与 VOC 有关的化学反应占大部分。考虑到 VOC 化学反应的复杂性，为了提高利用计算机模拟和预测 O_3 的效率，也发展了一些归纳化学反应机理对 VOC 进行简化处理。例如，基于官能团来归纳 VOC 的碳键机理(CBM)、基于反应活性来归纳的 VOC 的 SAPRC 机理等。

对流层 O_3 生成机制中的化学反应可以分为两大类：第一类是 NO、NO_2 和 O_3 三者之间所形成的光化学基本循环；第二类则是 VOC 参与的自由基循环。相对于前者，自由基循环更为复杂，也是大气化学研究的热点和难点之一。

4.3.1 光化学基本循环($NO—NO_2—O_3$)

NO_2 的光解是对流层大气中 O_3 的主要来源。大气中的 NO_2 在波长小于 424 nm 的阳光照射下会发生光解反应生成 O 原子和 NO[反应(4.8R)]，O 原子与大气中的 O_2 可以快速反应而生成 O_3[反应(4.9R)]，生成的 O_3 又会与 NO 发生反应，再次生成 NO_2 和 O_2[反应(4.17R)]。

假设对流层大气化学过程中仅包含 $NO—NO_2—O_3$ 相互转化的这 3 个反应，而且 NO_2 能够快速生成和去除，则 NO、NO_2 和 O_3 的循环能维持稳态，称为光稳态关系。O_3 的稳态浓度取决于 NO_2 和 NO 浓度的比值：

$$[O_3] = \frac{j_{NO_2}[NO_2]}{k_{NO+O_3}[NO]} \tag{4.1}$$

式中，j_{NO_2} 为 NO_2 的光解速率常数；k_{NO+O_3} 为 NO 和 O_3 的反应速率常数。研究发现利用光稳态关系计算出的 O_3 浓度比大气中实测到的 O_3 浓度低得多，说明大气中存在其他的竞争反应使 NO 转化为 NO_2，但不会消耗 O_3 反应，因此 O_3 浓度会不断积累，导致污染事件的出现。

4.3.2　光化学基本循环与自由基循环的耦合

在 4.2 节介绍了•OH 是对流层中重要的氧化剂，其可以来自 O_3、HONO、醛类等的光解反应。•OH 在氧化 VOC、CO 等化合物的过程中会生成 HO_2•、RO_2•等自由基，其会与 NO 发生反应生成 NO_2，同时导致•OH、RO•等自由基的循环再生(图 4.3.1)。相对于 NO—NO_2—O_3 循环，自由基之间的相互转化可以循环多次，直至这些自由基通过生成 HNO_3、H_2O_2、过氧有机物(ROOH)等一些化合物来退出这一循环。NO—NO_2—O_3 之间的反应快，因此光化学基本循环是“快循环”；而自由基循环则由于不同自由基之间能相互转化，因此自由基从反应体系中去除需要较长时间，因此又称为“慢循环”。这两个循环相互耦合作用，自由基循环过程能够使 NO 多次转化为 NO_2，而 NO_2 光解则会产生 O_3，进而使得 O_3 逐渐积累，导致污染的产生(图 4.3.1)。

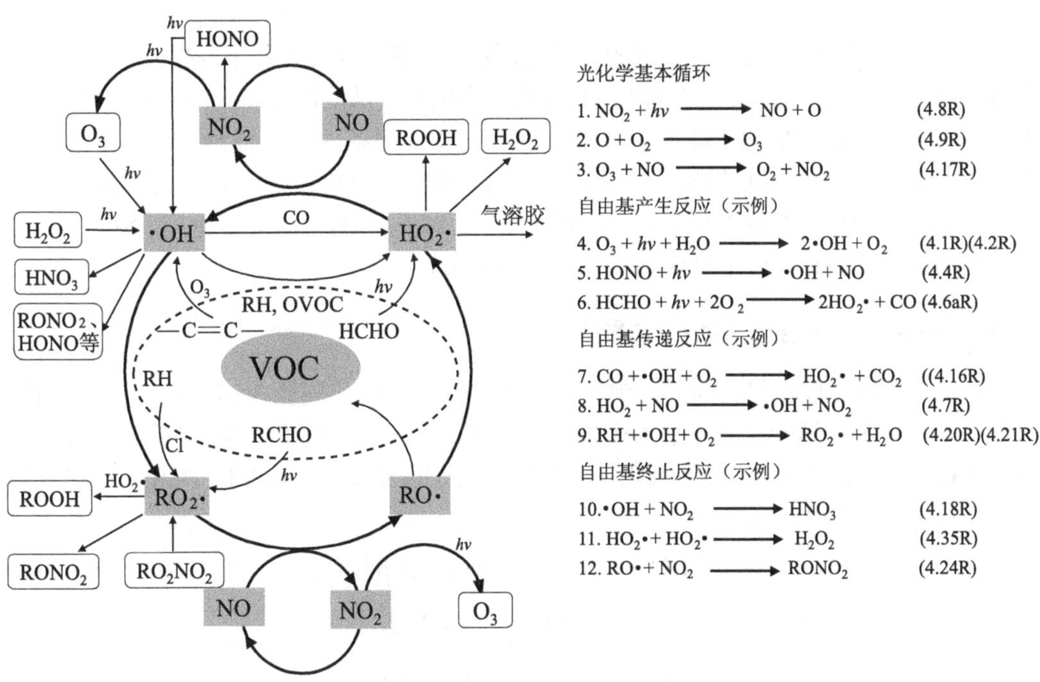

图 4.3.1　自由基循环与 NO—NO_2—O_3 循环相互耦合作用示意图

自由基循环过程中的反应可以进一步分成自由基产生反应(初级产生过程)、链传递反应(次级产生过程)和链终止反应。自由基产生反应指反应物中没有自由基，但会生成自由基，主要包括 O_3、HONO、H_2O_2、HCHO 等化合物的光解反应[反应(4.1R)~反应(4.6R)]，以及烯烃与 O_3 的反应。自由基链传递反应则在反应物和产物中均有自由基。例如，•OH 氧化 VOC 生成 R•[反应(4.20R)]，又继续与 O_2 反应生成 RO_2•[反应(4.21R)]，RO_2•与 NO 反应生成 RO•[反应(4.22aR)]；•OH 与 CO 反应生成 HO_2•；RO•和 O_2 反应生成 HO_2•；HO_2•与 NO 反应生成•OH。自由基链终止反应指自由基参与反应，但产物中没有自由基。例如，•OH 与 NO_2 反应生成 HNO_3，两分子 HO_2•反应生成 H_2O_2，RO_2•与 NO 反应生成

$RONO_2$，RO_2•与 HO_2•反应生成过氧有机物等。

在分析自由基的循环转换时经常用到•OH 循环链长(L_{OH}，即自由基循环次数)这一概念，其指•OH 从新生到被清除前的传递次数，定义式如下：

$$L_{OH} = \frac{\text{“新”•OH} + \text{“老”•OH}}{\text{“新”•OH}} \tag{4.2}$$

式中，“新”•OH 为通过光解等自由基产生反应“新生的”•OH、HO_2•和 RO_2•之和，因为 HO_2•和 RO_2•都能通过链传递反应转化为•OH，所以也可以认为 HO_2•和 RO_2•是•OH 的另外一种存在形式；“老”•OH 为通过自由基链传递反应再生的•OH。在一定的新生自由基总量下，自由基循环链长 L_{OH} 越大，循环速率越快，氧化的 VOC 和 NO 越多。

4.4　臭氧与前体物的非线性关系

VOC 和 NO_x 是对流层 O_3 生成的关键前体物，二者在光照条件下发生一系列反应，导致 O_3 污染的发生。从 4.2 节对流层 O_3 污染生成机制可以发现，NO_2 光解是 O_3 的来源，而 NO_2 又来自 NO 的氧化，即 NO 排放是 O_3 产生的必要条件；然而 NO 也会与 O_3 反应对其进行消耗。VOC 也是类似的情况，一方面其参与自由基循环使 O_3 积累，另一方面烯烃等 VOC 也会与 O_3 发生反应。很多研究发现，对流层 O_3 生成与 VOC 和 NO_x 之间并不是简单的线性关系，而是呈现高度的非线性关系。

4.4.1　NO 浓度对清洁大气中 O_3 的影响

自然界中的一些过程会向大气中排放 CH_4、CO、NO 和其他 VOC 等。本节以清洁大气中 CO 和 NO_x 这一反应体系为例来分析 NO 浓度水平对 O_3 生成的影响。如 4.2.2 节所述 CO 在大气中与•OH 发生氧化反应可以产生 HO_2•[反应(4.16R)]。HO_2•后续可以与 NO、HO_2•、O_3 发生反应：

$$HO_2\bullet + NO \longrightarrow NO_2 + \bullet OH \tag{4.34R}$$

$$HO_2\bullet + HO_2\bullet \longrightarrow H_2O_2 \tag{4.35R}$$

$$HO_2\bullet + O_3 \longrightarrow \bullet OH + 2O_2 \tag{4.36R}$$

当 NO 浓度较高时，与 NO 反应是 HO_2•的主要去除途径[反应(4.34R)]，即一分子 CO 氧化会生成一分子 NO_2，其光解又会产生一分子 O_3。当 NO 浓度很低，HO_2•的去除以自身之间的反应为主时[反应(4.35R)]，则 CO 的氧化过程中没有 O_3 生成；当 NO 浓度很低，HO_2•的去除以 HO_2•与 O_3 反应为主时，则一分子 CO 的氧化反而会消耗一分子 O_3[反应(4.36R)]。这说明单位量的 CO 氧化生成 O_3 的量与 NO 浓度紧密相关。

4.4.2　臭氧生成效率

为了衡量反应体系(气团)生成 O_3 的能力，提出了臭氧生成效率(ozone production efficiency，OPE)这一指标，其定义是：反应体系中去除一分子 NO_x 所能产生的 O_3 分子数，即臭氧生成速率(P_{O_3})除以 NO_x 去除速率(L_{NO_x})：

$$OPE = \frac{P_{O_3}}{L_{NO_x}} = \frac{k_{HO_2+NO}[HO_2\bullet][NO]}{k_{OH+NO_2}[\bullet OH][NO_2]} \tag{4.3}$$

在一些基于外场观测的研究也常用总氧化剂($O_x = O_3 + NO_2$)与 NO_x 氧化产物(NO_z)的比值来计算 OPE。OPE 数值大小与 NO_x 浓度紧密相关。当 NO/NO_2、$HO_x\bullet$生成速率等均是定值时，NO_x 浓度增加会导致 OPE 的降低。图 4.4.1 给出 CO-NO_x 反应体系中 OPE 与 NO_x 浓度之间的关系。这一体系 CO 浓度为 200 ppb，$HO_x\bullet$生成速率是 1 $ppt\cdot s^{-1}$，$NO/NO_2 = 1$，温度为 298 K。当 NO_x 浓度在 1 ~ 10 ppt 时，OPE 大于 7，当 NO_x 浓度增加至 100 ppt 左右时，OPE 开始快速下降，当 NO_x 增加至 100 ppb 时，OPE 接近 0。

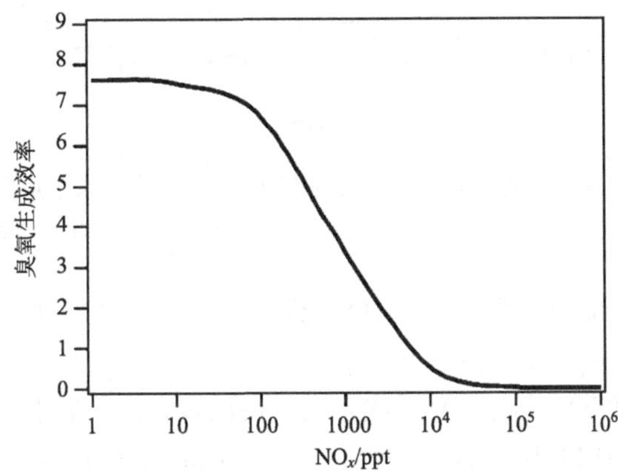

图 4.4.1　CO-NO_x 反应体系中 OPE 与 NO_x 浓度之间的关系

假设温度为 298 K，$HO_x\bullet$生成速率是 1 $ppt\cdot s^{-1}$，$NO/NO_2 = 1$，CO 浓度为 200 ppb

4.4.3　经验动力学模拟臭氧等值线图

利用 O_3 等值线图来判断臭氧与前体物敏感性的方法被称为经验动力学模型法(empirical kinetic modelling approach，EKMA)，因此 O_3 等值线图又被称为 EKMA 曲线。基于对流层 O_3 生成机制，模拟计算不同 VOC 和 NO_x 浓度(或排放强度)情景下 O_3 生成速率或浓度，并将数值相等的点连接就可以得到 O_3 等值线图(图 4.4.2)，其直观反映了 O_3 生成与前体物 VOC 和 NO_x 之间的非线性关系，并可以用于 O_3 生成对前体物敏感性的判断。

将图 4.4.2 中 O_3 浓度等值线的拐点连接可以得到脊线(黑色虚线)，将 O_3 等值线图分成：低 VOC/ NO_x(脊线上方)和高 VOC/ NO_x(脊线下方)两部分。假设实际大气中 VOC 和 NO_x 浓度位于脊线左上方 A 点，降低 VOC 浓度，O_3 浓度显著下降(A_1)，而降低 NO_x 浓度，O_3 浓度反而上升(A_2)，将该情况下 O_3 与前体物的敏感性称为“VOC 控制区”(VOC-limited regime)或“NO_x 饱和区或滴定区”(NO_x-saturated regime)，即减少 VOC 能够有效控制 O_3 污染，而减少 NO_x 反而加剧 O_3 污染。假设实际大气 VOC 和 NO_x 浓度位于脊线右下方 B 点，此时降低 VOC 浓度，O_3 浓度变化不明显(B_1)，而降低 NO_x 浓度，

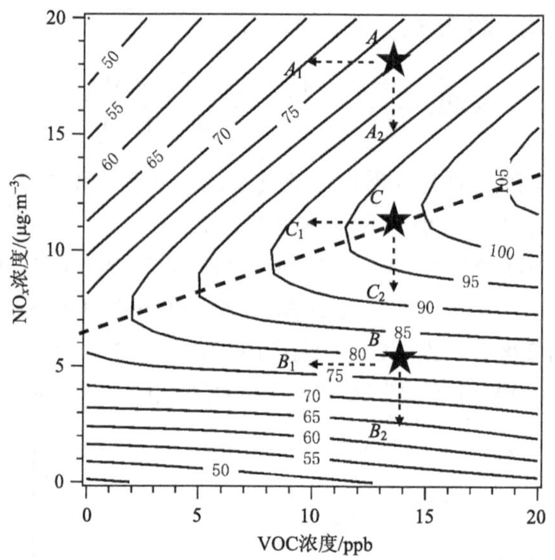

图 4.4.2　臭氧浓度与 NO_x 和 VOC 初始浓度关系示意图

横轴和纵轴分别为每个模拟情景中 VOC 和 NO_x 的初始浓度，等值线上的数值表示 O_3 浓度(单位：ppm)，虚线表示脊线

O_3 浓度显著下降(B_2)，说明减少 NO_x 对 O_3 控制更为有效，将该情况下 O_3 与前体物的敏感性命名为“NO_x 控制区”(NO_x-limited regime)；当实际大气 VOC 和 NO_x 浓度靠近脊线(C 点)时，降低 VOC 和 NO_x 浓度 O_3 生成均会下降(C_1 和 C_2)，这种情况将 O_3 与前体物之间的敏感性称为“协同控制区”或“过渡区”(transition regime)。

结合对流层 O_3 生成机制中自由基循环来进一步理解 O_3 与其前体物之间的非线性关系。在脊线下方的 NO_x 控制区：大气中 VOC/ NO_x 比值较高(即 NO_x 浓度相对较低)，NO 的不足使得 HO_2•不能转化为•OH 使其再生[反应(4.7R)]，而 HO_2•自身之间会发生链终止反应生成 H_2O_2[反应(4.35R)]，因此•OH 循环链长变短；当 VOC 浓度不变，随着 NO_x 的增加，更多的 HO_2•转化为•OH，进而氧化更多的 VOC，O_3 生成效率提高，即呈现出随着 NO_x 浓度增加，O_3 生成更快的特点。但是 NO_x 增加的同时也会导致•OH 与 NO_2 发生链终止反应生成 HNO_3[反应(4.18R)]而从体系中去除；当 NO_x 浓度继续增加到达脊线附近时(协同控制区)，NO_x 对•OH 再生和•OH 去除所发挥的作用相近，此时 O_3 生成速率达到最大值。在 VOC 浓度不变，继续增加 NO_x 浓度到达脊线上方(VOC 控制区)，这时 VOC/NO_x 比值较低(即 VOC 浓度相对较低)，大气中 VOC 不足使得没有足够的 RO_2•等自由基与 NO 反应生成 NO_2[反应(4.22aR)]，而过量的 NO_x 会加快•OH 的链终止[反应(4.18R)]，导致 O_3 生成效率降低，即呈现出随着 NO_x 浓度增加，O_3 生成速率反而下降的特征。

4.4.4　影响臭氧与前体物敏感性的因素和判断方法

研究地区的实际大气情况，如 VOC 与 NO_x 浓度比值(VOC/NO_x)、VOC 化学组成、光照强度、扩散条件等会影响 O_3 与其前体物的敏感性。当 VOC/NO_x 高时，大气中 VOC 比较充分，NO_x 是限制 O_3 生成的关键因素；当 VOC/NO_x 比值低时，大气中 NO_x 比较充分，VOC 是限制 O_3 生成的关键因素。不同 VOC 组分与•OH 的反应速率，以及其生成

RO_2•的后续反应也会不同，进而对 O_3 的影响也不同，这一部分将在 4.5 节进行详细介绍。光照条件、扩散条件等都是影响 O_3 生成和积累的重要因素。因此不同地区的 O_3 与前体物敏感性可能存在显著差异，即使同一地区不同时间也会存在差别。

0 维或多维的光化学氧化模式常用于判断 O_3 与前体物敏感性。以 VOC 和 NO_x 等观测数据作为输入资料来模拟 O_3 生成的 0 维光化学模式通常被称为盒子模型(observation-based model，OBM)。利用 OBM 可以计算改变单位浓度的 VOC、NO_x、CO 等导致的 O_3 相对变化，即相对增量反应活性(relative incremental reactivity，RIR)，进而来判断 O_3 与前体物的敏感性。例如：如果将 VOC 浓度削减 10%，O_3 生成量降低 5%，而将 NO_x 浓度降低 10%，O_3 生成量反而增加 5%，这就说明 O_3 与前体物的敏感性处于 VOC 控制区或 NO_x 滴定区；如果将 VOC 和 NO_x 浓度分别降低 10%，O_3 生成量均降低且下降幅度相当，则说明 O_3 与前体物的敏感性处于协同控制区；如果将 VOC 浓度降低 10%，O_3 生成量变化不显著，而将 NO_x 浓度下降 10%，O_3 生成量显著下降，则说明 O_3 与前体物的敏感性处于 NO_x 控制区。

除了 EKMA 曲线、RIR 等方法外，指示剂法也是判断 O_3 与前体物敏感性的常用方法之一。指示剂法是基于对流层 O_3 生成机理，用某些特定的化合物比值来判断 O_3 与前体物的敏感性。常用的指示剂有 O_3/NO_y、O_3/NO_z、$HCHO/NO_y$、H_2O_2/HNO_3 等。在 VOC 控制区，这些指示剂比值较小，而在 NO_x 控制区，比值较高。在应用指示剂法来判断 O_3 敏感性时，除了要选择合适的指示剂，另外一个重点是确定 O_3 敏感性的判断阈值，即高于这一阈值 O_3 生成处于 NO_x 控制区，低于这一阈值则 O_3 生成处于 VOC 控制区。

目前的研究发现，在主要受机动车尾气影响的城市大气中 NO_x 含量较为丰富，因此臭氧与前体物的敏感性往往处于 VOC 控制区；在一些受石化化工等非燃烧过程影响显著的城市大气中，VOC 含量丰富，臭氧与前体物的敏感性会呈现为受 VOC 和 NO_x 协同控制(过渡区)或者是主要受 NO_x 控制；在郊区或背景大气中，NO_x 浓度低，而 VOC 会受到植被排放的影响而维持在一定水平，因此臭氧生成往往会处于 NO_x 控制区或过渡区。城市大气中 O_3 与前体物的敏感性通常会呈现出日变化特征：早上 7:00 ~ 9:00 受交通早高峰的影响，大气中 NO_x 浓度高，VOC/NO_x 低，O_3 生成倾向于受 VOC 控制；随着化学反应的进行，NO_x 和 VOC 均被消耗，但由于 VOC 中烷烃等组分寿命较长且植被源 VOC 和醛酮类等组分会在中午呈现高浓度，VOC/NO_x 比值会升高，在午后和下午达到峰值，此时 O_3 生成倾向于受 VOC 和 NO_x 协同控制或 NO_x 控制。

4.5　大气 VOC 化学活性评价

VOC 是大气化学反应的“燃料”，但不同 VOC 组分与•OH、O_3 等氧化剂的反应速率不同，产物也存在差异，因此对 O_3 生成的影响也不同。通常将不同 VOC 组分通过反应生成 O_3 的能力称为 VOC 化学(反应)活性，其与 O_3 控制对策的制定紧密相关。

4.5.1　VOC 增量反应活性的定义

常用于度量 VOC 化学活性的方法是 VOC 增量反应活性(incremental reactivity，IR)。

其定义是：在包含特定 VOC 混合物的气团中，改变单位浓度的目标 VOC 组分所导致的 O_3 浓度变化，即 O_3 浓度变化(d[O_3])与 VOC 浓度变化(d[VOC])的比值：

$$IR_{VOC} = \frac{d[O_3]}{d[VOC]} \tag{4.4}$$

IR_{VOC} 又可以进一步分为动力学反应性和机理反应性。动力学反应性表示的是 VOC 与•OH 等氧化剂的反应速率(快慢)，即单位时间内 VOC 与•OH 反应生成 RO_2•的分子数。机理反应性则反映 RO_2•的后续反应使 NO 转化为 NO_2，进而光解生成 O_3 的分子数。不同 VOC 组分的动力学反应性[与•OH 的反应速率常数(k_{OH})]可以相差几个数量级，但机理反应性仅有几倍差异。因此，通常 VOC 反应越快，其 IR 越高。

4.5.2 VOC 化学活性的评价方法

IR 的数值与实际大气环境紧密相关，如与 VOC/NO_x 比值、VOC 的化学组成、辐射强度等有关。当保持气团的其他条件不变，仅改变 VOC/NO_x 比值，使 IR 达到最大值，则获得最大增量反应活性(maximum incremental reactivity，MIR)；改变 VOC/NO_x，使模拟的臭氧峰值浓度达到最大值，获得最大 O_3 反应活性(maximum ozone reactivity，MOR)。将目标 VOC 浓度([VOC])乘以 MIR，则计算出该 VOC 的臭氧生成潜势(ozone formation potential，OFP)，进而筛选对所研究区域 O_3 生成影响最显著的关键 VOC 组分。早期的研究中，不同 VOC 组分的 MIR 数值主要来自美国环境保护署根据美国大气环境计算的结果。近年来，我国学者利用基于观测的模型或空气质量模型计算了我国典型城市(如北京、广州等)大气 VOC 的 MIR 数值，并将其用于 OFP 的计算，更能反映我国的实际大气条件。

$$OFP_{VOC} = [VOC] \times MIR_{VOC} \tag{4.5}$$

除 OFP 以外，VOC 与•OH 的动力学反应活性(•OH reactivity，R_{OH})，即 VOC 浓度与 k_{OH} 的乘积，也常用于筛选关键活性 VOC 组分。相对于 OFP，R_{OH} 仅考虑 VOC 与•OH 的反应快慢，而未考虑不同 RO_2•后续反应生成 O_3 能力的差异。目前已有监测设备能够对总•OH 反应活性(即 VOC、CO、NO_x 等与•OH 反应活性的总和)进行实际测量，因此可以通过 R_{OH} 计算和测量结果之间的比较来进行自由基循环的定量分析。

图 4.5.1 展示 2016 年 8 月南京城区大气中浓度、R_{OH} 和 OFP 排名前十的 VOC 组分。在浓度排名前十的组分中有 5 种是烷烃，包括丙烷、乙烷、正丁烷、异戊烷和异丁烷；不饱和烃类有 3 种，即乙烯、乙炔和甲苯；另外还有丙酮和氯甲烷。从对 O_3 的影响来看，R_{OH} 和 OFP 排名靠前的组分则主要是烯烃和芳香烃，包括异戊二烯、乙烯、丙烯、甲苯和二甲苯等。这些组分虽然低于烷烃，但由于其活性(k_{OH} 或 MIR)显著高于烷烃，综合来看其对 O_3 的影响更为显著。值得注意的是，异戊二烯在夏天主要来自植被排放，这也说明植被排放的 VOC[即天然源挥发性有机物(BVOC)]在 O_3 生成中的重要性。

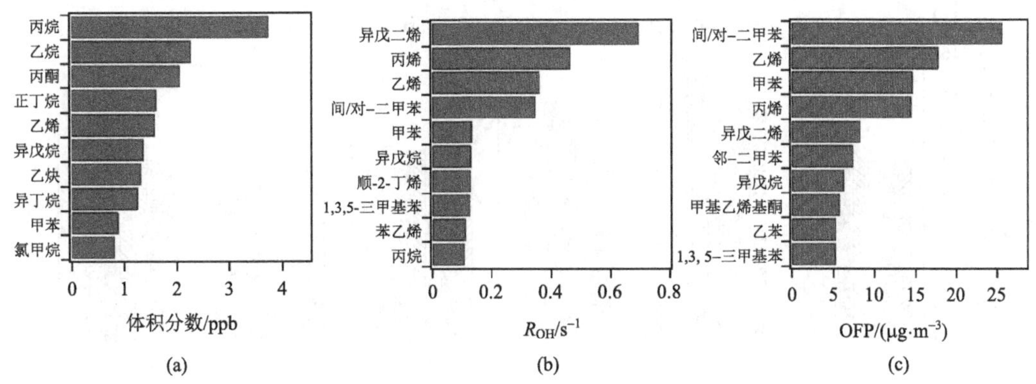

图 4.5.1　2016 年 8 月南京城区大气中浓度、•OH 反应活性(R_{OH})和臭氧生成潜势(OFP)排名前十的 VOC 组分

4.6　对流层臭氧控制对策

4.6.1　我国的臭氧污染现状

随着经济的快速发展，汽车持有量、燃料和有机涂料使用量不断增加，我国近地面 O_3 超标现象较为普遍。为掌握近地面 O_3 污染特征，有效防治 O_3 污染，我国自 2013 年开始在 74 个重点城市开展连续的 O_3 观测。

当前，我国 O_3 污染大值区主要位于几个经济发达区，即京津冀、长三角(包括上海、江苏、浙江、安徽)和珠三角(包括广州、深圳和香港)，以及四川盆地和汾渭平原。这些地区人为前体物排放量高，空气污染严重，是生态环境部大气污染防治规划中的重点区域。其中京津冀的 O_3 污染最为严重，每年臭氧 8 h 滑动平均(MDA8 O_3)最大值可达 140 ppbv，2014～2021 年平均年最大 MDA8 O_3 也在 120 ppbv 以上，均超过国家二级质量空气标准(160 μg·m^{-3}，标准状况下约为 80 ppbv。)

近几年，我国 O_3 污染呈加重趋势，以 O_3 为首要污染物的中度及以上污染天数占比呈上升趋势，其中京津冀及周边地区、长三角地区污染物超标天数中，以 O_3 为首要污染物的天数占比已经超过以细颗粒物 $PM_{2.5}$ 为首要污染物的天数。O_3 污染存在明显的季节性变化，多发生在光照强烈的暖季。图 4.6.1 为 2014～2021 年全国及各重点地区暖季 4~10 月 MDA8 O_3 的变化情况。2019 年之前，中国 4～10 月年均 MDA8 O_3 浓度从 103.8 μg·m^{-3} 增加至 125.9 μg·m^{-3}，呈约 4 μg·m^{-3} 每年的增长趋势；同时期京津冀、长三角、珠三角、成渝及汾渭平原的 O_3 浓度均呈现不同幅度的增长态势，其中以京津冀、汾渭平原、长三角地区最为突出。而不同地区 4 ～ 10 月的 O_3 浓度在 2020~2021 年出现了不同程度的下降，这可能与我国持续性的空气污染控制政策有关，此外相关的减排措施也可能造成了一定影响。

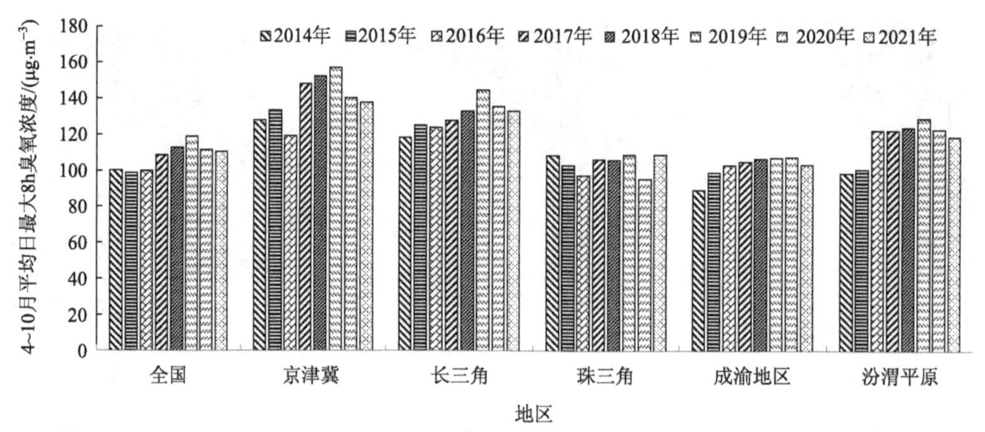

图 4.6.1　2014～2021 年全国及主要城市群 O_3 浓度年际变化

4.6.2　臭氧控制对策的制定

O_3 是大气中挥发性有机化合物(VOC)和氮氧化物(NO_x)等污染物在太阳紫外线辐射作用下，通过光化学反应生成的二次污染物。因此，O_3 的防治主要在于前体物 VOC 和 NO_x 的管控。近地面 O_3 污染不仅受到前体物变化的影响，气象条件也是关键因素，可影响 O_3 的生成、扩散和输送过程。不同地区、不同时间，主导 O_3 污染的气象和气候因素对我国 O_3 污染的影响存在显著差异。在短时尺度上，O_3 浓度的变化可能是气象条件或前体物排放改变所致，而 O_3 浓度的长期年际变化或年代际变化则主要是前体物排放改变所致。因此，O_3 污染在长期得到控制的根本是减少前体物 NO_x 和 VOC 的排放。制定有效的 O_3 污染控制对策、合理地对 NO_x 与 VOC 协同减排需要因时因地制宜，依据 O_3 污染与前体物之间的非线性关系，准确地划定 O_3 生成区。

当前，在 O_3 防治方面，虽然对 O_3 与前体物的相应关系及前体物控制区取得了较为广泛的认识，但在此基础上如何开展 O_3 污染的精细化防控目前尚缺乏明确的理论工具和科学指导，O_3 污染控制的科学认知与实际防控的可行性和可达性之间仍然存在脱节现象。

通过多年的科学探索和综合防治，欧美等发达国家和地区在 O_3 污染防治方面已经取得了积极成效，相关国际经验值得我国借鉴。美国 O_3 污染防治历程始于 20 世纪 50 年代，美国洛杉矶光化学烟雾事件引起了人们对 O_3 污染问题的重视。1970 年，美国发布了《清洁空气法案》，之后对 O_3 浓度标准进行多次修订和收紧，2015 年 O_3 的浓度限值收紧至 70 ppb (298 K 下，137 $\mu g \cdot m^{-3}$)。此外，美国也成立了臭氧传输评估委员会，划定 O_3 传输区域，并于 2005 年发布《清洁空气州际法规》，在州际尺度上加强 O_3 污染的联防联控。除了政策的制定，在污染物控制策略上，美国早期 O_3 污染防治路径以 VOC 控制为主，之后转为 NO_x 控制，当前进入 VOC 和 NO_x 协同控制。在实施了一系列控制措施之后，美国 O_3 浓度平均水平自 1980 年起呈现下降趋势，20 世纪 90 年代经历了一段时期的稳定后，于 2002 年后再次明显下降；1980～2018 年，美国 O_3 浓度平均水平下降了 31%(美国环境保护署)。

我国 O_3 污染防治工作起步较晚，但是近年来我国在 O_3 污染防治方面采取了一些重要举措和行动。2013 年以来，经过“大气十条”等政策对排放的严格约束，我国环境空气质量改善效果明显，2019 年 $PM_{2.5}$ 平均浓度较 2015 年下降 28%。我国在大力防控 $PM_{2.5}$ 污染的同时，将 O_3 污染防控逐步纳入国家大气污染治理行动，2018 年先后发布了《打赢蓝天保卫战三年行动计划》《环境空气臭氧污染来源解析技术指南(试行)》，指导各地推进 O_3 污染防控工作，在建立 O_3 监测量值传递体系、构建大气光化学监测网络、开展重点区域 VOC 监测、建立 O_3 前体物污染源排放清单、实施 NO_x 与 VOC 协同减排、开展重点行业 VOC 综合治理等方面进行了一系列工作。当前我国在 O_3 污染防治路径方面初步形成了一些认识，也获得了宝贵的经验，《中国大气臭氧污染防治蓝皮书(2020 年)》中对我国 O_3 污染防治科学技术的发展和知识经验进行了详细总结，这些经验和认识为下一阶段持续推进 O_3 污染防治奠定了重要基础。

研究表明，大部分城市地区 O_3 生成机制为 VOC 控制区，主要受烯烃、芳香烃和醛类的控制；在乡村、郊区等地区，O_3 生成多属于 NO_x 控制区或过渡区。我国典型城市群区域 VOC 控制区和 NO_x 控制区分界线对应的 VOC 反应活性与 NO_x 反应活性的比值为 3∶1～4∶1。现有结果表明，O_3 生成敏感性存在明显的时空差异，同一地点不同时间可能呈现不同的 O_3 污染控制区(NO_x 控制/VOC 控制/过渡区)。因此，针对 O_3 污染控制区开展分区分时防控是目前 O_3 污染防控的主要政策手段。此外，O_3 及其前体物 NO_x 和 VOC 在区域间或区域内城市间存在相互输送与影响，例如京津冀地区产生的 O_3 污染在适当的气象条件下可以扩散输送到长三角地区，反之亦然，因此要从根本上解决 O_3 污染问题，区域联防联控也是关键。当前，我国在构建监测预报预警-减排法规标准-关键控制技术为一体的 O_3 防治体系上取得了初步进展，基本形成了 NO_x 防控法规、政策和标准体系，出台了若干 VOC 排放的国家和地方标准、法规与政策，同时研发了大量 NO_x 和 VOC 污染治理技术，O_3 污染防控正在向体系化方向发展。需要指出的是，目前我国对 O_3 污染机理的认识及现有的污染控制侧重于人为排放，天然植被排放和跨界输送的影响考虑相对较少。BVOC 在促进 O_3 生成方面发挥着重要作用。陆地植物排放的 BVOC 约占全球 VOC 排放总量的 90%，BVOC 对大气污染的调控作用一直是国际热点和前沿问题。对区域 BVOC 排放量的准确估算有助于定量评估其对 O_3 影响，进一步有利于形成近地面 O_3 污染控制的科学决策。因此，有必要进行系统性全国尺度的 BVOC 排放特征研究。

✔思 考 题

1. 大气中的主要氧化剂有哪些？各种氧化剂的时空分布有什么特点？

2. 简述不同 VOC 类别在大气中的主要氧化去除途径。

3. 简述对流层臭氧污染生成机理。

4. 结合 EKMA 曲线，谈一下对 O_3 与前体物 VOC 和 NO_x 非线性关系的理解，以及其对我国 O_3 污染防治对策制定的启示。

5. 简述 VOC 最大增量反应活性(MIR)的概念和应用。

6. 请结合•OH 循环链长(L_{OH})和臭氧生成效率(OPE)谈一下对臭氧生成与自由基和 NO_x 之间关系的理解。

☞延伸阅读

1974 年夏季一个晴朗的午后，一层神秘的淡蓝色烟雾笼罩在兰州市西固地区的上空。当地居民感到眼睛受刺激，流泪不止，小学生甚至无法正常上课。不仅是对人，这种烟雾影响能见度，对动植物也会造成不利影响。一些研究者开始怀疑，引发这些异常反应的是被污染的空气。时任甘肃省生态环境科学设计研究院副所长吴仁铭向他在北京大学上学时的老师唐孝炎教授描述了这一现象，并认为此次空气污染不同于烧煤产生的 SO_2 污染，有点像洛杉矶光化学烟雾。在征得省政府和北京大学的同意后，唐孝炎便带领团队在汉中、兰州两地对西固地区的大气污染开展了为期 3 年的研究论证工作。过氧乙酰基硝酸酯(PAN)被正式观测到，它是光化学烟雾的特征污染物。不同于洛杉矶光化学烟雾的主要来源是汽车尾气，此时的兰州并没有很多汽车。后经研究发现，西固地区有大量石油化工厂和化肥厂，它们所排放的 VOC 和 NO_x 在强紫外线照射下，发生了光化学反应，因此造成了光化学烟雾。在随后的数年中，多家单位开展联合研究，提出大量具体而细致的治理建议，空气质量逐渐好转。这场发生在我国的第一起光化学烟雾污染事件为我国的大气污染研究拉开了序幕。

参 考 文 献

唐孝炎, 张远航, 邵敏. 2006. 大气环境化学. 2 版. 北京: 高等教育出版社.

中国环境科学学会臭氧污染控制专业委员会. 2022. 中国大气臭氧污染防治蓝皮书(2020 年). 北京: 科学出版社.

Finlayson-Pitts B J, Jr. Pitts J N. 2000. Chemistry of the Upper and Lower Atmosphere. New York: Academic Press.

Jacob D J. 1999. Introduction to Atmospheric Chemistry. New Jersey: Princeton University Press.

Seinfeld J H, Pandis S N. 2016. Atmospheric Chemistry and Physics: From Air Pollution to Climate Change. 3rd ed. Hoboken: Wiley Press.

第 5 章　气溶胶化学

气溶胶指固体或液体微粒均匀分散在大气中所形成的相对稳定的悬浮体系。除来自一次源直接排放外，气溶胶还可通过大气中的气固转化过程产生，粒径范围通常在几纳米至 100 μm 之间。当气溶胶粒子浓度因人为活动急剧升高时，大气能见度将会下降，人体健康也将面临潜在风险。另外，气溶胶本身可散射和吸收太阳辐射，从而直接影响地球热平衡，还能作为云凝结核(CCN)参与云滴的形成，影响水循环和全球气候。因此，了解气溶胶形成的大气化学过程对空气质量控制和天气气候变化预测有重要意义。

从健康角度看，气溶胶的粒径决定它对人体造成危害的潜力。例如，空气动力学直径小于 10 μm 的气溶胶粒子(PM_{10})可随呼吸进入人体，被称为可吸入颗粒物；粒径小于 2.5 μm 的粒子($PM_{2.5}$)则能进一步深入支气管甚至肺部，与体液发生交换。细颗粒物往往因有毒有害物质(如重金属、有机物等)的富集导致显著的健康效应。在气候变化方面，气溶胶颗粒不同化学组分的光学作用存在较大差异，气溶胶的成云能力与化学组成的关系也十分复杂。例如，气溶胶中的无机离子和黑碳对阳光分别主要起散射和吸收作用。气溶胶中疏水性有机物的 CCN 活性通常远低于无机离子，但气溶胶表面存在许多两性有机物，这些两性组分可降低气溶胶的表面张力，从而提高气溶胶粒子的 CCN 活性。

外场观测研究表明，气溶胶的化学组成和粒径呈对应关系，取决于其来源和形成过程。由于认识气溶胶的粒径和化学组成对了解其健康与气候效应至关重要，本章重点阐述气溶胶的粒径、化学组成和来源。

5.1　气溶胶粒径

气溶胶颗粒的大小同其理化性质、生态和气候效应密切相关。由于大气气溶胶的形貌复杂(图 5.1.1)，需要采用一定方法表示气溶胶颗粒的尺寸，该尺寸被定义为气溶胶颗粒的直径，简称“粒径”。气溶胶颗粒的粒径有多种表示方法，主要包括投影直径、几何当量直径和物理当量直径。

5.1.1　投影直径

投影直径是通过显微镜进行观察和测量的(图 5.1.2)，分为：

(1)定向直径(d_F)：同一方向上气溶胶颗粒的最大投影长度。

(2)面积等分径(d_M)：同一方向上将气溶胶颗粒的投影面积二等分的线段长度。

由于气溶胶颗粒的形貌复杂，投影形状不规则，投影直径与选取的方向有关，因此投影直径的大小不唯一。

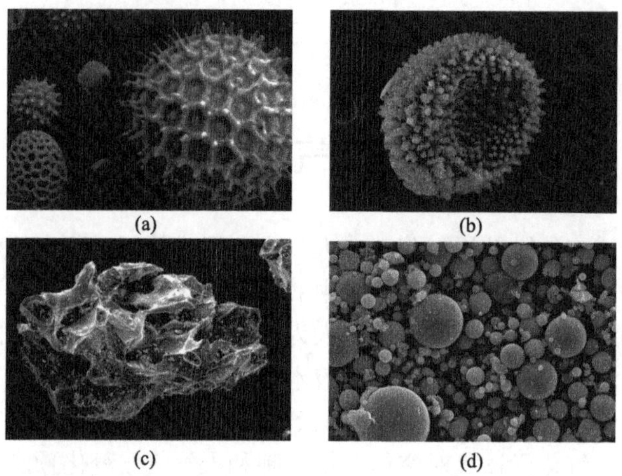

图 5.1.1 不同类型大气颗粒物的电子显微镜形貌特征

(a)花粉；(b)真菌孢子；(c)火山灰；(d)燃煤飞灰

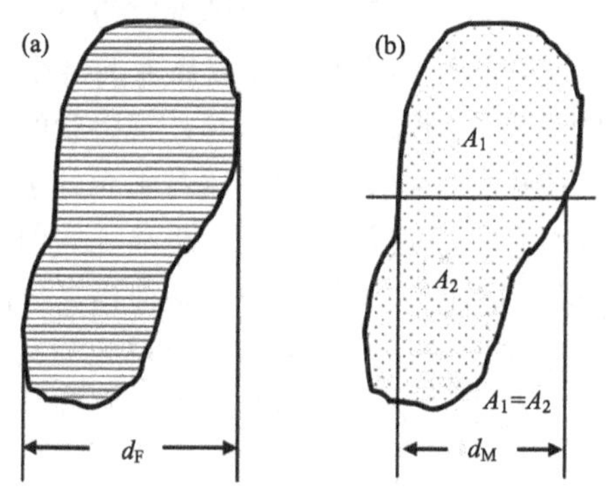

图 5.1.2　颗粒物投影直径

(a)定向直径；(b)面积等分径

5.1.2　几何当量直径

几何当量直径指与气溶胶颗粒某一几何量(如表面积、体积等)相等的球体颗粒的直径。

(1)等投影面积直径(d_A)：与气溶胶颗粒投影面积相等的圆的直径，计算公式为

$$d_A = \left(\frac{4A_p}{\pi} \right)^{\frac{1}{2}} \tag{5.1}$$

式中，A_p为气溶胶颗粒的投影面积。

(2)等表面积直径(d_S)：与气溶胶颗粒表面积相等的球体的直径，计算公式为

$$d_S = \left(\frac{S_p}{\pi} \right)^{\frac{1}{2}} \tag{5.2}$$

式中，S_p为气溶胶颗粒的表面积。

(3)等体积直径(d_V)：与气溶胶颗粒体积相等的球体的直径，计算公式为

$$d_V = \left(\frac{6V_p}{\pi}\right)^{\frac{1}{3}} \tag{5.3}$$

式中，V_p为气溶胶颗粒的体积。

(4)等体积-表面积平均直径(d_e)：与气溶胶颗粒体积和表面积比值相等的球体的直径，计算公式为

$$d_e = \frac{6V_p}{S_p} \tag{5.4}$$

5.1.3 物理当量直径

与气溶胶颗粒某一物理量相等的球体的直径，包括以下两种。

(1)斯托克斯直径(d_{St})：在气体中与颗粒物密度和最终沉降速度相同的球体的直径，计算公式为

$$d_{St} = \left[\frac{18v_t\mu}{\rho_p g C(d_{St})}\right]^{\frac{1}{2}} \tag{5.5}$$

式中，v_t为气溶胶颗粒在气体中的最终沉降速度，$m \cdot s^{-1}$；μ为气体的黏度，$kg \cdot m^{-1} \cdot s^{-1}$；$\rho_p$为气溶胶颗粒的密度，$g \cdot cm^{-3}$；$C(d_{St})$为滑动修正系数。当气溶胶粒径小至接近气体分子的平均自由程时，气溶胶颗粒在气体中受到的阻力将低于依据斯托克斯定律(Stokes′ law)估算的结果。考虑到在气溶胶粒子较小($d_p < 1.0\ \mu m$，球体)的情况下，气溶胶粒子可在气体分子之间发生滑动，气体分子相对气溶胶颗粒不再具备连续流体的性质，所以引入滑动修正系数。当气溶胶粒径超过 10 μm 时，修正影响可忽略不计[$C(d_{St}) \to 1$]；当气溶胶粒径低于 0.1 μm 时，$C(d_{St})$数值将超过 3(表 5.1.1)。

表 5.1.1　不同粒径球形颗粒在 298 K 和 1 atm 下的滑动修正系数[$C(d_{St})$]

d_p/μm	$C(d_{St})$
0.001	216
0.005	43.6
0.02	11.4
0.05	4.95
0.1	2.85
0.2	1.865
0.5	1.326
1.0	1.164
2.0	1.082
5.0	1.032
10.0	1.016
20.0	1.008

(2)经典空气动力学直径(d_{ca})：空气中与气溶胶颗粒最终沉降速度相同的单位密度($\rho_p = 1.0\ g\cdot cm^{-3}$)的球体的直径，计算公式为

$$d_{ca} = \left(\frac{18 v_t \mu}{\rho_p^o g C(d_{ca})} \right)^{\frac{1}{2}} \tag{5.6}$$

式中，ρ_p^o为单位密度；$C(d_{ca})$为滑动修正系数。该物理当量直径用途广泛，常用于大气环境监测和工业除尘装置的设计。

5.2　气溶胶粒径分布

无论在城市或边远地区，大气中气溶胶颗粒的数密度均可高达 $10^7 \sim 10^8\ cm^{-3}$，粒径范围跨度很大(3 nm ~ 100 μm)。燃烧过程产生的颗粒物粒径通常在几纳米到 1 μm 之间；光化学反应生成的二次颗粒物粒径大多小于 1 μm；来自土壤扬尘、花粉、海盐等天然过程的气溶胶颗粒物粒径通常在 1 μm 以上。由于气溶胶的粒径影响其大气停留时间和理化性质，有必要采用数学方法对气溶胶的粒径分布进行描述。

由于气溶胶颗粒的数密度极高并存在时空差异，具体给出气溶胶中每个粒子的粒径没有可行性。为简化该计数过程，可将气溶胶的粒径范围划分成多个不连续的区间，对每个粒径区间内的粒子数进行计算。表 5.2.1 按粒径区间给出一组气溶胶颗粒数密度的监测数据，其中 n_i 为第 i 个区间的气溶胶颗粒的数密度，$N = \sum n_i$ 为所有粒径区间的总数密度。

5.2.1　个数频率

气溶胶颗粒的粒径分布可表示为不同粒径范围内的粒子数密度所占比例。如表 5.2.1 所示，第 i 个粒径区间中的数密度 n_i 与总数密度 $\sum n_i$ 的比例被定义为该区间的个数频率(f_i)。

$$f_i = \frac{n_i}{\sum n_i} \tag{5.7}$$

所有区间的 f_i 之和为 1。

表 5.2.1　气溶胶颗粒粒径分布观测数据示例

分级号 i	粒径 d_p 范围 /μm	数密度 n_i/cm^{-3}	个数频率 f_i	筛下累积频率 F_i	筛上累积频率 R_i	粒径间隔 Δd_{pi}/μm	个数频率密度 $p/\mu m^{-1}$
1	0.001 ~ 0.01	100	0.109	0.109	0.891	0.009	12.11
2	0.01 ~ 0.02	200	0.218	0.328	0.672	0.01	21.80
3	0.02 ~ 0.03	30	0.033	0.360	0.640	0.01	3.30
4	0.03 ~ 0.04	20	0.022	0.382	0.618	0.01	2.20
5	0.04 ~ 0.08	40	0.044	0.426	0.574	0.04	1.10
6	0.08 ~ 0.16	60	0.065	0.491	0.509	0.08	0.83

续表

分级号 i	粒径 d_p 范围 /μm	数密度 n_i/cm^{-3}	个数频率 f_i	筛下累积频率 F_i	筛上累积频率 R_i	粒径间隔 Δd_{pi}/μm	个数频率密度 p/μm^{-1}
7	0.16 ~ 0.32	200	0.218	0.710	0.290	0.16	1.36
8	0.32 ~ 0.64	180	0.197	0.906	0.094	0.32	0.62
9	0.64 ~ 1.25	60	0.066	0.972	0.028	0.61	0.11
10	1.25 ~ 2.5	20	0.022	0.993	0.007	1.25	0.02
11	2.5 ~ 5.0	5	0.005	0.999	0.001	2.50	<0.01
12	5.0 ~ 10.0	1	0.001	1.000	0.000	5.00	<0.01
总计		916	1.000				

5.2.2　筛下累积频率

气溶胶颗粒的数密度分布还可通过累积频率来描述，定义为某一粒径(d_p)以上或以下所有粒子所占比例。筛下累积频率(F_i)为粒径小于第 i 区间上限粒径的所有颗粒数密度与总数密度的比例。

$$F_i = \frac{\sum_1^i n_i}{\sum n_i} \text{ 或 } F_i = \sum_1^i f_i \tag{5.8}$$

并有 $F_i \leqslant 1$。

类似地，可将粒径大于第 i 区间上限粒径的所有颗粒数密度与总数密度的比例称为筛上累积频率(R_i)。由 F_i 和 R_i 的定义可知，$R_i = 1 - F_i$。根据表 5.2.1 中 F_i 和 R_i 的计算结果，分别可作出筛下累积频率和筛上累积频率分布曲线(图 5.2.1)。

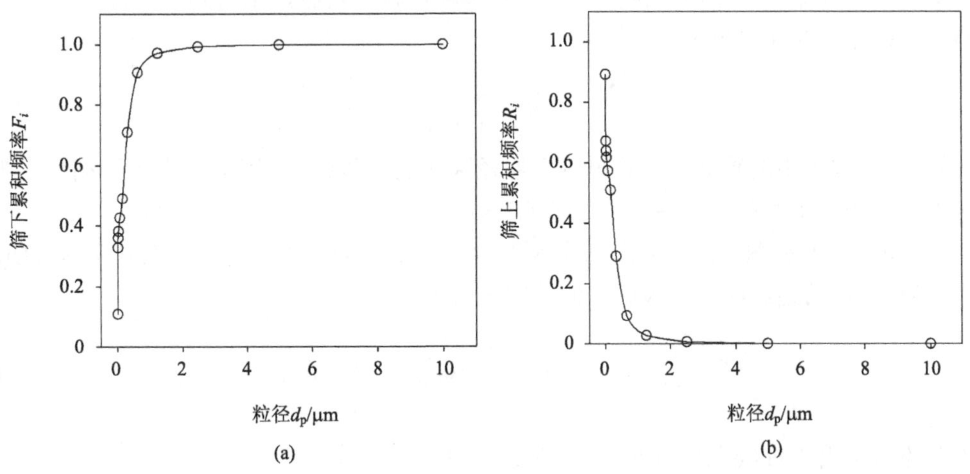

图 5.2.1　个数累积频率分布曲线

(a)筛下累积频率；(b)筛上累积频率

5.2.3　个数密度和个数频率密度

由于不同粒径区间的跨度不同，无法直接比较不同粒径范围内颗粒物的绝对浓度。例如，表 5.2.1 中 0.01 ~ 0.02 μm 和 0.16 ~ 0.32 μm 范围内的颗粒物浓度均为 200 cm^{-3}，但这两个粒径区间的跨度差异超过 10 倍。因此，通常用某个粒径区间的数密度除以对应的粒径范围，从而得到标准化后的数密度，即个数密度($\mu m^{-1}\cdot cm^{-3}$)。图 5.2.2(a)会让人误以为大多数颗粒物的粒径均超过 0.1 μm，而实际上则是在 0.1 μm 以下。图 5.2.2(b)中曲线下方的区域面积和气溶胶颗粒的数密度成正比。

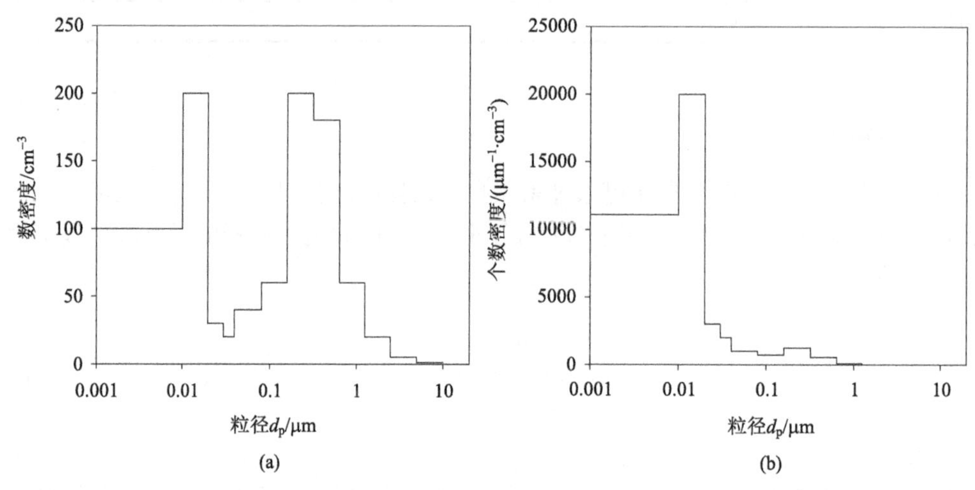

图 5.2.2　粒径分布直方图

(a) 表 5.2.1 中数密度数值；(b) 个数密度

类似地，如果用每个粒径区间的个数频率除以粒径范围，则得到单位粒径间隔的个数频率，即个数频率密度 p (μm^{-1})。

$$p(d_A)=\frac{\mathrm{d}F}{\mathrm{d}d_p} \tag{5.9}$$

根据表 5.2.1 中的数据可计算出每个粒径区间的个数频率密度，并对粒径区间中值作图可得到个数频率密度分布曲线，如图 5.2.3 所示。

根据图 5.2.1 和图 5.2.3，筛下累积频率(F_i)、筛上累积频率(R_i)和个数频率密度(p)皆可看作粒径(d_p)的连续函数，根据它们的定义可得

$$F=\int_0^{d_p} p\cdot \mathrm{d}d_p;\quad R=\int_{d_p}^{\infty} p\cdot \mathrm{d}d_p;\quad \int_0^{\infty} p\cdot \mathrm{d}d_p=1 \tag{5.10}$$

另外，还可求出 F 曲线上任意两点 a、b 之间的 F 值之差：

$$F_a-F_b=\int_{F_b}^{F_a}\mathrm{d}F=\int_{d_{pb}}^{d_{pa}}\frac{\mathrm{d}F}{\mathrm{d}d_p}\mathrm{d}d_p=\int_{d_{pb}}^{d_{pa}} p\cdot \mathrm{d}d_p \tag{5.11}$$

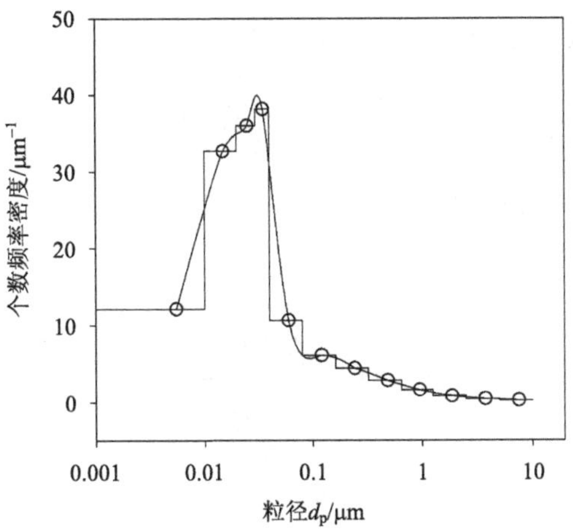

图 5.2.3　个数频率密度分布曲线

通常情况下，F 曲线是一条具有一个或多个拐点的“S”形曲线，在拐点处个数密度和个数频率密度达到局部粒径范围(模态内)的最大值，拐点处的粒径称为“众径”，在拐点处有

$$\frac{\mathrm{d}p}{\mathrm{d}d_{\mathrm{p}}}=\frac{\mathrm{d}^2F}{\mathrm{d}d_{\mathrm{p}}^2}=0 \tag{5.12}$$

累积频率 $F=0.5$ 或 $R=0.5$ 时，对应的粒径称为“个数中位直径”(d_{50}，图 5.2.4)。除采用数密度分布以外，还可以将数密度粒径分布转换为表面积、体积或质量浓度分布，用于表示气溶胶颗粒的粒径分布。

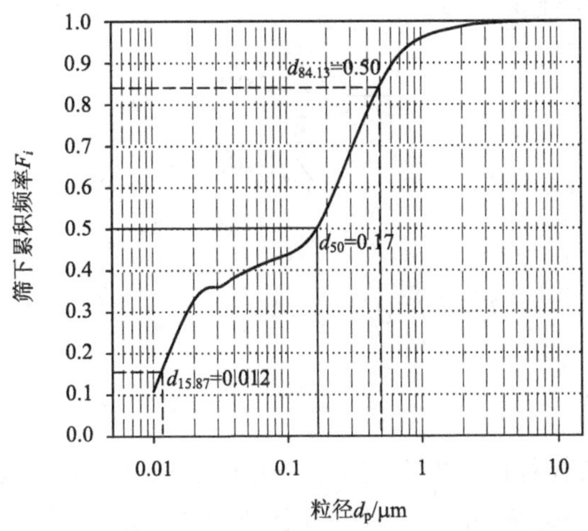

图 5.2.4　筛下累积频率分布曲线和个数中位直径

5.2.4　平均粒径

为了较为简便地表示气溶胶粒子群的尺寸大小，需要对平均粒径进行计算。假设存在 M 组粒径不连续的气溶胶颗粒，每组颗粒的数密度和粒径分别为 N_k 和 d_k，$k=$

1,2,3,…,M，颗粒物的总浓度为

$$N_{\mathrm{t}}=\sum_{k=1}^{M}N_k \tag{5.13}$$

常见的平均粒径主要包括以下几种。

(1)算术平均径：

$$\overline{d_{\mathrm{p}}}=\frac{\sum_{k=1}^{M}N_k d_k}{\sum_{k=1}^{M}N_k} \tag{5.14}$$

(2)表面积平均径：

$$\overline{d_{\mathrm{S}}}=\left(\frac{\sum_{k=1}^{M}N_k d_k^2}{\sum_{k=1}^{M}N_k}\right)^{\frac{1}{2}} \tag{5.15}$$

(3)体积平均径：

$$\overline{d_{\mathrm{V}}}=\left(\frac{\sum_{k=1}^{M}N_k d_k^3}{\sum_{k=1}^{M}N_k}\right)^{\frac{1}{3}} \tag{5.16}$$

(4)体积-表面积平均径：

$$\overline{d_{\mathrm{VS}}}=\frac{\sum_{k=1}^{M}N_k d_k^3}{\sum_{k=1}^{M}N_k d_k^2} \tag{5.17}$$

(5)几何平均径：

$$d_{\mathrm{g}}=\left(d_1^{N_1}d_2^{N_2}d_3^{N_3}\cdots d_k^{N_k}\cdots d_M^{N_M}\right)^{\frac{1}{N_{\mathrm{t}}}} \tag{5.18}$$

5.2.5 连续分布

之前定义了第 i 个粒径区间的个数密度 $n_i(\mu\mathrm{m}^{-1}\cdot\mathrm{cm}^{-3})$可表示为该区间的气溶胶颗粒数密度($N_i$)与粒径范围($\Delta d_{\mathrm{p}}$)的比值。该区间气溶胶颗粒的总浓度可写成

$$N_i=n_i\Delta d_{\mathrm{p}} \tag{5.19}$$

如果 Δd_{p} 的大小不固定，不同区间的粒径分布将无法比较。为了解决该问题并保留尽可能多的粒径分布信息，可以采用较小的 Δd_{p} 数值，如取 $\Delta d_{\mathrm{p}}\to 0$。这时 Δd_{p} 可写成 $\mathrm{d}d_{\mathrm{p}}$，$n_{\mathrm{N}}(d_{\mathrm{p}})\times \mathrm{d}d_{\mathrm{p}}$ 则表示在 $d_{\mathrm{p}}+\mathrm{d}d_{\mathrm{p}}$ 范围内气溶胶颗粒的数密度(cm^{-3})。所有粒径范围内气溶胶颗粒的总浓度 N_{t} 可写为

$$N_t = \int_0^\infty n_N\left(d_p\right)\mathrm{d}d_p \tag{5.20}$$

当采用 $n_N(d_p)$表示气溶胶颗粒的粒径分布时，假设气溶胶的粒径分布可表示成一个连续的函数，而非不连续的。这时气溶胶颗粒的累积分布 $N(d_p)$则定义为粒径小于 d_p 的所有粒子的数密度之和。与 $n_N(d_p)$不同，$N(d_p)$代表粒径范围在 0 ~ d_p 所有粒子的绝对数密度，单位为 cm^{-3}。$N(d_p)$和 $n_N(d_p)$之间的关系为

$$N\left(d_p\right) = \int_0^{d_p} n_N\left(d_p^*\right)\mathrm{d}d_p^* \tag{5.21}$$

式中，*用于区分变量 d_p 和其上限。对式(5.21)两边求导，粒径分布函数 $n_N(d_p)$可写为

$$n_N\left(d_p\right) = \frac{\mathrm{d}N}{\mathrm{d}d_p} \tag{5.22}$$

假设 d_p+$\mathrm{d}d_p$ 粒径范围内所有粒子的粒径均为 d_p，且其均为球体。那么气溶胶颗粒的表面积分布 $n_S(d_p)(\mu\mathrm{m}\cdot\mathrm{cm}^{-3})$代表粒径在 d_p+$\mathrm{d}d_p$ 范围内单位体积空气中的总表面积：

$$n_S\left(d_p\right) = \pi d_p^2 n_N\left(d_p\right) \tag{5.23}$$

所有粒径范围内气溶胶颗粒的总表面积浓度为

$$S_t = \pi\int_0^\infty d_p^2 n_N\left(d_p\right)\mathrm{d}d_p = \int_0^\infty n_S\left(d_p\right)\mathrm{d}d_p \tag{5.24}$$

类似地，体积分布 $n_V(d_p)(\mu\mathrm{m}^2\cdot\mathrm{cm}^{-3})$代表粒径在 d_p+$\mathrm{d}d_p$ 范围内单位体积空气中气溶胶颗粒的总体积：

$$n_V\left(d_p\right) = \frac{\pi}{6} d_p^3 n_N\left(d_p\right) \tag{5.25}$$

所有粒径范围内气溶胶颗粒的总体积浓度为

$$V_t = \frac{\pi}{6}\int_0^\infty d_p^3 n_N\left(d_p\right)\mathrm{d}d_p = \int_0^\infty n_V\left(d_p\right)\mathrm{d}d_p \tag{5.26}$$

假设所有气溶胶颗粒的密度均为 $\rho_p(\mathrm{g}\cdot\mathrm{cm}^{-3})$，则气溶胶颗粒的质量浓度分布 $n_M(d_p)$ $(\mu\mathrm{g}\cdot\mu\mathrm{m}^{-1}\cdot\mathrm{cm}^{-3})$为

$$n_M\left(d_p\right) = \frac{\rho_p}{10^6} n_V\left(d_p\right) = \left(\frac{\rho_p}{10^6}\right)\left(\frac{\pi}{6}\right) d_p^3 n_N\left(d_p\right) \tag{5.27}$$

根据表 5.2.1 中的数据，可将气溶胶颗粒的数密度分布分别转化为表面积分布和体积分布，如图 5.2.5 所示。从数量上看，气溶胶颗粒以 0.1 μm 以下的极细粒子为主，而表面积和体积则主要分布在较大粒径的粒子上。

5.2.6　粒径分布函数

当采用简单的数学函数公式描述气溶胶颗粒的粒径分布时，该函数公式称为粒径分布函数。对变量 u 的正态分布定义为

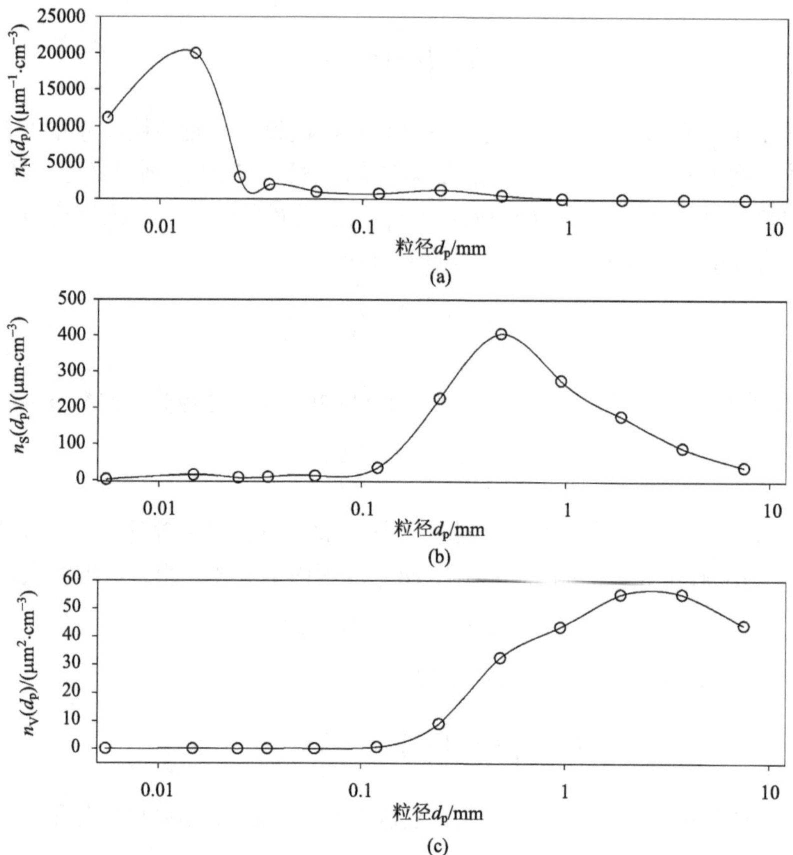

图 5.2.5　表 5.2.1 中气溶胶颗粒的数密度、表面积和体积分布曲线

(a)数密度；(b)表面积；(c)体积

$$n(u)=\frac{N}{(2\pi)^{\frac{1}{2}}\sigma_u}\exp\left(-\frac{(u-\overline{u})^2}{2\sigma_u^2}\right)\quad(-\infty<u<\infty)\tag{5.28}$$

式中，$\overline{u}$ 为样本中变量 u 的平均值；σ_u^2 为方差并且

$$N=\int_{-\infty}^{\infty}n(u)\mathrm{d}u\tag{5.29}$$

正态分布 $n(u)$在 $\overline{u}$ 处达到最大值，σ_u 为标准偏差。$\overline{u}$ 和 σ_u 这两个参数分别决定正态分布曲线的位置和幅度，并且 $\overline{u}\pm\sigma_u$ 下方区域占分布曲线覆盖总区域的 68.26%。若粒径分布 $n_N(d_p)$符合正态分布，则得到气溶胶颗粒的正态分布函数公式：

$$n_N(d_p)=\frac{\mathrm{d}N}{\mathrm{d}d_p}=\frac{N_t}{(2\pi)^{\frac{1}{2}}\sigma_{d_p}}\exp\left(-\frac{(d_p-\overline{d_p})^2}{2\sigma_{d_p}^2}\right)\tag{5.30}$$

式中，N_t、$\overline{d_p}$ 和 σ_{d_p} 分别为气溶胶总数密度、平均粒径和粒径的标准偏差。累积分布 $N(d_p)$ 可表示为

$$N\left(d_p\right)=\frac{N_t}{(2\pi)^{\frac{1}{2}}\sigma_{d_p}}\int_0^{d_p}\exp\left(-\frac{\left(d_p^*-\overline{d_p}\right)^2}{2\sigma_{d_p}^2}\right)\mathrm{d}d_p^* \tag{5.31}$$

当气溶胶颗粒的数密度分布符合正态分布时，平均直径 $\overline{d_p}$ 与个数中位直径(d_{50})、众径相等，并且

$$N\left(d_{50}+\sigma_{d_p}\right)-N\left(d_{50}\right)=N\left(d_{50}\right)-N\left(d_{50}-\sigma_{d_p}\right)=34.13\%\times N_t \tag{5.32}$$

$$\sigma_{d_p}=d_{84.13}-d_{50}=d_{50}-d_{15.87} \tag{5.33}$$

实际上，大气环境中的气溶胶颗粒大多符合对数正态分布，即对粒径取对数时($\ln d_p$)，气溶胶颗粒数密度符合正态分布。将 $u=\ln d_p$ 代入式(5.28)得

$$n_N^e\left(\ln d_p\right)=\frac{\mathrm{d}N}{\mathrm{d}\ln d_p}=\frac{N_t}{(2\pi)^{\frac{1}{2}}\ln\sigma_g}\exp\left(-\frac{\left(\ln d_p-\ln\overline{d_{pg}}\right)^2}{2\ln^2\sigma_g}\right) \tag{5.34}$$

式中，$\overline{d_{pg}}$ 和 σ_g 分别为几何平均径和几何标准偏差。由于 $n_N^e\left(\ln d_p\right)$ 和 $n_N(d_p)$存在以下关系：

$$\mathrm{d}N=n_N^e\left(\ln d_p\right)\mathrm{d}\ln d_p=n_N\left(d_p\right)\mathrm{d}d_p \tag{5.35}$$

$$n_N^e\left(\ln d_p\right)=d_p n_N\left(d_p\right) \tag{5.36}$$

合并式(5.34)和式(5.36)得

$$n_N\left(d_p\right)=\frac{\mathrm{d}N}{\mathrm{d}d_p}=\frac{N_t}{(2\pi)^{\frac{1}{2}}d_p\ln\sigma_g}\exp\left(-\frac{\left(\ln d_p-\ln\overline{d_{pg}}\right)^2}{2\ln^2\sigma_g}\right) \tag{5.37}$$

当气溶胶颗粒的数密度分布符合正态分布时，几何平均径 $\overline{d_{pg}}$ 和个数中位直径(d_{50})也相等，并且

$$N\left(\ln d_{50}+\ln\sigma_g\right)-N\left(\ln d_{50}\right)=N\left(\ln d_{50}\right)-N\left(\ln d_{50}-\ln\sigma_g\right)=34.13\%\times N_t \tag{5.38}$$

$$\ln\sigma_g=\ln d_{84.13}-\ln d_{50}=\ln d_{50}-\ln d_{15.87} \tag{5.39}$$

$$\sigma_g=\frac{d_{84.13}}{d_{50}}=\frac{d_{50}}{d_{15.87}} \tag{5.40}$$

5.3 气溶胶化学组成

大气气溶胶颗粒的主要成分包括硝酸盐、硫酸盐、铵盐、有机物、地壳成分、海盐、金属氧化物和水等。在这些组分当中，硝酸盐、硫酸盐、铵盐、有机碳(organic carbon，OC)、元素碳(elemental carbon，EC)和一些过渡金属元素主要分布在细粒子中($d_p<2$ μm)。地壳成分如硅、铝、铁、钙、镁和生物气溶胶(花粉、孢子和高等植物碎屑等)则主要分布在粗粒子中($d_p>2$ μm)。由于来源或形成过程的不同，细粒子和粗粒子的化学组成有很大差异。根据 2016～2017 年于南京大学仙林校区的观测结果，表 5.3.1 给出粗、细粒子各主要成分在颗粒物中所占比例。该观测过程中粗、细粒子的切割粒径为 2.1 μm，粗、

细粒子的平均质量浓度分别为 41.2 $\mu g \cdot m^{-3}$ 和 38.7 $\mu g \cdot m^{-3}$。

表 5.3.1　南京大学仙林校区采样点粗、细粒子主要成分占比　　(单位：%)

组成	NH_4^+	NO_3^-	SO_4^{2-}	无机元素*	有机碳	元素碳
细粒子	11.1	23.7	20.9	12.3	25.2	5.12
粗粒子	1.19	11.9	7.35	15.3	14.3	5.33

* 假设元素均以氧化态的形式存在。

资料来源：Xie 等(2022)。

细粒子中的硝酸盐、硫酸盐和铵盐主要来自气相、液相和非均相反应等二次过程。有机碳除来自直接排放外，还产生于光化学反应产物的冷凝过程(二次有机气溶胶)。硝酸盐和硫酸盐在粗粒子中也普遍存在。粗粒子中的硝酸盐是由气态硝酸和粗粒子中地壳组分或海盐反应生成，而硫酸盐的形成可能与 SO_2 在粗粒子上的非均相过程有关，特别是在由污染事件(如沙尘暴)引起的粗粒子浓度急剧升高的环境中。

5.3.1　水溶性离子

水溶性离子是大气气溶胶的重要组分，特别是细粒子。由于人为活动排放大量气态前体物(如 SO_2、NO_x 等)，我国近 10 年来经历的多次重度灰霾事件中，$PM_{2.5}$ 中的主要成分均为水溶性二次无机盐[如$(NH_4)_2SO_4$]。另外，水溶性离子是气溶胶中的主要吸湿成分，可通过影响气溶胶的成云能力和光学性质影响地球系统的热平衡。气溶胶中常见的水溶性阴离子有 NO_3^-、SO_4^{2-}、Cl^-、NO_2^- 和 F^-等，阳离子有 NH_4^+、Na^+、K^+、Ca^{2+}和 Mg^{2+}等。

1. 硫酸盐(SO_4^{2-})

无论在城市还是边远地区，均能在气溶胶中观测到硫酸盐的存在。细粒子中的硫酸盐主要来自各种含硫前体物的二次转化过程。第 2 章中具体阐述来自不同排放源的气态含硫组分(如 SO_2、CH_3SCH_3 等)。在人为活动较为频繁的城市地区，SO_2 的二次转化过程在硫酸盐的形成过程中占主导地位。SO_2 在大气中向 SO_4^{2-} 转化的机制主要包括气相氧化、液相氧化和非均相氧化。SO_2 在气相中主要通过和 OH 自由基反应被氧化：

$$SO_2 + \bullet OH \longrightarrow HOSO_2 \quad (5.1R)$$

$$HOSO_2 + O_2 \longrightarrow SO_3 + HO_2\bullet \quad (5.2R)$$

$$SO_3 + H_2O \longrightarrow H_2SO_4 \quad (5.3R)$$

在云滴或气溶胶液态水中，溶解的 SO_2 以 $SO_2 \cdot H_2O$、HSO_3^- 和 SO_3^{2-} 的形式存在，处于解离态的 S(Ⅳ)被各种氧化剂(如 H_2O_2、O_3 等)氧化生成硫酸的过程称为 SO_2 的液相氧化。

$$HSO_3^- + H_2O_2 \longrightarrow SO_2OOH^- + H_2O \quad (5.4R)$$

$$SO_2OOH^- + H^+ \longrightarrow H_2SO_4 \quad (5.5R)$$

另外，气态 SO_2 还可以通过在气溶胶表面发生非均相氧化反应生成硫酸。在气溶胶含水层中，SO_2 的氧化反应会因硫酸的生成而受到抑制，即氧化速率随 pH 的降低迅速减小。当 pH 在 4 以上时，SO_2 的气相氧化速率远低于其他氧化反应过程。除二次形成过程外，细粒子中的硫酸盐还可能来自含硫化石燃料的燃烧过程。

沿海地区的气溶胶中含有大量来自海盐贡献的硫酸盐，主要分布于粗粒子中。为了解人为活动对气溶胶中硫酸盐浓度水平的影响(非海盐硫酸盐，non-sea-salt sulfate，nss-SO_4^{2-})，需要将海盐的贡献排除。以往研究中常采用的方法为：假设气溶胶中的 Na^+ 全部来自海洋贡献，以 Na^+ 为参比，根据海水中[SO_4^{2-}]和[Na^+]的当量比将海盐贡献的硫酸盐从气溶胶中扣除[式(5.41)]。该方法还可用于估算气溶胶中其他水溶性离子的非海盐贡献，仅需将式(5.41)中的硫酸盐替换成其他目标离子。

$$[\text{nss-}SO_4^{2-}] = [SO_4^{2-}]_{\text{气溶胶}} - ([SO_4^{2-}]/[Na^+])_{\text{海盐}} \times [Na^+]_{\text{气溶胶}} \tag{5.41}$$

2. 硝酸盐(NO_3^-)

气溶胶中的硝酸盐主要来自气态氮氧化物(NO_x ═ NO + NO_2)的二次转化过程，在白天和夜间的主导机制完全不同。在白天，NO_2 和 OH 自由基反应生成 HNO_3 的反应是 NO_3^- 的主要来源。

$$NO_2 + \bullet OH + M \longrightarrow HONO_2 + M \tag{5.6R}$$

由于 OH 自由基产自光化学过程，反应(5.6R)仅发生在白天，并与 NO_2 的光解反应相竞争。尽管 NO_2 和 OH 自由基的反应不是 NO_2 的最主要去除机制，但该反应速率较快，仍然能在白天产生大量的 HNO_3，特别是在 NO_2 浓度较高的污染地区。

到了夜间，NO_2 不再光解，NO 迅速和 O_3 反应生成 NO_2，导致 NO_x 在夜间主要以 NO_2 的形式存在。NO_2 和 O_3 反应生成 NO_3 自由基：

$$NO_2 + O_3 \longrightarrow NO_3\bullet + O_2 \tag{5.7R}$$

该反应是大气中 NO_3 自由基唯一的直接来源。在白天，NO_3 自由基光解速率极快，在正午时的寿命仅为几秒，并且因为能迅速氧化 NO 而无法与 NO 共存。只有到了夜间，当 NO 浓度急剧下降时，NO_3 自由基才能以较高浓度存在。NO_3 自由基和 NO_2 进一步反应生成 N_2O_5：

$$NO_2 + NO_3\bullet + M \rightleftharpoons N_2O_5 + M \tag{5.8R}$$

反应(5.8R)为可逆反应，在几分钟内即可平衡。N_2O_5 和水反应生成 HNO_3 的过程在气相与各种表面均可发生，但在气相反应极慢。因此，发生在表面含水层的非均相反应是夜间 NO_3^-的最主要来源：

$$N_2O_5\,(g) + H_2O\,(l) \longrightarrow 2HNO_3\,(aq) \tag{5.9R}$$

由于 NO 和 NO_2 在液相中的溶解度低，反应速率慢，它们通过液相反应生成 NO_3^- 的过程不是硝酸盐的主要来源。

3. 铵盐(NH_4^+)

NH_4^+的前体物氨气(NH_3)是大气中唯一大量存在的碱性气体，对中和大气中产生的各种酸类物质起到非常关键的作用。如第 2 章所述，氨气的主要来源包括动物养殖废弃物和肥料挥发。土壤中的自然过程、工业排放、生物质燃烧和机动车排放等也是大气中氨气的潜在来源。NH_3 在大气中与 HNO_3 发生中和反应可产生硝酸铵(NH_4NO_3)：

$$NH_3\,(g) + HNO_3\,(g) \rightleftharpoons NH_4NO_3\,(s, aq) \tag{5.10R}$$

同时，NH_4NO_3 也会分解成 NH_3 和 HNO_3，并随着温度的升高而增强。由于反应过程中可能会有水参与，硝酸铵在大气中既能以固体颗粒物形式存在，又能以水溶液形式存在于液滴当中。类似的反应还包括：

$$NH_3\,(g) + HCl\,(g) \rightleftharpoons NH_4Cl\,(s, aq) \tag{5.11R}$$

另外，NH_3 还能与大气中生成的 H_2SO_4 反应形成硫酸氢铵(NH_4HSO_4)和硫酸铵[$(NH_4)_2SO_4$]：

$$NH_3\,(g) + H_2SO_4 \rightleftharpoons NH_4HSO_4\,(s, aq) \tag{5.12R}$$

$$NH_3\,(g) + NH_4HSO_4\,(s, aq) \rightleftharpoons (NH_4)_2SO_4\,(s, aq) \tag{5.13R}$$

以上这些反应是大气气溶胶中铵盐的重要形成途径，其主要分布在细粒子中。

4. 其他水溶性离子

来自海盐的 NaCl 是沿海地区粗粒子中 Cl^-和 Na^+的主要来源。细粒子中的 Cl^-主要来自化石燃料和生物质燃料的燃烧排放。K^+主要分布在细粒子中，常被作为生物质燃烧的示踪物。Ca^{2+}和 Mg^{2+}主要存在于粗粒子中，但 Mg^{2+}浓度通常较低。土壤、道路等扬尘是粗粒子中 Ca^{2+}、Mg^{2+}和 K^+的重要来源，粗粒子中的 Mg^{2+}还可能存在海盐的贡献。

图 5.3.1 展示南京大学仙林校区观测点主要水溶性离子成分在不同季节的粒径分布特征，并给出各组分在不同季节的几何平均粒径(geometric mean diameter，GMD)。Ca^{2+}、Na^+和 Mg^{2+}主要呈粗模态分布，且粒径分布未表现出明显的季节性变化。从冬季到夏季，细粒子中的 NH_4^+、K^+、NO_3^-、SO_4^{2-} 和 Cl^-浓度均呈现出不同程度的降低。其中 NO_3^- 和 Cl^-的粒径分布由细模态主导($GMD_{冬季} < 2\ \mu m$)转变为粗模态主导($GMD_{夏季} > 2\ \mu m$)。这是因为细粒子中的 NO_3^- 和 Cl^-主要以 NH_4NO_3 和 NH_4Cl 的形式存在，这两种二次无机组分在夏季较高的温度下易分解成 NH_3、HNO_3 和 HCl。粗粒子中的 NH_4^+ 浓度极低，NO_3^- 与 Cl^-和其他碱金属阳离子以相对稳定的形式存在[如 $Ca(NO_3)_2$]。水溶性无机离子粒径分布的季节性变化最终将导致气溶胶颗粒物的粒径分布发生变化。

5. 气溶胶中的水分

气溶胶中的水分影响其在大气中的粒径分布、寿命、光学和化学性质以及气候效应，并且气溶胶中的水分在大多数情况下以游离态形式(非化合态)存在。尽管气溶胶富含水溶性离子，在相对湿度(relative humidity，RH)很低时，气溶胶粒子以固态形式存在。随着 RH 的增加，在未达到一定的阈值前(图 5.3.2)，气溶胶仍以颗粒物形式存在。在该 RH 阈值处，固态气溶胶迅速吸收水分，形成液态饱和水溶液。若 RH 进一步增加，气溶胶中的盐溶液会吸收额外的水分来保持热力学平衡。气溶胶从固态向液态转变时的 RH 称为“潮解点”(deliquescence point)。

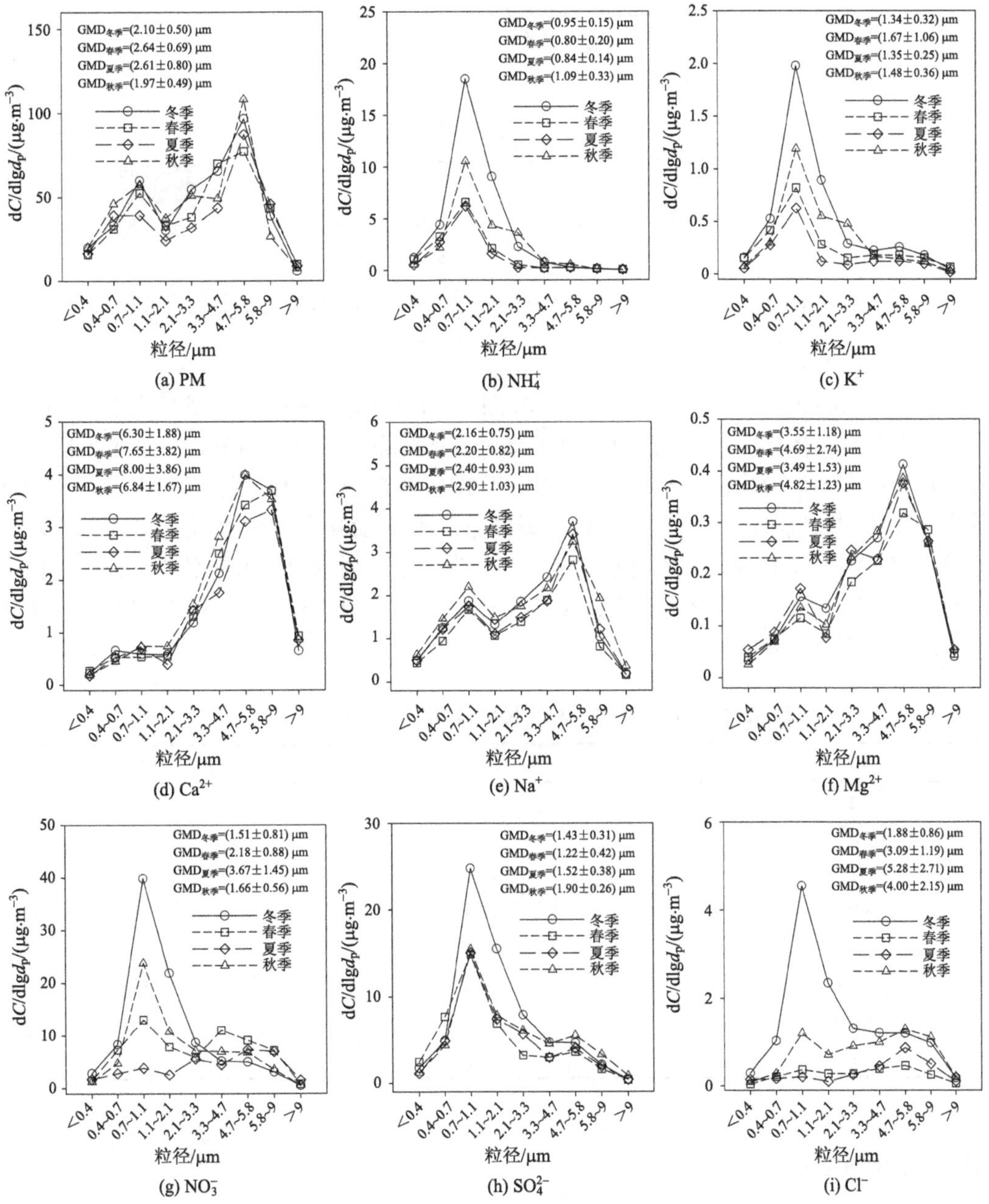

图 5.3.1　不同季节南京大学仙林校区气溶胶水溶性离子粒径分布(2016～2017 年)

资料来源：Xie 等 (2022)

当液态气溶胶周围的 RH 降低时，气溶胶中的水分将挥发。但是含单种盐分的气溶胶并不会在 RH 降至该盐分潮解点时结晶，而是保持超饱和状态直至更低的 RH。气溶胶发生结晶并因失水缩小至原始粒径(或体积)时的 RH 称为“风化点”(efflorescence

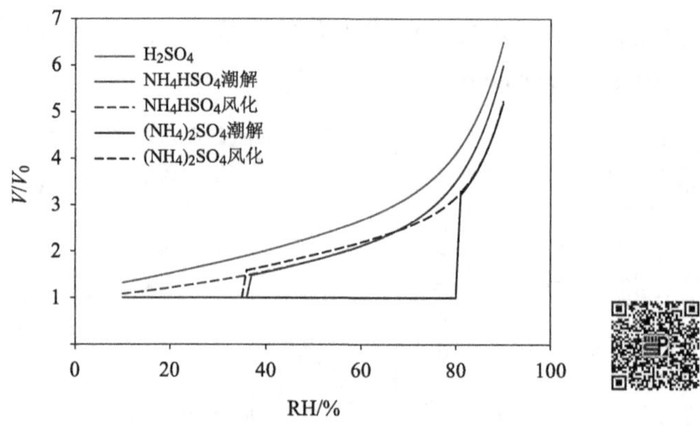

图 5.3.2　H_2SO_4、NH_4HSO_4 和$(NH_4)_2SO_4$颗粒物的体积随 RH 的变化(扫码查看彩图)

V_0 代表 RH = 0%时的体积

point)。如图 5.3.2 所示，$(NH_4)_2SO_4$ 颗粒物 RH 低于 80%(潮解点)时，颗粒物中的水分挥发，但不完全。$(NH_4)_2SO_4$ 颗粒物在 RH 降至 35%之前一直将保持液态，许多无机盐都存在这种结晶延迟现象。对于这些无机盐，当 RH 在潮解点和风化点之间时，仅了解 RH 的大小无法判断气溶胶存在的形态(液态或固态)，还需要知道 RH 的变化过程。另外，有些气溶胶组分如 H_2SO_4 并没有潮解或结晶行为，这是因为 H_2SO_4 具备极强的亲水性，H_2SO_4 气溶胶中的水分随 RH 的增加或降低呈连续变化(图 5.3.2)。表 5.3.2 列出气溶胶中常见组分的潮解点和风化点。

表 5.3.2　298 K 下各无机盐颗粒物的潮解点和风化点　(单位：%)

无机组分	潮解点	风化点
KCl	84.2	59
Na_2SO_4	84.2	56
NH_4Cl	80.0	45
$(NH_4)_2SO_4$	79.9	35
NaCl	75.3	43
$NaNO_3$	74.3	—
NH_4NO_3	61.8	—
NH_4HSO_4	40.0	—

5.3.2　含碳气溶胶

大气气溶胶中的含碳组分主要包括元素碳(EC)和各种有机化合物。气溶胶中各种复杂有机化合物的总量通常用有机碳(OC)表示。元素碳是以单质形式存在的碳，仅来自不完全燃烧过程的直接排放。“黑碳”和“炭黑”具有类似的定义与来源。元素碳和黑碳分别是基于气溶胶含碳组分的热化学和光学性质提出的关于气溶胶中单质碳的描述，依赖不同的分析手段和有机碳相区分。黑碳是气溶胶中吸光能力最强的组分，相对而言，有机碳是热不稳定且吸光能力较弱的组分。炭黑是一种无定形碳，可由各种燃料在空气不足条件下的不完全燃烧或热分解产生，在大气环境中普遍存在，不依赖于理论或具体的分析方法。有机碳可来自一次源的直接排放或碳氢化合物光化学氧化产物的冷凝过程(二次源)。值得注意的是，有机碳仅代表气溶胶总有机化合物中的 C，其他元素(如 H、O 和 N 等)不包含在内。气溶胶中元素碳与有机碳的质量浓度和分析方法密切相关，在分析过程中这两种物质之间的区分仍存在较大不确定度，取决于方法本身的前提设定。

1. *元素碳*

1)形成过程

燃料燃烧过程释放的炭黑颗粒(soot)富含元素碳。这些炭黑颗粒是由极小的近似球形的元素碳颗粒聚合而成的。尽管炭黑颗粒的形貌各异，它们的构建单元(元素碳颗粒)形状和大小高度一致(20 ~ 30 nm)。这些细小的元素碳颗粒先通过聚合作用形成直链或支链结构，再进一步聚合成粒径为微米级的炭黑颗粒。除元素碳以外，炭黑颗粒还含有近 10%的其他元素(如 H、O 和 N 等)。燃烧火焰中典型的炭黑单元结构为 C_8H，接着炭黑颗粒吸收有机物蒸气，燃烧结束后随着温度的降低，燃烧产物中积累了一定量的有机化合物。因此，炭黑颗粒的组成包括元素碳、有机碳和一些少量的其他元素(H、O 和 N 等)。理论方法中定义的元素碳在大气环境中并非高纯度的元素碳，而是具有复杂三维结构、含有少量其他元素的碳。这些元素碳由许多直径为 2 ~ 3 nm 的微小晶格构成，每个晶格包含多层正六边形的石墨结构。

燃料和空气之间的比例对炭黑颗粒的形成起关键作用。假设用 C_mH_n 表示碳氢化合物燃料，燃烧的计量反应方程式可写为

$$C_mH_n + aO_2 \longrightarrow 2aCO + 0.5nH_2 + (m-2a)C_s \tag{5.14R}$$

式中，C_s 为生成的炭黑颗粒；$m/2a$ 为碳氧比例(C/O)。理论上，当 C/O = 1 时，燃料 C_mH_n 中的碳组分完全转变为 CO，没有炭黑颗粒生成。若 C/O < 1，部分 CO 将被转化为 CO_2。仅有当 C/O > 1，即氧气不充足的条件下，才会有炭黑颗粒产生。实际的燃烧过程中，在低 C/O 比(< 1)条件下，CO、CO_2 和炭黑颗粒都会产生，C/O 比越高，越有利于炭黑颗粒的生成。炭黑颗粒生成反应的第一步为燃料分子氧化或裂解为更小的分子。乙炔、多环芳烃(polycyclic aromatic hydrocarbons，PAHs)等有机物是炭黑颗粒形成的主要中间体。在燃烧过程中，当炭黑颗粒的核形成以后，将通过表面反应迅速增长。尽管炭黑颗粒核在炭黑颗粒中所占的质量比例很小，但最终形成的炭黑颗粒总量同成核数密切相关。而炭黑颗粒核的形成机理目前仍不清楚，有研究推测该过程可能涉及一系列的气态聚合反应，生成大分子量的 PAHs，经冷凝后最终形成炭黑颗粒。另外，不同化学组成燃料的炭黑生成潜力也不同，如萘 > 苯 > 链式脂肪烃。这种差异可能源自不同的形成路径。脂肪烃类燃料先裂解成乙炔，然后再融合成聚乙炔，芳香烃类物质可直接在已有的环结构上发生聚合。

2)元素碳排放源和排放因子

表 5.3.3 给出各种不同燃料燃烧生成有机碳和元素碳的排放因子。排放因子(emission

factor)($g \cdot kg^{-1}$)的定义是燃烧单位质量某种燃料所释放的含碳组分的量，它的一种估算方法为

$$EF_X = F_C \times \frac{MM_X}{12} \times \frac{\Delta X}{\Delta c_{CO_2} + \Delta c_{CO} + \Delta c_{CH_4} + \Delta c_{NMVOC} + \Delta c_{PM}} \tag{5.42}$$

式中，EF_X为某种含碳组分 X 的排放因子；F_C为燃料中碳的质量分数；MM_X为目标组分 X 的分子量(对有机碳和元素碳取 12)；ΔX 为扣除背景后燃烧排放气体中该组分的摩尔浓度(对气体也可以是混合比)。常见的目标含碳组分 X 包括CO_2、CO、CH_4、VOC、气溶胶中的碳质组分(如有机碳、元素碳等)。Δc_{PM}为该含碳组分在颗粒物中的浓度。通常情况下，燃料中大部分含碳物质均以CO_2和 CO 的形式释放，因此式(5.42)中最右侧分式的分母可简化为$\Delta c_{CO_2} + \Delta c_{CO}$。由表 5.3.3 可知，木材燃烧和柴油车排放这两种元素碳源的排放因子最高。然而，针对每种燃烧源，不同燃烧条件下排放因子会发生较大变化。

表 5.3.3　不同燃料碳质气溶胶排放因子的估算值　　(单位：$g \cdot kg^{-1}$)

来源		OC	EC
壁炉	硬木	4.7	0.4
	软木	2.8	1.3
机动车	无催化装置汽油车	0.04 ~ 0.24	0.01 ~ 0.13
	有催化装置汽油车	0.01 ~ 0.03	0.01 ~ 0.03
	柴油车	0.7 ~ 1.0	2.1 ~ 3.4
天然气锅炉	正常燃料/空气比	0.0004	0.0002
	高燃料/空气比	0.007	0.12

资料来源：Muhlbaier 和 Williams (1982)；Dasch 和 Cadle (1989)。

表 5.3.4 总结一些全球范围内黑碳和有机碳的排放清单数据。估算结果表明全球有机碳和黑碳的排放量分别为 33.4 ~ 62.2 Tg(10^{12} $g \cdot a^{-1}$)和 8 ~ 14 $Tg \cdot a^{-1}$。生物质燃烧是有机气溶胶的最主要来源，对有机碳的总贡献远远超过 50%。由于缺少翔实的来源类型、排放因子和活动强度数据，含碳气溶胶的全球排放估算存在较大不确定性，可高达估算值的两倍以上。

表 5.3.4　全球黑碳和有机碳排放清单　　(单位：$Tg \cdot a^{-1}$)

来源	年份	化石燃料燃烧		生物质燃烧		总和	
		BC	OC	BC	OC	BC	OC
Penner 等 (1993)	1980	12.6[a]					
		23.8[b]					
Cooke 和 Wilson (1996)	1984	8.0		6		14	
Liousse 等 (1996)	1984	6.6	21.9[c]	5.6	40.3[c]	12.2	62.2[c]
Cooke 等 (1999)	1984	5.4[d]	7.0[d]				
	1984	6.4[e]	10.1[e]				
Bond 等 (2004)	1996	3.0	2.4	5	31	8	33.4

注：a 根据燃料使用情况估算，化石燃料：6.6 Tg $BC \cdot a^{-1}$，木材和垃圾焚烧：6 Tg $BC \cdot a^{-1}$；b 根据 SO_2 排放估算；c OC = OM/1.3；d 基于亚微米级颗粒物数据；e 所有粒径颗粒物。

2. 有机碳

有机碳是大气气溶胶的重要组分，在细颗粒物中占 10% ~ 70%。有机碳来源非常复杂，典型的一次源包括化石燃料燃烧、生物质燃烧、化石燃料的非燃烧释放和生物排放等。另外，有机碳还可产自燃烧源和生物源气态前体物的二次光化学过程，称为二次有机碳(secondary organic carbon，SOC)。有机碳的化学组成十分复杂，目前能识别的有机化合物多为低分子量物质($M_W < 500$ Da)，包括正构烷烃、脂肪酸、脂肪醇、二元羧酸、萜烯酸、芳香酸、多环芳烃、酮/醌、固醇、甾烷/藿烷、支链烷烃等。

有机碳中的组分按是否水溶可简单分为非水溶性有机碳(water-insoluble organic carbon，WIOC)和水溶性有机碳(water-soluble organic carbon，WSOC)。外场观测研究表明 WIOC 和 EC 的浓度具有相似的时间变化趋势，因此化石燃料和生物质燃烧是 WIOC 的重要来源，而 WSOC 中则含有更多 SOC。例如，机动车和植物均能直接排放脂肪酸(醛)和芳香酸(醛)类物质；人为源或生物源 VOC 通过光化学反应也生成大量脂肪酸(醛)和芳香酸(醛)类物质。这些低分子量极性组分多为水溶性的。水溶性有机组分具有较高的极性，传统气相色谱检测技术的适用性较低。因此，人们对气溶胶中水溶性有机组分的认识不如非水溶性有机组分，但 WSOC 在 OC 中占比显著(20% ~ 70%)，并影响大气气溶胶的吸湿和光学性质。

1)一次和二次有机碳

气溶胶颗粒中的有机物挥发性差异较大，许多组分在气态和颗粒态中均能存在。部分有机组分的半挥发性使得一次和二次有机碳的区分变得更加复杂。从二次有机碳的定义上看，它在大气中的产生开始于气态 VOC，然后在气相中经历一次或多次化学转化过程成为低挥发性物质，最终通过成核或凝结作用从气态物质转变为气溶胶的组成部分。综上，二次有机碳的形成包含两个过程——化学转化和相变。据此，从燃烧源直接排放出的高温有机物蒸气在低温环境下冷凝形成的有机碳仍然是一次有机碳，因为没有在气相中发生化学转化；如果有机物在颗粒物中发生化学转化而没有经历相变过程，也不能被称为二次有机碳。

到目前为止，一次和二次有机碳的区分仍是科研领域的热点与难点。气溶胶质谱仪在对气溶胶化学组分进行在线观测的过程中，可根据质荷比(m/z)选择一次和二次有机组分的特征碎片进行区分。例如，m/z 57 ($C_4H_9^+$) 和 m/z 44 (CO_2^+) 分别被用于定量一次和二次有机气溶胶的质量浓度，并采用已知来源的大气组分浓度(如 EC 和 O_3)进行验证。以往研究更多采用 EC 示踪法，这种经验方法根据气溶胶滤膜样本中 OC 和 EC 的检测值估算一次和二次有机碳的贡献。假设$[OC]_P$ 和$[OC]_S$ 分别为一次和二次有机碳的质量浓度(μg·m^{-3})，气溶胶样品中 OC 的总质量浓度为

$$[OC] = [OC]_P + [OC]_S \tag{5.43}$$

一次有机碳主要来自燃烧源或燃烧相关排放源，伴随 EC 一同释放，但仍然有部分一次有机碳来自非燃烧源(如生物源)。

$$[OC]_P = [OC]_C + [OC]_{NC} \tag{5.44}$$

式中，$[OC]_C$ 和$[OC]_{NC}$ 分别为来自燃烧源和非燃烧一次源贡献的 OC。假设$[OC/EC]_C$ 为

燃烧源释放的颗粒物中 OC 和 EC 的浓度比，合并式(5.43)和式(5.44)得

$$[\mathrm{OC}]_{\mathrm{S}}=[\mathrm{OC}]-\left[\frac{\mathrm{OC}}{\mathrm{EC}}\right]_{\mathrm{C}}\times[\mathrm{EC}]-[\mathrm{OC}]_{\mathrm{NC}} \tag{5.45}$$

式中，[OC]和[EC]为样品分析结果；$[\mathrm{OC}]_{\mathrm{S}}$ 的估算需要求出$[\mathrm{OC/EC}]_{\mathrm{C}}$ 和$[\mathrm{OC}]_{\mathrm{NC}}$。本书先将受光反应活动影响较强的样品数据略去，假设剩余样本的 OC 浓度由一次有机碳主导，即$[\mathrm{OC}]_{\mathrm{S}}\approx 0$，得到：

$$[\mathrm{OC}]=\left[\frac{\mathrm{OC}}{\mathrm{EC}}\right]_{\mathrm{C}}\times[\mathrm{EC}]+[\mathrm{OC}]_{\mathrm{NC}} \tag{5.46}$$

式中，$[\mathrm{OC/EC}]_{\mathrm{C}}$ 和$[\mathrm{OC}]_{\mathrm{NC}}$ 可根据剩余样本[OC]和[EC]数据的线性关系求出。采用该方法估算出的二次有机碳质量浓度将受到$[\mathrm{OC/EC}]_{\mathrm{C}}$ 数值的显著影响，存在较大的不确定性。因为同一观测地点的$[\mathrm{OC/EC}]_{\mathrm{C}}$ 并非保持不变，始终受到气象和排放源等因素的影响。尽管如此，该方法由于操作简便仍然是目前使用最为广泛的二次有机碳估算方法。受观测样本数量的限制，许多研究将短时期内所有样本[OC]/[EC]比值的最小值作为$[\mathrm{OC/EC}]_{\mathrm{C}}$，用于估算其他样本中二次有机碳对 OC 的贡献。

2)有机碳和元素碳的浓度水平和粒径分布

表 5.3.5 展示 2003 年冬、夏季我国 14 个城市 $\mathrm{PM}_{2.5}$ 中 OC 和 EC 的平均质量浓度。我国城市大气细粒子中 OC 的质量浓度范围为 5.1 ~ 95.8 $\mu\mathrm{g\cdot m^{-3}}$，而 EC 大多在 10 $\mu\mathrm{g\cdot m^{-3}}$ 以内。OC 和 EC 的质量浓度表现出冬季 > 夏季、北方城市 > 南方城市的时空分布特征。自国务院于 2013 年实施“大气十条”以来，我国主要城市群地区的大气颗粒物污染得到显著改善，OC 和 EC 浓度也随之下降。以长三角典型城市南京为例，OC 和 EC 平均质量浓度分别从 2013 年的 18.0 $\mu\mathrm{g\cdot m^{-3}}$ 和 6.7 $\mu\mathrm{g\cdot m^{-3}}$ 下降至 2017 年的 5.9 $\mu\mathrm{g\cdot m^{-3}}$ 和 3.0 $\mu\mathrm{g\cdot m^{-3}}$。

表 5.3.5　2003 年冬、夏季我国 14 个城市 $\mathrm{PM}_{2.5}$ 中 OC 和 EC 的平均质量浓度　(单位：$\mu\mathrm{g\cdot m^{-3}}$)

城市	OC		EC	
	冬季	夏季	冬季	夏季
北京	23.9	19.7	6.2	5.7
长春	40.4	10.6	13.4	2.6
金昌	17.6	7.1	4.6	1.6
青岛	26.3	5.1	6.2	1.5
天津	43.0	16.4	8.9	3.8
西安	95.8	24.5	21.5	6.5
榆林	31.3	10.6	8.3	3.4
重庆	75.2	23.7	17.2	7.4
广州	24.2	9.9	8.4	3.3
香港	13.3	6.6	6.9	3.3
杭州	30.5	15.2	9.1	3.2
上海	26.7	13.4	8.6	3.3
武汉	33.8	14.1	8.0	2.7
厦门	15.5	NA	4.9	NA

资料来源：Cao 等 (2012)。

随着连续观测手段的开发和应用，OC 和 EC 观测的时间分辨率已达到 1 h。图 5.3.3 基于小时观测结果，给出 2017 全年南京市草场门 OC 和 EC 质量浓度的日变化、周变化和月变化特征。OC 质量浓度在早晨有微弱的上升，7:00～12:00 波动较小，这可能是源排放、光化学反应及气象等多因素共同作用的结果。在 16:00 后，OC 浓度迅速上升。除边界层高度下降和大气稳定度增强外，晚高峰期间的交通排放也是重要原因。EC 的日变化趋势中有两次明显的上升过程，分别在上午 7:00～9:00 和晚间 20:00～23:00，反映出观测点附近的交通排放变化。与国外城市地区的观测结果不同，OC 和 EC 均未在周末表现

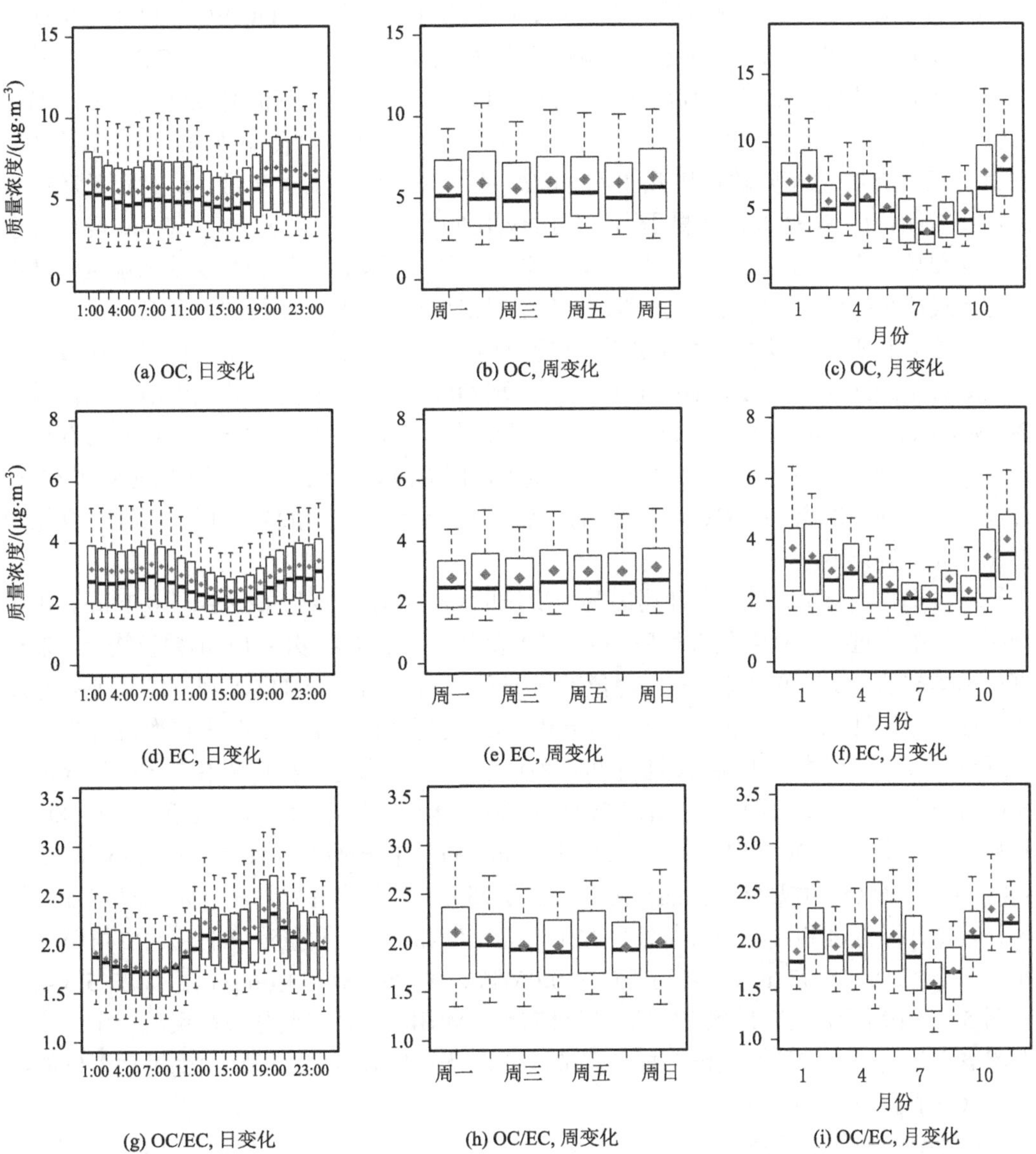

图 5.3.3　南京市草场门观测点 2017 年 $PM_{2.5}$ 中 OC 和 EC 质量浓度及比值的日变化、周变化和月变化特征

资料来源：Yu 等(2020)

出明显的下降，说明有机气溶胶的排放强度在工作日和非工作日之间差别较小。由于边界层高度变化在大气污染物传输和扩散过程中起到非常关键的作用，OC 和 EC 的浓度均在夏季最低、冬季最高。且 OC 浓度的月变化过程还受到气固分配和光化学反应的影响。

OC 和 EC 质量浓度的比值(OC/EC)常用于评估 OC 直接排放与化学转化相对贡献的变化。当 OC/EC 超过 2.0 时，则可认为 SOC 对有机碳有贡献。2017 年南京市草场门观测点的 OC/EC 平均值为 2.01±0.65，95%的 OC/EC 在 1.0 ~ 3.0，低于表 5.3.5 中其他 14 个中国城市(冬季 1.9~ 4.8；夏季 2.0 ~ 5.2)。考虑到 OC 和 EC 质量浓度的强相关性($r = 0.88$，$p < 0.01$)，南京草场门观测点的 OC 主要受到交通排放的影响。OC/EC 的日变化呈现出两次连续的上升过程[图 5.3.3(g)]。伴随二次有机气溶胶的形成，第一次 OC/EC 上升在日出后 7:00 开始。第二次升高出现在 17:00 ~ 19:00。这是因为晚间光照强度降低、温度降低、湿度上升，部分气态水溶性和非水溶性有机物会向颗粒物传输(吸附、吸收等作用)，并且有机化合物的光降解作用减弱。有趣的是，OC/EC 在夏季 7 月、8 月呈下降趋势[图 5.3.3(i)]，而 SOC 通常在夏季因光化学作用增强对 OC 有显著贡献。Chen 等也观察到类似现象。潜在的原因包括：与冬季相比，更多半挥发性有机物在夏季因温度升高以气态形式存在；夏季较低的空气密度(燃料空气比增高)导致机动车排放更多 EC。

在估算有机组分对气溶胶颗粒质量浓度的贡献时，需要按一定比例将 OC 换算成有机物(organic matter，OM)。Turpin 和 Lim 发现 OM/OC = 1.4 是估算城市地区单位质量 OC 所对应有机组分的最低合理值，而对非城市地区，假设 OM/OC = 1.4 将低估有机组分对气溶胶颗粒的相对贡献。他们认为对城市地区 OM/OC 取 1.6，非城市地区取 2.1 较合理。但是同一地点 OM/OC 将随着排放源、气象因素和气溶胶老化程度而发生变化，存在较大不确定度。

来自锅炉、壁炉、机动车和烤肉等一次源的 OC 粒径主要分布在 0.1 ~ 0.2 μm。颗粒物在大气中经过一系列老化过程后，OC 仍主要分布在亚微米级(~ 1 μm)颗粒物上。来自机动车排放的 EC 呈单模态分布，峰值粒径在 0.1 μm 左右。交通隧道观测结果证明超过 85%的机动车源 EC 主要分布在粒径小于 0.2 μm 的超细粒子上。这些来自燃烧过程的炭黑颗粒在大气环境中经历凝结、碰并和各种化学反应后(老化过程)，细模态 EC 的峰值粒径可增长至亚微米级。图 5.3.4 给出 2016 ~ 2017 年南京大学仙林校区观测点 OC 和 EC 的粒径分布特征。OC 和 EC 均呈双模态分布，峰值粒径分别为 0.7 ~ 1.1 μm 和 4.7 ~ 5.8 μm。尽管 OC 主要分布在细模态上，由于部分 OC 的半挥发性和化学不稳定性，粒径分布将伴随温度和光照等气象条件发生变化。例如，OC 质量浓度的几何中值粒径在春、夏季(2.18 ~ 3.67 μm)显著高于($p < 0.05$)秋、冬季(1.51 ~ 1.66 μm)。如图 5.3.4(b)和图 5.3.1(a)所示，南京地区 EC 的粒径分布和 PM 相一致，主要分布在粗粒子中。这是由燃烧释放的 EC 和地表尘混合再悬浮造成的，特别是道路尘。道路尘受机动车排放影响，EC 的含量远高于土壤。

3)典型有机分子示踪物

了解有机气溶胶的大气过程在很大程度上依赖对其化学组成的认识程度。获得有机气溶胶的分子组成信息面临着诸多挑战，如样品收集、组分分离和单个组分浓度极低等。到目前为止，从一次有机气溶胶中已经识别出几百种有机化合物，但解析各一次源对这些组分的相对贡献却十分困难。部分有机化合物由于具有较好的源指示性，常被作为示踪物估算相关一次源对有机气溶胶的贡献，如表 5.3.6 所示。

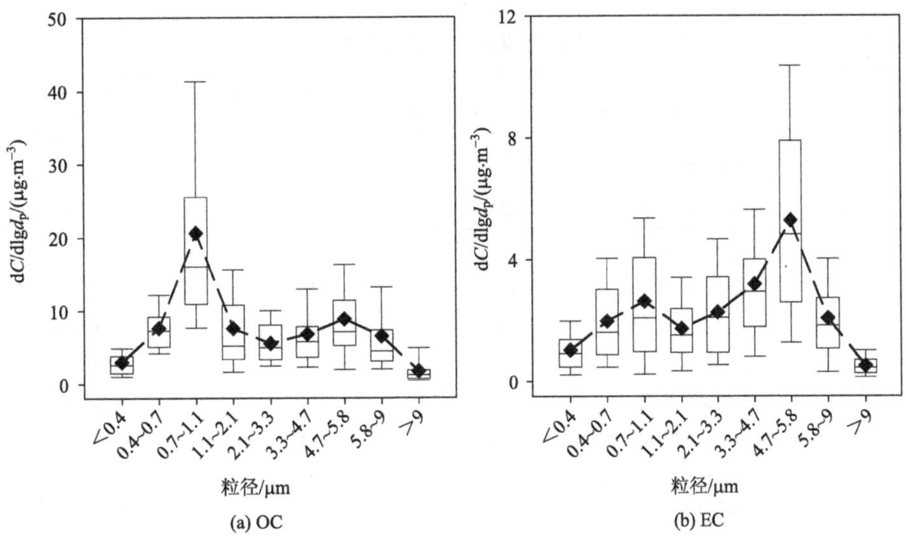

图 5.3.4　南京大学仙林校区观测点 OC 和 EC 粒径分布特征(2016 ~ 2017 年)

资料来源：Xie 等 (2022)

表 5.3.6　部分一次源有机气溶胶的示踪物分子

来源	有机分子	参考文献
肉类食物烹调	胆固醇 正十四烷酸 (肉豆蔻酸) 正十六烷酸(软脂酸) 正十八烷酸(硬脂酸) 顺式-9-十八碳烯酸 (油酸) 壬醛 2-癸酮	Rogge 等(1991)
机动车	甾烷 藿烷	Rogge 等(1993a)
高等植物	正二十七烷 正二十九烷 正三十一烷 正三十三烷	Simoneit (1984); Rogge 等(1993b)
香烟	异构支链烷烃 反式异构烷烃	Rogge 等(1994)

如前所述，二次有机气溶胶的形成过程分为两个步骤。第一步为前体物(VOC)的气相化学反应；第二步为反应产物在气固两相间的分配过程。二次有机气溶胶的产率和分子组成与气态前体物的类型和化学反应途径有关。气固分配是一种物理化学过程，涉及气固两相中多种组分的相互作用。烟雾箱实验是研究二次有机气溶胶的产率、反应途径和分子组成的重要方法。表 5.3.7 列出通过烟雾箱实验识别的几种典型前体物二次产物的

特征分子。这些有机化合物可作为示踪物估算不同前体物的二次过程对环境空气中有机气溶胶的贡献。

表 5.3.7 几种典型前体物二次产物的特征分子

前体物	特征产物分子	分子量	衍生化产物分子量	质谱分析特征质荷比
异戊二烯	2-甲基甘油酸	134	350	321, 203, 293
	2-甲基苏糖醇	136	424	409, 219, 319
	2-甲基赤藓糖醇	136	424	409, 219, 319
α-蒎烯	3-异丙基戊二酸	174	318	229, 239, 111
	3-乙酰基戊二酸	174	318	229, 239, 111
	2-羟基-4-异丙基己二酸	204	420	243, 153, 125
	3-乙酰基己二酸	188	332	331, 405, 449
	3-羟基戊二酸	148	364	349, 275, 303
	2-羟基-4,4-二甲基戊二酸	176	392	377, 303, 393
	3-(2-羟基-乙基)-2,2-二甲基环丁烷羧酸	172	244	227, 317, 199
	蒎酸	186	330	241, 315, 151
	蒎酮酸	184	256	257, 121, 139
甲苯	2,3-二羟基-4-氧代戊酸	148	364	349, 247, 259
β-丁香烯	β-丁香酸	254	398	309, 383, 399

资料来源：Kleindienst 等(2007)。

5.3.3 元素

元素分析是研究气溶胶化学组成的一种重要手段。在现有的仪器分析技术条件下(如 X 射线荧光、等离子体质谱等)，气溶胶中可检测到的元素可达到 70 种以上。这些元素的来源十分复杂，包括土壤扬尘、沙尘暴等天然源，以及化石燃料燃烧、金属冶炼、垃圾焚烧、机械磨损等各种人为源。由于来源各异，气溶胶中各元素的浓度水平和粒径分布特征存在较大差异。总体上看，气溶胶中来自地壳的元素浓度普遍较高，包括 Si、Al、Fe、Ca、Ti、Na、K 和 Mg 等，这些元素主要分布于粗粒子中。体现人为源污染特征的微量元素主要包括 Pb、Cu、Mn、Zn、As、Se、V、Ni、Cr、Ag、Cd 和 Hg 等。目前的检测技术大多仅能对目标元素本身进行定量，无法识别出元素存在的具体化学形态。

与地壳元素相比，微量元素对气溶胶颗粒的质量浓度贡献几乎可忽略不计($\sim ng \cdot m^{-3}$)。但是微量元素中的许多重金属元素(如 Pb、Cd 和 Hg 等)对人体有害，这些元素浓度的升高将增加气溶胶暴露的健康风险。由于某些微量元素具有较好的源指示性，微量元素的分析还有助于判断特定污染事件的成因及生态风险评价。源排放调查研究表明，As、Se、Pb 和 Hg 主要来自燃煤排放；Mn、Zn、Cr 和 Fe 来自钢铁冶炼过程；Ni 和 V 为石化工业与重油燃烧排放的典型示踪物；Cu 和 Ba 常用于指示机动车刹车片与轮胎磨损排放。但值得注意的是，微量元素和污染源之间的对应关系不是一成不变的，还取决于具体的研究地点和时间范围。图 5.3.5 展示 2017 年南京市草场门观测点 $PM_{2.5}$ 中 Si、Ca、Ba 和

K 的小时浓度变化。2017 年 5 月 6 日前后 Si 和 Ca 浓度的峰值反映源自中亚的沙尘暴影响。Ba 和 K 的小时浓度在春节至元宵节期间(1 月 26 日~2 月 16 日)一直保持较高水平，这与南京周边地区的烟花爆竹燃放活动有关。

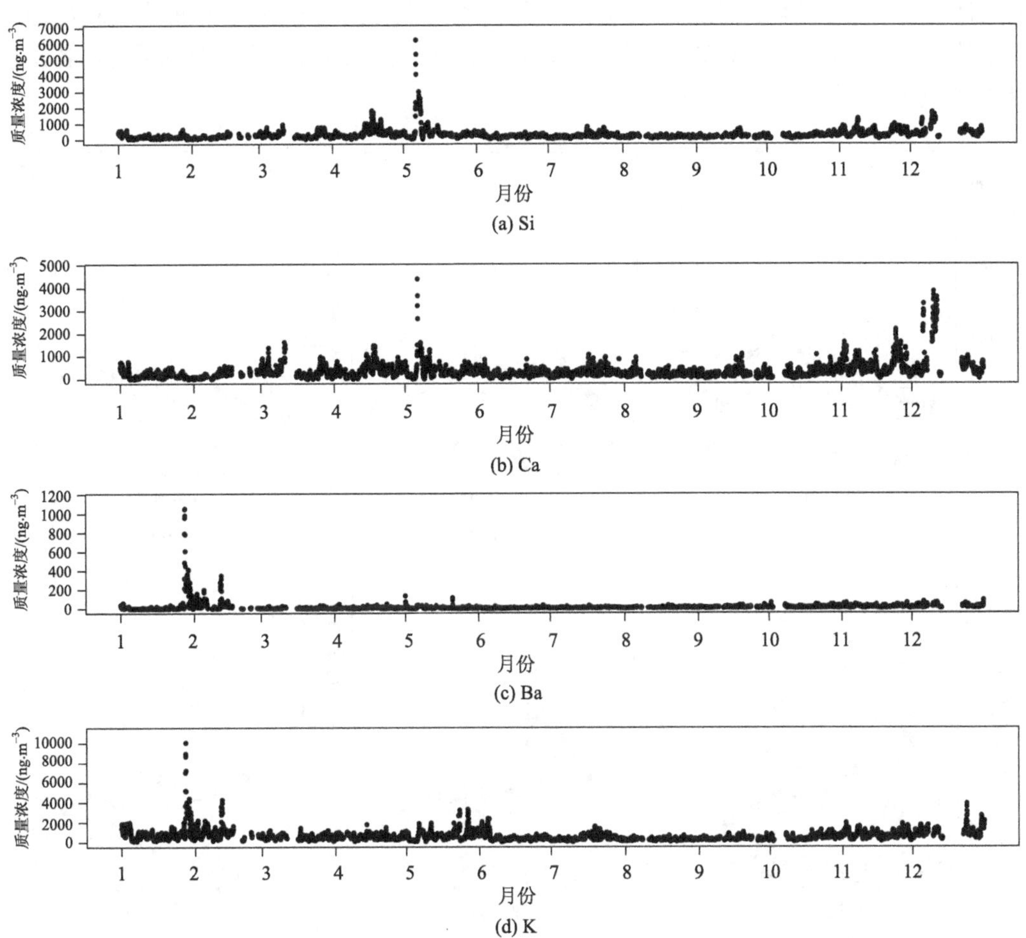

图 5.3.5　2017 年南京市草场门观测点 $PM_{2.5}$ 中 Si、Ca、Ba 和 K 小时浓度变化

资料来源：Yu 等(2019)

元素的富集因子(enrichment factor，EF)常用来评估元素在气溶胶中的富集程度，从而判断出目标元素的主要来源(天然源或人为源)。EF 的计算公式为

$$\mathrm{EF}=\frac{\left(\dfrac{c_{i,\mathrm{PM}}}{c_{R,\mathrm{PM}}}\right)}{\left(\dfrac{c_{i,\text{地壳}}}{c_{R,\text{地壳}}}\right)} \tag{5.47}$$

式中，$c_{i,\mathrm{PM}}/c_{R,\mathrm{PM}}$ 为目标元素 i 和参比元素 R 在气溶胶中浓度的比值；$c_{i,\text{地壳}}/c_{R,\text{地壳}}$ 为它们在地壳中丰度的比值。参比元素通常为地壳中含量较高的元素(如 Si、Al 等)。当 EF 接近 1 时，目标元素主要来自地壳；当 EF > 10 时，则表明人为活动排放是目标元素的主要来

源。图 5.3.6 和图 5.3.7 分别显示南京大学仙林校区气溶胶元素浓度和富集因子的粒径分布特征。该观测点地壳元素 Al、Fe 和 K 主要分布在粗模态中；Pb、As 和 Cd 等典型人为活动相关元素主要富集在粒径小于 2.1 μm 的细粒子中；Cu、Zn 和 Se 呈双模态分布。人为活动对细粒子化学组成的影响比粗粒子更大，所有元素在细粒子中的富集程度均高于粗粒子，在 0.4 ~ 0.7 μm 处达到峰值(图 5.3.7)。在大于 2.1 μm 的粒径范围内，各元素 EF 的变化相对平缓。

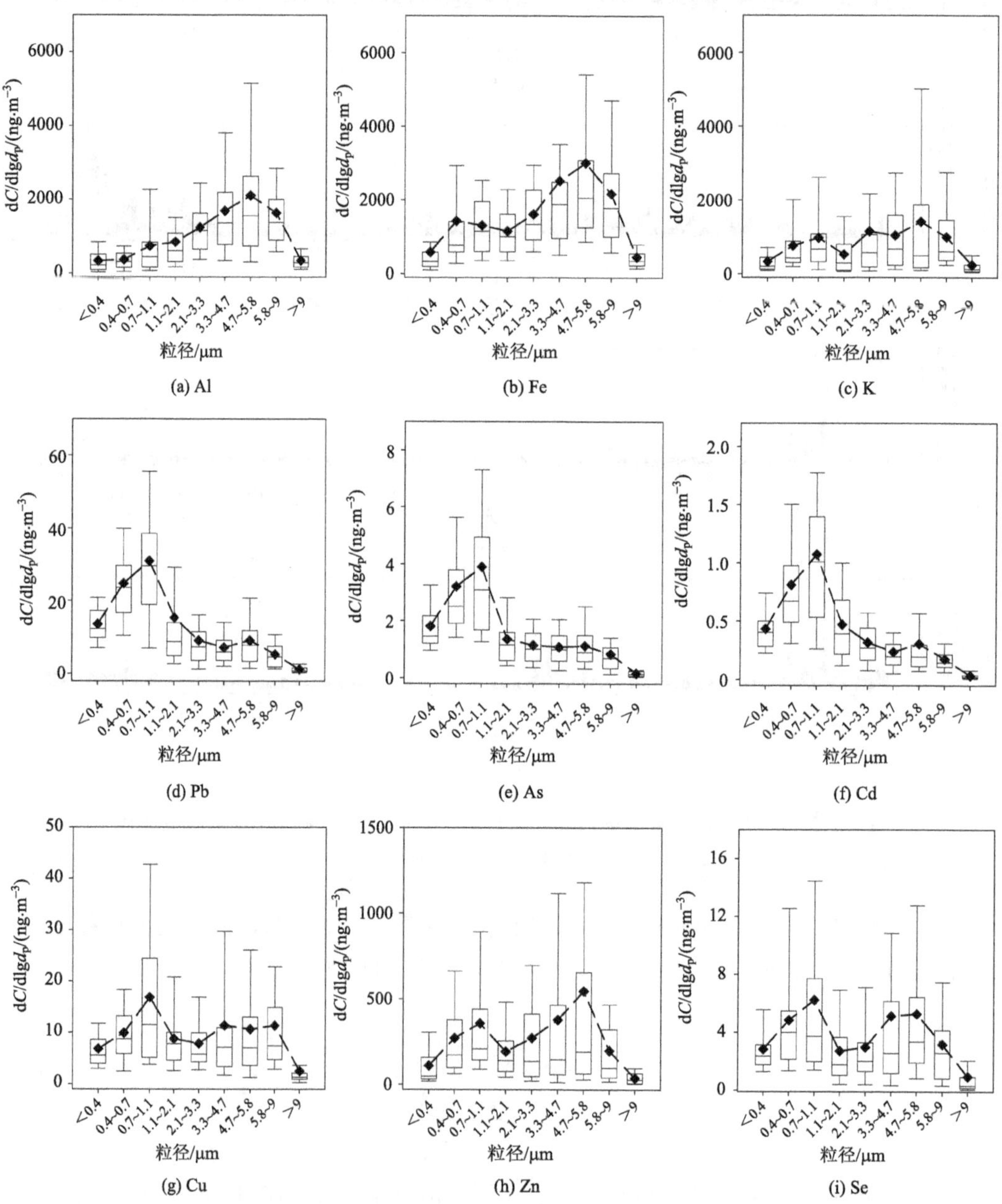

图 5.3.6　南京大学仙林校区气溶胶中典型元素浓度的粒径分布特征(2016 ~ 2017 年)

资料来源：Xie 等(2022)

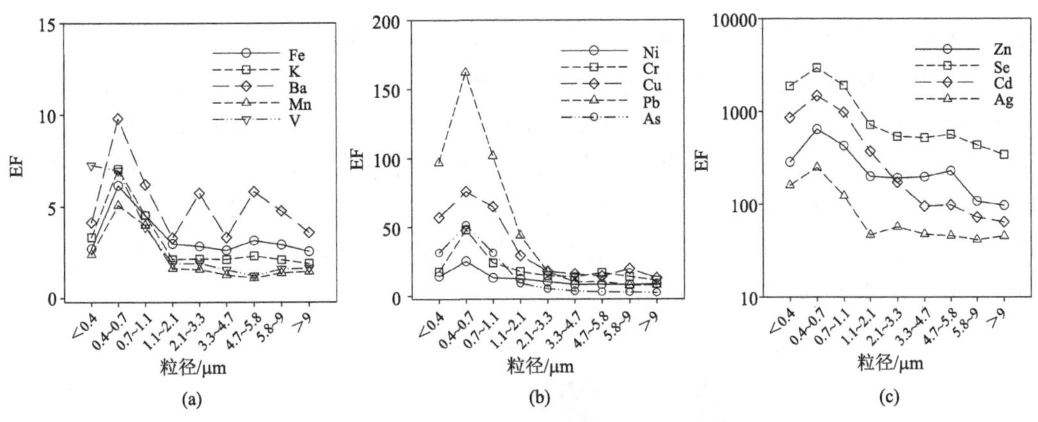

图 5.3.7　南京大学仙林校区气溶胶元素富集因子的粒径分布特征

资料来源：Xie 等(2022)

5.3.4　我国大气颗粒物污染情况和防治对策

近二十年来，我国城市大气颗粒物污染总体上经历了先恶化后改善的过程。2013 年前后我国主要城市地区 $PM_{2.5}$ 污染最为严重。环境保护部发布的《2013 年中国环境状况公报》显示：全年京津冀、长三角、珠三角等重点区域及直辖市、省会城市和计划单列市共 74 个城市中，$PM_{2.5}$ 年均浓度范围为 26～160 μg·m^{-3}，平均浓度为 72 μg·m^{-3}，达标城市占比仅为 4.1%；长三角区域 25 个地级及以上城市空气质量超标天数中，以 $PM_{2.5}$ 为首要污染物的天数最多，占 80.0%，平均浓度为 67 μg·m^{-3}。以南京为例，2013 年 $PM_{2.5}$ 年均浓度为 78 μg·m^{-3}，超过国家二级年均环境质量标准(GB 3095—2012)1.2 倍，重度及以上污染天数达 33 d。

$PM_{2.5}$ 污染是造成灰霾天气的主要原因。根据中国气象局的观测结果，2013 年全国平均霾日数为 35.9 d，同比增加 18.3 d，为 1961 年以来最多。中东部地区雾和霾天气多发，华北中南部至江南北部的大部分地区雾和霾日数范围为 50～100 d，部分地区超过 100 d。2013 年 1 月和 12 月，中国中东部地区发生了两次较大范围的区域性灰霾污染。两次灰霾污染过程均呈现出污染范围广、持续时间长、污染程度严重、污染物浓度累积迅速等特点，污染过程中 $PM_{2.5}$ 浓度高达 800 μg·m^{-3} 以上。其中，1 月的灰霾污染过程持续 17 d，造成 74 个城市发生 677 天次的重度及以上污染天气，其中重度污染 477 天次，严重污染 200 天次，雾霾覆盖范围涉及 17 个省(自治区、直辖市)约 1/4 的国土面积，影响人口约 6 亿人。

在 $PM_{2.5}$ 污染严重、灰霾天气频发的严峻形势下，2013 年 9 月，国务院正式发布了“大气十条”，规划了五年(2013～2017 年)的发展目标与路线图，开启了中国大气污染防治的新纪元。中国将京津冀、长三角和珠三角地区划定为大气污染防治重点区域，从国家层面开展区域大气污染联防联控，推进区域空气质量逐年改善。“大气十条”重点从加快产业结构调整、加快清洁能源应用、强化机动车污染防治三方面强化大气污染防治。例如，加快产业调整是控制大气污染的首要举措，具体表现在 SO_2、NO_x、烟粉尘和 VOC 的排放量符合要求成为环评审批的前置条件；提高环保、能耗、质量等标准，促进“两高”行业过剩产能的退出；淘汰重点行业落后产能；调整能源结构，增加天然气，取代燃煤锅炉，进一步减排 SO_2、NO_x 和烟粉尘，推进燃煤清洁利用等；控制大城市机动车保有量，提升燃油品质，加快淘汰黄标车，大力推动新能源车等。自“大气十条”实施以来，空气质量改善成效显著，截至 2017 年，京津冀、长三角和珠三角地区 $PM_{2.5}$ 平均浓度比 2013 年分别下降 39.6%、34.3%和 27.7%，北京 $PM_{2.5}$ 年均浓度从 2013 年的 89.5 $\mu g \cdot m^{-3}$ 降至 2017 年的 58 $\mu g \cdot m^{-3}$，南京 $PM_{2.5}$ 年均浓度从 2013 年的 78 $\mu g \cdot m^{-3}$ 降至 2017 年的 40 $\mu g \cdot m^{-3}$(图 5.3.8)。

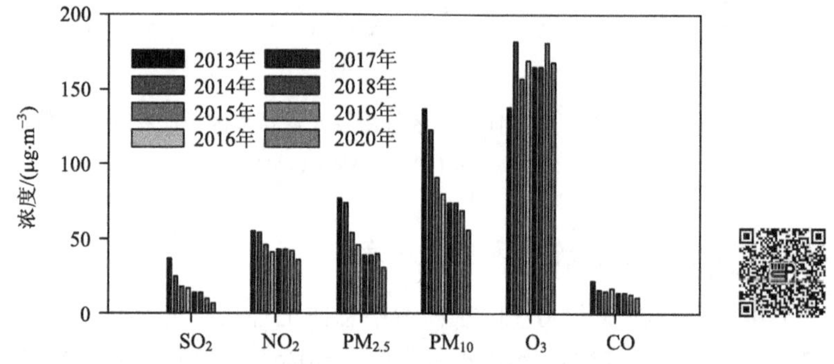

图 5.3.8　2013～2020 年南京空气质量六参数年均值变化(扫码查看彩图)

“大气十条”实施后，为进一步推进空气质量的改善，2018 年国务院制定了《打赢蓝天保卫战三年行动计划》，主要从突出“四个重点”、优化“四大结构”、强化“四项支撑”、实现“四个明显”等方面继续推动大气污染防治。突出“四个重点”即重点防控污染因子是 $PM_{2.5}$；重点区域是京津冀及周边、长三角和汾渭平原；重点时段是秋、冬季；重点行业和领域是钢铁、火电、建材等行业，以及“散乱污”企业、散煤、柴油货车、扬尘治理等领域。优化“四大结构”，就是要优化产业结构、能源结构、运输结构和用地结构。强化“四项支撑”，就是要强化环保执法督察、区域联防联控、科技创新和宣传引导。实现“四个明显”，就是要进一步明显降低 $PM_{2.5}$ 浓度，明显减少重污染天数，明显改善大气环境质量，明显增强人民的蓝天幸福感。根据生态环境部中国环境状况公报显示，至 2020 年底，相较 2018 年全国 337 个地级及以上城市平均优良天数比例为 87.0%，上升 5.0 个百分点；$PM_{2.5}$ 平均浓度为 33 $\mu g \cdot m^{-3}$，下降 8.3%；PM_{10} 平均浓度为 56 $\mu g \cdot m^{-3}$，下降 11.1%，顺利完成了蓝天保卫战三年行动计划。

然而，随着大气污染治理力度的不断加强，治理的技术难度和边际费用也不断提升，我国城市空气质量的持续改善仍面临巨大压力和挑战。一方面，$PM_{2.5}$ 浓度仍居高，超标城市仍偏多，与达标差距较大。以 2019 年为例，全国 168 个城市的 $PM_{2.5}$ 超标率为 13.0%，$PM_{2.5}$ 均值浓度为 44 $\mu g \cdot m^{-3}$，以 $PM_{2.5}$ 为首要污染物的天数占重度及以上污染天数的比例为 78.8%。目前我国城市环境空气中的颗粒物浓度水平，相对于《环境空气质量标准》(GB 3095—2012)一级限值($PM_{2.5}$ 和 PM_{10} 的年均浓度分别为 15 $\mu g \cdot m^{-3}$ 和 40 $\mu g \cdot m^{-3}$)，以及世界卫生组织的指导值($PM_{2.5}$ 和 PM_{10} 的年均浓度分别为 10 $\mu g \cdot m^{-3}$ 和 20 $\mu g \cdot m^{-3}$)，仍超标数倍。另一方面，随着控制难度的加大及边际费用的提高，$PM_{2.5}$ 浓度下降的速率明显减缓，部分城市甚至出现反弹。全国 $PM_{2.5}$ 平均浓度自 2013 年“五连降”以来，2018 年首次出现同比持平。从 $PM_{2.5}$ 年均浓度变化的情况来看，2018 年汾渭平原年均浓度同比上升 1.9%，辽宁 14 个城市的 $PM_{2.5}$ 年均浓度全部反弹，山东和陕西绝大部分城市也出现了反弹情况，最高浓度上升比例可达 29.6%。2018 年 168 个重点城市中有多达 63 个城市的达标天数同比减少，其中超过 20 d 的城市大部分是重点区域城市。另外，值得关注的是，随着 $PM_{2.5}$ 浓度总体下降，近地面大气 O_3 浓度却呈明显上升态势。根据生态环境部公开发布的 O_3 数据，自 2013 年以来，全国 O_3 浓度水平一直保持上升趋势，并且在重点区域更加突出。2019 年，全国 337 个城市的 O_3 日最大 8 h 第 90 百分位浓度(O_3-MAD8-90)为 148 $\mu g \cdot m^{-3}$，同比涨幅为 6.5%；京津冀及周边、长三角、汾渭平原的 O_3-MAD8-90 浓度分别为 196 $\mu g \cdot m^{-3}$、164 $\mu g \cdot m^{-3}$、171 $\mu g \cdot m^{-3}$，浓度均超标，同比分别上升 7.7%、7.2%、4.3%。$PM_{2.5}$ 与 O_3 污染具有共同的来源，存在复杂的相互作用，如何开展两者的协同控制是当前大气环境领域面临的又一重大挑战。

☛名词解释

【斯托克斯直径】

在气体中与颗粒物密度和最终沉降速度相同的球体的直径。

【空气动力学直径】

空气中与气溶胶颗粒最终沉降速度相同的单位密度的球体的直径。

【筛下累积频率】

在污染物粒径分布图中，粒径小于某个区间上限粒径的所有颗粒数密度与总数密度的比例。

【个数频率密度】

每个粒径区间的个数频率除以粒径范围为单位粒径间隔的个数频率，即个数频率密度(p)，单位为 μm^{-1}。

【个数中位直径】

个数累积频率 $F = 0.5$ 或 $R = 0.5$ 时，对应的粒径称为个数中位直径(d_{50})。

【众径】

个数密度和频率密度达到局部粒径范围(模态内)的最大值，拐点处的粒径称为众径。

【潮解点】

气溶胶从固态向液态转变时的 RH 称为潮解点(deliquescence point)。

【风化点】

气溶胶发生结晶并因失水缩小至原始粒径(或体积)时的 RH 称为风化点(efflorescence point)。

【元素碳】

元素碳(EC)是以单质形式存在的碳，仅来自不完全燃烧过程的直接排放。元素碳一词是基于气溶胶含碳组分的热化学性质提出的关于气溶胶中单质碳的描述。

【有机碳】

气溶胶化学中的有机碳(OC)一般指除元素碳以外的碳。

【二次有机气溶胶】

通过直接排放进入大气的有机气溶胶被称为一次有机气溶胶(primary organic aerosol，POA)，如燃煤或生物质燃烧生成的有机气溶胶。VOC 在大气中被氧化，生成的半挥发性有机物(semivolatile organic compounds，SVOC)在气相、固相分配形成的有机气溶胶被称为二次有机气溶胶(secondary organic aerosol，SOA)。

【排放因子】

排放因子(emission factor)($g \cdot kg^{-1}$)的定义是燃烧单位质量某种燃料所释放的含碳组分的量。

【富集因子】

元素的富集因子(enrichment factor，EF)常用来评估元素在气溶胶中的富集程度，从而判断出目标元素的主要来源(天然源或人为源)。EF 的计算公式为

$$\mathrm{EF}=\frac{\left(\dfrac{c_{i,\mathrm{PM}}}{c_{R,\mathrm{PM}}}\right)}{\left(\dfrac{c_{i,\text{地壳}}}{c_{R,\text{地壳}}}\right)}$$

式中，$c_{i,\mathrm{PM}}/c_{R,\mathrm{PM}}$为目标元素 i 和参比元素 R 在气溶胶中浓度的比值；$c_{i,\text{地壳}}/c_{R,\text{地壳}}$为它们在地壳中丰度的比值。

✔思 考 题

1. 假设一边长为 2 μm 的正方体气溶胶颗粒，计算该颗粒的等体积直径、等表面积直径和等体积-表面积平均直径。

2. 对于下表一组颗粒物个数分布实验数据，请分别计算出每个粒径范围颗粒物的个数频率、筛下累积频率、筛上累积频率、个数频率密度。

项目	分级号									
	1	2	3	4	5	6	7	8	9	10
粒径/μm	0 ~ 4	4 ~ 6	6 ~ 8	8 ~ 9	9 ~ 10	10 ~ 14	14 ~ 16	16 ~ 20	20 ~ 35	35 ~ 100
颗粒个数/个	52	85	83	40	32	90	31	40	50	5

3. 对上表中的每个粒径范围的颗粒物，取中间粒径 (如 0 ~ 4 μm，取 2 μm) 代表这一粒径范围所有颗粒物的粒径，计算这组颗粒物的算术、表面积、体积和几何平均直径。

4. 根据下表四种污染源排放的烟尘的对数正态分布数据，求出每种污染源排放颗粒物累积质量分布达到 15.87%和 84.13%时所对应的直径。

污染源	质量中位直径/μm	几何标准差/μm
煤炉	0.36	2.14
飞灰	6.80	4.54
水泥窑	16.5	2.35
化铁炉	60.0	17.65

5. 假设在某一粒径范围内的颗粒物化学组成如下表所示，单位：$\mu g \cdot m^{-3}$。

	化学组成	质量浓度		化学组成	质量浓度
离子	SO_4^{2-}	32	元素	Ca	0.3
	NO_3^-	17		Al	0.28
	NH_4^+	14		K	0.6
	Ca^{2+}	0.2		Mg	0.08
	Mg^{2+}	0.05		Fe	0.58
	K^+	0.41		Si	0.28
	Cl^-	0.8			
有机组分	OC	25			
	EC	7			

(1)请问，这些气溶胶颗粒大约在什么粒径范围内，为什么？

(2)请通过计算解释这些气溶胶颗粒物中的 NH_4^+以什么形式存在。

(3)假设颗粒物的总质量浓度为 126 $\mu g \cdot m^{-3}$，且其他离子、元素的质量贡献忽略不计。请辅以计算解释表中各组分的总浓度为什么没有和颗粒物总质量浓度相等。

6. 我国某地区 2009 年冬季 PM_{10}平均质量浓度为 400 $\mu g \cdot m^{-3}$，其中 Zn、Pb、Fe、K 和 Si 的质量分数分别为 0.18%、0.14%、1.1%、0.91% 和 6.5%。这些元素在地壳中的丰度分别为 71 ppm、20 ppm、3.5%、2.8%和 30.8%。请以 Si 为参比元素，计算其他四种元素的富集因子，并根据富集因子推断这四种元素的主要来源。

7. 根据 Rogge 等(1991)的研究，洛杉矶西区空气中细颗粒物的胆固醇质量浓度为 14.6 $ng \cdot m^{-3}$，该地区同一时间空气中有机碳的质量浓度为 7.5 $\mu g \cdot m^{-3}$。该地区每天因肉类烹调(煎和炭烤)排放的胆固醇和 OC 分别为 15.3 kg 和 1400 kg。请问有多少 OC(%) 来自肉类食物烹调？假设 OM/OC 比例为 1.4。

☞延伸阅读

二次硫酸盐形成机制研究进展

到目前为止，大气颗粒物的形成过程仍不完全清楚，特别是在高污染状况下，对污染防治对策的制定造成一定困难。硫酸盐(SO_4^{2-})是大气颗粒物中普遍存在的重要组分。硫酸盐的亲水性对气溶胶的成云能力和气候效应均有重要影响。同时，硫酸盐的形成还与酸沉降有关，可对生态系统和人体造成危害。2004~2020 年，我国硫酸盐前体物 SO_2 的排放下降了 90%以上，但气溶胶中的硫酸盐浓度未表现出同比例下降，却在气溶胶污染发生时显著升高。这使得硫酸盐的形成机制成为大气环境研究领域的热点和难点。传统大气化学传输模式中有关硫酸盐的形成机理包括 SO_2 的气相氧化和一系列云内液相氧化过程，如 H_2O_2、O_3、NO_x 和过渡金属催化氧化。在区域和全球尺度上，云内液相氧化在硫酸盐的形成过程中占主导地位，而 SO_2 的气相氧化作用在霾污染发生时因气溶胶的暗光效应而减弱。尽管模式中考虑了多种 SO_2 的氧化机制，硫酸盐的模式模拟和外场观测结果之间仍存在很大差异。表 y5.1 为近年来关于大气中硫酸盐形成机理的最新研究结果。

表 y5.1　近年来关于大气中硫酸盐形成机理的最新研究结果

提出年份	机理描述	参考文献
2016	高湿和低温条件下，SO_2 在气溶胶或云滴的液相中被 NO_2 氧化，并存在足够的 NH_3 中和氧化产生的硫酸，快速生成硫酸铵。该机制还促进了硝酸盐和有机气溶胶的生成	Wang 等 (2016)
2016	气溶胶水相中的活性氮化学反应，即气溶胶水作为反应介质，气溶胶中的碱性组分捕获 SO_2，并被 NO_2 氧化生成硫酸盐。我国北方大气所具有的强中和能力使得该反应能快速进行	Cheng 等 (2016)
2018	液相中，HCHO 和 S(Ⅳ)反应生成加合物——羟基甲烷磺酸盐，该物质在常规离子色谱检测过程中会被误当作硫酸盐。HCHO 浓度是灰霾事件形成的重要控制因素	Moch 等 (2018)
2019～2020	在 250 nm 光照下，气溶胶硝酸盐光解产生的 NO_2 和 OH 自由基液相氧化 SO_2；当波长为 300 nm 时，亚硝酸根对 SO_2 的液相氧化起主导作用；在 pH 为 4～6 条件下，该机制对硫酸盐形成的贡献显著。当卤素离子(如 Cl^-、Br^-和 I^-)存在时，硝酸盐因在气粒表面溶剂化不完全，光解速率可提高 1～2 倍，甚至更高，造成 SO_2 液相氧化速率升高	Gen 等 (2019a, 2019b) Zhang 等(2020a)
2020	北京冬季一次灰霾事件中，雾和云滴形成后，在 NH_3 的作用下，气溶胶水 pH 在 5.5 以上。这些条件有利于 SO_2 在液相中迅速被 NO_2 氧化，生成的 HONO 继续氧化 SO_2 产生 N_2O	Wang 等(2020)
2020	在 NO_2 和 NH_3 存在的条件下，BC 可催化 SO_2 的氧化反应。该催化作用在低 SO_2 浓度和中等湿度下也可发生	Zhang 等 (2020b)
2020	与低离子强度的水溶液相比，高离子强度的气溶胶水中，SO_2 在 H_2O_2 途径下的氧化速率显著升高	Liu 等 (2020)

续表

提出年份	机理描述	参考文献
2021	当潮解气溶胶的 pH 为 4 ~ 5 时，NO_2 和 SO_3^{2-} 的反应速率常数比稀溶液中高 3 个数量级以上，与气溶胶表面的界面化学反应有关	Liu 和 Abbatt (2021)
2021	气溶胶中的过渡金属离子和腐殖质类物质在光照的作用下可产生 H_2O_2，从而促进硫酸盐颗粒的形成	Ye 等 (2021)
2021	发生在气溶胶表面的过渡金属氧化 SO_2 反应是硫酸盐气溶胶形成的主导机制	Wang 等 (2021)

吸光性有机碳研究进展

大气气溶胶可通过散射和吸收太阳辐射直接影响地球热平衡，从而影响气候变化。黑碳(black carbon，BC)是气溶胶中最主要的吸光性组分，主要来源于化石和生物质燃料燃烧。气溶胶中的有机碳(organic carbon，OC)在传统模式中被假设为只有散射作用，没有吸光作用。已有大量研究表明，OC 中的某些组分在紫外和可见光区域(300 ~ 550 nm)也有吸光效应，并影响气溶胶的辐射强迫，这类 OC 又被称为“棕碳”(brown carbon，BrC)。根据有机气溶胶辐射强迫的观测值进行模型估算，BrC 的吸光作用在 550 nm 可达到全球有机气溶胶(OC + BC)总吸收的 20%左右。因此，研究 BrC 的吸光作用有助于全面了解气溶胶的气候效应。

从全球范围看，由于生物质燃烧(包括家庭和野外)对大气中一次 OC 的贡献(约占 90%)占主导地位，且 OC 的吸光性质在许多地区均受到生物质燃烧的影响，生物质燃烧被普遍认为是 BrC 的首要一次源。目前关于化石燃料燃烧(如机动车和燃煤排放)排放的 BrC 研究较少，但这类一次源的贡献在模式计算中不应被忽略。另外，实验证明 BrC 还可来源于挥发性有机物(VOC)的气态光氧化和气溶胶液相反应等二次过程(图 y5.1)。由此可见，大气中 BrC 的来源非常复杂。尽管生物质燃烧是 BrC 的主要来源之一，但它对大气中 BrC 的贡献较难定量，在不同地区可能存在较大差异，而量化 BrC 的源贡献分布正是利用模式合理估算其辐照(或气候)效应的前提。

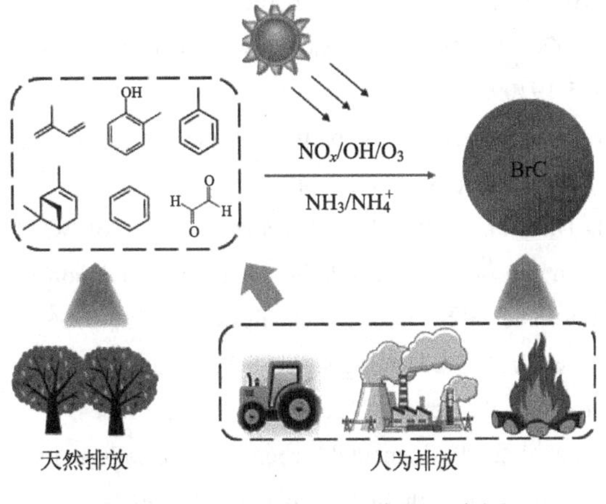

图 y5.1　大气中 BrC 的来源示意图

目前对 BrC 辐射强迫的估算因来源复杂以及原位观测的不确定性仍存在较大的改善空间。估算 BrC 对气溶胶辐射强迫的影响需要事先获得其折射因子(refractive index，RI = $n + ik$)的虚部 k。已有研究常采用将气溶胶理化性质(如粒径分布、气溶胶光吸收作用等)在线观测和 Mie 理论计算结合的光学闭合方法获取 BrC 的 k 值。然而，该方法需要对气溶胶的形态以及 BC 和 OA 的混合状态等做一系列假设，从而引入较大误差。

为了深入了解 BrC 组成和吸光作用的关系，需要先将气溶胶有机质从颗粒物上分离出来，再利用各种化学表征手段(如液质联用)分析 BrC 的化学组成。已有研究表明，BrC 的吸光作用可能源自具有多个不饱和键且高度共轭的有机化合物。由于大气有机气溶胶化学组成复杂，目前对 BrC 分子组成的认识还不够充分，所识别的吸光性有机化合物主要包括多环芳烃(PAHs)、低分子量硝基苯酚类(nitropehnol)和咪唑类(imidazole)化合物。这些组分对气溶胶中 OC 的吸光作用贡献远大于其质量贡献，说明它们是强吸光性物质，在一定程度上有助于从分子层面上了解 BrC 的吸光性质。

参考文献

Antony Chen L W, Doddridge B G, Dickerson R R, et al. 2001. Seasonal variations in elemental carbon aerosol, carbon monoxide and sulfur dioxide: Implications for sources. Geophysical Research Letters, 28(9): 1711-1714.

Bond T C, Streets D G, Yarber K F, et al. 2004. A technology-based global inventory of black and organic carbon emissions from combustion. Journal of Geophysical Research: Atmospheres, 109: D14203.

Cao J J, Shen Z X, Chow J C, et al. 2012. Winter and summer $PM_{2.5}$ chemical compositions in fourteen Chinese cities. Journal of the Air & Waste Management Association, 62(10): 1214-1226.

Cheng Y, Zheng G, Wei C, et al. 2016. Reactive nitrogen chemistry in aerosol water as a source of sulfate during haze events in China. Science Advance, 2: e1601530.

Cooke W F, Liousse C, Cachier H, et al. 1999. Construction of a 1° × 1° fossil fuel emission data set for carbonaceous aerosol and implementation and radiative impact in the ECHAM4 model. Journal of Geophysical Research: Atmospheres, 104: 22137-22162.

Cooke W F, Wilson J J N. 1996. A global black carbon aerosol model. Journal of Geophysical Research: Atmospheres, 101: 19395-19409.

Dasch J M, Cadle S H. 1989. Atmospheric carbon particles in the Detroit urban area: Wintertime sources and sinks. Aerosol Science and Technology, 10: 236-248.

Gen M, Zhang R, Huang D D, et al. 2019a. Heterogeneous oxidation of SO_2 in sulfate production during nitrate photolysis at 300 nm: Effect of pH, relative humidity, irradiation intensity, and the presence of organic compounds. Environmental Science & Technology, 53: 8757-8766.

Gen M, Zhang R, Huang D D, et al. 2019b. Heterogeneous SO_2 oxidation in sulfate formation by photolysis of particulate nitrate. Environmental Science & Technology Letters, 6: 86-91.

Han Y M, Cao J J, Chow J C, et al. 2009. Elemental carbon in urban soils and road dusts in Xi'an, China and its implication for air pollution. Atmospheric Environment, 43: 2464-2470.

Ho K F, Lee S C, Chow J C, et al. 2003. Characterization of PM_{10} and $PM_{2.5}$ source profiles for fugitive dust in Hong Kong. Atmospheric Environment, 37: 1023-1032.

Kleindienst T E, Jaoui M, Lewandowski M, et al. 2007. Estimates of the contributions of biogenic and anthropogenic hydrocarbons to secondary organic aerosol at a southeastern US location. Atmospheric Environment, 41: 8288-8300.

Liousse C, Penner J E, Chuang C, et al. 1996. A global three-dimensional model study of carbonaceous aerosols. Journal of Geophysical Research: Atmospheres, 101: 19411-19432.

Liu T, Abbatt J P D. 2021. Oxidation of sulfur dioxide by nitrogen dioxide accelerated at the interface of deliquesced aerosol particles. Nature Chemistry, 13: 1173-1177.

Liu T, Clegg S L, Abbatt J P D. 2020. Fast oxidation of sulfur dioxide by hydrogen peroxide in deliquesced aerosol particles. Proceedings of the National Academy of Sciences, 117: 1354-1359.

Moch J M, Dovrou E, Mickley L J, et al. 2018. Contribution of hydroxymethane sulfonate to ambient particulate matter: A potential explanation for high particulate sulfur during severe winter haze in Beijing. Geophysical Research Letters, 45: 11,969-911,979.

Muhlbaier J L, Williams R L. 1982. Fireplaces, furnaces and vehicles as emission sources of particulate carbon//Wilff G T, Klimisch R L. Particulate Carbon: Atmospheric Life Cycle. Boston: Springer, 185-205.

Penner J E, Eddleman H, Novakov T. 1993. Towards the development of a global inventory for black carbon emissions. Atmospheric Environment. Part A. General Topics, 27: 1277-1295.

Rogge W F, Hildemann L M, Mazurek M A, et al. 1991. Sources of fine organic aerosol. 1. Charbroilers and meat cooking operations. Environmental Science & Technology, 25: 1112-1125.

Rogge W F, Hildemann L M, Mazurek M A, et al. 1993a. Sources of fine organic aerosol .2. Noncatalyst and catalyst-equipped automobiles and heavy-duty diesel trucks. Environmental Science & Technology, 27: 636-651.

Rogge W F, Hildemann L M, Mazurek M A, et al. 1993b. Sources of fine organic aerosol. 4. Particulate abrasion products from leaf surfaces of urban plants. Environmental Science & Technology, 27: 2700-2711.

Rogge W F, Hildemann L M, Mazurek M A, et al. 1994. Sources of fine organic aerosol. 6. Cigaret smoke in the urban atmosphere. Environmental Science & Technology, 28: 1375-1388.

Simoneit B R T. 1984. Organic matter of the troposphere—III. Characterization and sources of petroleum and pyrogenic residues in aerosols over the western united states. Atmospheric Environment, 18: 51-67.

Song S, Gao M, Xu W, et al. 2019. Possible heterogeneous chemistry of hydroxymethanesulfonate (HMS) in northern China winter haze. Atmospheric Chemistry and Physics, 19: 1357-1371.

Turpin B J, Lim H J. 2001. Species contributions to $PM_{2.5}$ mass concentrations: Revisiting common assumptions for estimating organic mass. Aerosol Science and Technology, 35: 602-610.

Wang G, Zhang R, Gomez M E, et al. 2016. Persistent sulfate formation from London Fog to Chinese haze. Proceedings of the National Academy of Sciences, 113: 13630.

Wang J, Li J, Ye J, et al. 2020. Fast sulfate formation from oxidation of SO_2 by NO_2 and HONO observed in Beijing haze. Nature Communications, 11: 2844.

Wang W, Liu M, Wang T, et al. 2021. Sulfate formation is dominated by manganese-catalyzed oxidation of SO_2 on aerosol surfaces during haze events. Nature Communications, 12: 1993.

Xie M, Feng W, He S, et al. 2022. Temporal variations, temperature dependence, and sources of size-resolved PM components in Nanjing, east China. Journal of Environmental Sciences,115: 175-186.

Ye C, Chen H, Hoffmann E H, et al. 2021. Particle-phase photoreactions of HULIS and TMIs establish a strong source of H_2O_2 and particulate sulfate in the winter north China plain. Environmental Science & Technology, 55: 7818-7830.

Yu Y, Ding F, Mu Y, et al. 2020. High time-resolved $PM_{2.5}$ composition and sources at an urban site in Yangtze River Delta, China after the implementation of the APPCAP. Chemosphere, 261: 127746.

Yu Y, He S, Wu X, et al. 2019. $PM_{2.5}$ elements at an urban site in Yangtze River Delta, China: High time-resolved measurement and the application in source apportionment. Environmental Pollution, 253: 1089-1099.

Zhang F, Wang Y, Peng J, et al. 2020a. An unexpected catalyst dominates formation and radiative forcing of regional haze. Proceedings of the National Academy of Sciences, 117: 3960-3966.

Zhang Q, Worsnop D R, Canagaratna M R, et al. 2005. Hydrocarbon-like and oxygenated organic aerosols in Pittsburgh: Insights into sources and processes of organic aerosols. Atmospheric Chemistry and Physics, 5: 3289-3311.

Zhang R, Gen M, Huang D, et al. 2020b. Enhanced sulfate production by nitrate photolysis in the presence of halide ions in atmospheric particles. Environmental Science & Technology, 54: 3831-3839.

第 6 章　化学物质沉降

干湿沉降是大气污染物重要的清除机制。大气中的酸性物质，主要是人类活动排放的硫氧化物和氮氧化物，在干湿沉降过程中迁移到地面，从而形成酸沉降。其中，酸的湿沉降就是通常所说的酸雨。本章着重介绍酸性降水化学，即湿沉降过程中与酸相关的各种化学问题。在内容安排上，首先介绍大气污染物的清除机制，着重介绍干沉降和湿沉降的基本概念，接着围绕酸雨的形成，介绍酸雨的概念、降水的化学组成和降水 pH，以及酸雨的形成机制，继而介绍酸雨的分布和发展趋势，特别是目前我国的酸雨问题，最后介绍酸雨的危害和防治。

6.1　大气污染物的清除机制

大气污染物清除过程是影响大气成分循环的重要过程。通常将清除过程分为四类，即化学反应去除、向平流层输送、干沉降、湿沉降。化学反应去除指污染物通过化学反应生成其他污染物而本身从大气中消失的过程。对于某些气态污染物(如 SO_2、NO_x)，化学转化是重要的汇机制，但是此机制同时会产生新的污染物(如 SO_4^{2-} 、NO_3^-)。向平流层输送也是某些气体和气溶胶从对流层中清除的汇机制。例如，由人类活动排入对流层的氟氯烃类化合物的主要清除途径就是向平流层输送，并在平流层光解进而引起平流层臭氧损耗。化学反应去除及向平流层输送只是广义上的清除过程，对整体大气来说并没有造成污染物彻底从大气中消失。而干沉降和湿沉降是能使污染物彻底移出大气的过程，下面将重点阐述。

6.1.1　干沉降

干沉降指在没有降水的情况下，气体和颗粒物从大气向地表的输送。干沉降过程包括气体和颗粒物重力沉降过程及与植物、建筑物或地面相碰撞而被捕获、吸附的过程。重力沉降仅对直径大于 10 μm 的颗粒物有效，而过小的粒子与植物相碰撞是在近地面较为有效的清除过程。干沉降对于气态污染物也是一种重要的清除途径。

控制大气干沉降的因素包括大气特性、表面特性、污染物本身特性。大气特性，特别是最接近地面层的大气湍流水平，决定物种被带到地表的速度。表面特性对干沉降的影响在于：非反应性表面可能不会吸收或吸附某些气体；光滑表面会导致颗粒物反弹；自然表面(如植被)变化很大，也会改变干沉降的效果。此外，干沉降还会受到污染物本身特性的影响：对于气体，其溶解度和化学反应性可能会影响表面的吸收；对于颗粒物，其大小、密度和形状可能成为是否被表面捕获的决定性因素。

在描述污染物干沉降清除速率时，一般用干沉降速率 V_d 来代表这个过程。当考虑某

个物种的干沉降时，其垂直向下干沉降通量 F_d 可表示为

$$F_d = V_d \times C(x, y, z, t) \tag{6.1}$$

式中，$C(x,y,z,t)$为地面上方 z 处的物种浓度。

气体和颗粒物的干沉降过程通常分为三步：

(1)第一步为大气向邻近地表的大气薄层动力输送污染物，主要由大气湍流控制，称为干沉降的空气动力学阻力；

(2)第二步涉及污染物扩散通过邻近地表的 Laminar 薄层大气，这一薄层的厚度仅 0.01 ~ 0.1 cm，对干沉降来说却很重要，称为干沉降的表面阻力；

(3)第三步为污染物在表面的清除过程，清除程度取决于污染物在接收表面的溶解性或吸附性，这一步称为干沉降的转换阻力。

干沉降机制可形象地用电阻模型来表示，干沉降总阻力(R)与干沉降速率(V_d)成反比：

$$V_d = \frac{1}{R} = \frac{1}{R_a + R_b + R_c} \tag{6.2}$$

干沉降的三步过程分别为总阻力 R 的三个分量。其中 R_a 表示空气动力学阻力，由特征的大气湍流参数来描述；R_b 表示表面阻力，取决于分子的扩散性质；R_c 表示转换阻力，与接受表面及污染物的化学亲和性有关。表 6.1.1 为不同表面上不同物种的典型干沉降速率。

表 6.1.1　不同表面上不同物种的典型干沉降速率　　(单位：$cm \cdot s^{-1}$)

物种	大陆	海洋	冰/雪
CO	0.03	0	0
N_2O	0	0	0
NO	0.016	0.003	0.002
NO_2	0.1	0.02	0.01
HNO_3	4	1	0.5
O_3	0.4	0.07	0.07
H_2O_2	0.5	1	0.32

资料来源：Hauglustaine 等 (1994)。

图 6.1.1 显示一个风洞中水表面的颗粒物干沉降速率与粒径的关系。粒径在 0.1 ~ 1 μm 的颗粒物具有最小的干沉降速率。这是因为小颗粒类似气体，通过布朗扩散穿过 Laminar 薄层；对于粒径在 0.5 μm 以上的粒子，布朗扩散不再是一种有效的传输机制。粒径在 2 ~ 20 μm 的中等颗粒物通过惯性撞击能有效地穿过 Laminar 薄层；粒径大于 20 μm 的更大颗粒物受重力沉降控制，干沉降速率的大小与粒径的平方正相关。与更小或更大的颗粒物相比，0.05 ~ 2 μm 粒径范围的颗粒物传输机制效率较低。因此，颗粒物粒径分布对其干沉降速率有显著影响。

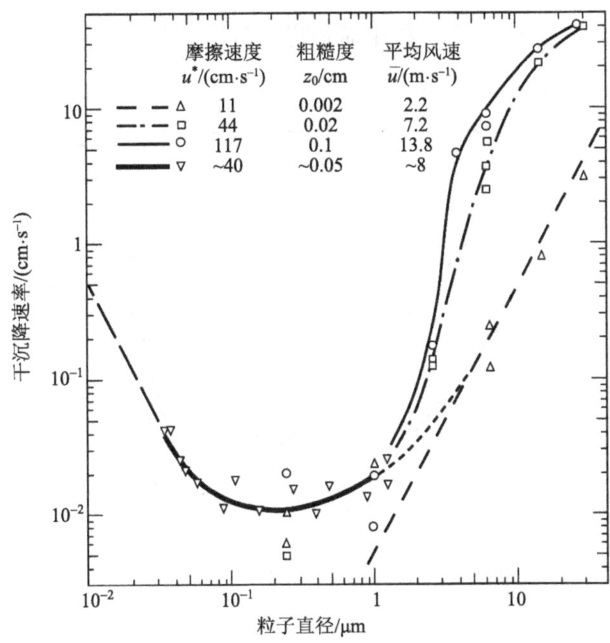

图 6.1.1　一个风洞中水表面的颗粒物干沉降速率与粒径的关系

资料来源：Slinn 等 (1978)

6.1.2　湿沉降

湿沉降指大气中的物质通过降水(云滴、雾滴、雨、雪等)从大气中去除的过程。湿沉降分为雨除和冲刷两类。雨除指被清除物质参与成云过程(即作为云凝结核)使水蒸气在其上凝结后去除的过程。冲刷则指在云层下部(降水过程中)的清除过程。湿沉降对颗粒物和气体来说都是最为有效的大气净化机制。

气溶胶粒子的湿沉降是从云开始形成的那一刻开始的。当空气的相对湿度达到某一临界值时，有些气溶胶粒子开始活化，这些能活化的气溶胶粒子称为凝结核，水汽开始在这些粒子上凝结。一般说来，在大气过饱和度为 0.5%时，粒径大于 0.04 μm 的所有可溶性粒子和粒径大于 0.2 μm 的所有不可溶性粒子都可成为凝结核。当凝结核凝结长大成云致雨时，这些粒子被全部清除。不能活化为凝结核的小粒子会通过碰撞、凝并过程被云滴吸收。小粒子在云中进行较强的布朗运动，粒子越小，布朗运动越强烈，越容易与云滴碰撞，被吸收的机会越多。在湍流大气中，气溶胶粒子和云滴湍流碰并也能引起小粒子吸收。云区的气溶胶粒子绝大部分被云滴吸收后，剩下的少量气溶胶粒子是粒径为 0.1 μm 左右的不可溶粒子。云形成降水后，雨滴在下降过程中继续吸收云下的气溶胶粒子，雨滴对气溶胶粒子的收集效率取决于雨滴大小及粒子尺度。只有尺度很大的粒子才能被有效地清除。

图 6.1.2 显示 0.1 mm 和 1 mm 大小的液滴对气溶胶粒子的收集效率与气溶胶粒子半径之间的关系。正如预期，布朗扩散在粒子尺度小于 0.1 μm 时起主导作用，而对于较大的粒子，可通过碰撞和拦截来实现清除。在 0.1 ~ 1 μm 范围的粒子，其尺度没有足够小

到布朗扩散起作用，又没有足够大到碰撞和拦截过程起作用，因此这个粒径范围内的粒子的收集效率最低。

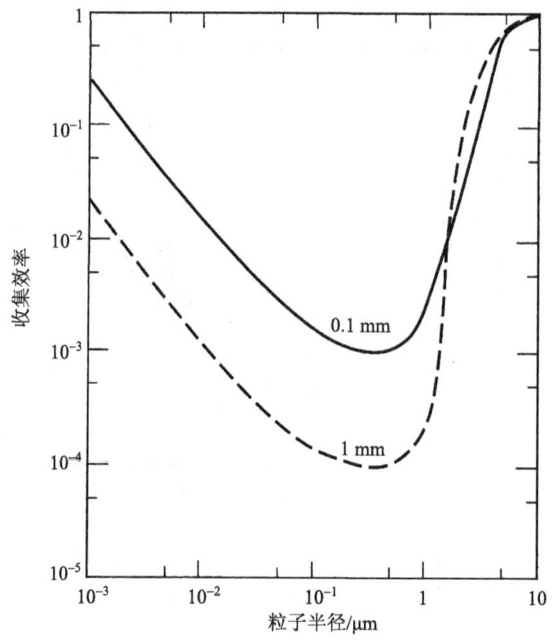

图 6.1.2　两个液滴的收集效率与被收集颗粒大小的关系

假设被收集颗粒具有单位密度

资料来源：Slinn (1983)

气体的湿沉降需要考虑其是否与水滴物质发生化学反应。如果被吸收气体不与水滴物质发生反应或只发生快速平衡的可逆反应，那么气体的湿清除效率完全由其在水中的溶解度决定。如果被吸收气体与水滴物质发生化学反应，那么其湿清除效率由气体向水滴表面的输送速度、气体向水滴内部的扩散速度、气体在水滴中的化学转化速度这三个因素决定。前两个因素是由气体、空气和水的物理性质决定的，第三个因素主要是由气体和水滴中所含其他化学物质的浓度与性质决定的。

6.2　酸雨的形成

6.2.1　酸雨概述

酸沉降指大气中的酸性物质通过湿沉降(降水，如雨、雾、雪等)或者干沉降(在含酸气团气流的作用下)迁移到地表的过程。酸沉降化学就是研究沉降过程中与酸性物质有关的化学问题，包括酸物质的来源、降水的化学组成及变化、形成机理等。本节将着重介绍酸性物质的湿沉降化学，即酸性降水化学。

自然雨水的酸性通常被认为是 pH = 5.6，这是纯水与全球大气 CO_2 浓度(大约是 350 ppm)相平衡时的酸度。因此，人们习惯上把 pH = 5.6 作为酸雨的标准，当雨水 pH 小于

5.6 时称为酸雨。20 世纪 50 年代初，人们认为大气中足以影响降水酸度的大气自然成分只有 CO_2，其他酸性或碱性成分主要来自人为活动，所以 pH = 5.6 被定为未受人为活动影响的自然降水 pH 而成为酸雨的判别标准。

但这一判别标准并不完全科学。这是因为在未受人类活动污染的大气中，影响雨水酸碱性的物质不仅有 CO_2，自然大气中 SO_2、NO_x、NH_3、HCl 及气溶胶等物质也能影响雨水酸碱性。须在远离人类活动的荒僻地区采样测定，才能了解未受人类活动影响的自然降水的酸碱性。研究表明 pH 在 5.0 ~ 5.6 的降水对生态环境影响很小，几乎不产生明显危害；降水 pH 小于 5.0 时，观测到对森林、植物、土壤等有危害；降水 pH 小于 4.5 时，对生态环境产生严重危害。

在三个世纪以前，酸雨现象就已经被注意到。早在 1692 年，Robert Boyle 发表了《空气通史》，认识到大气和雨水中存在含硫化合物和酸性物质。1761 ~ 1767 年，Marggraf 实施了雨和雪的降水化学测定。1853 年，英国化学家 Robert Angus Smith 发表了一篇关于曼彻斯特及其周边地区降水化学的报道，发现了这一现象，并于 1872 年在其编著的《空气和降雨：化学气候学的开端》一书中最早提出“酸雨”这一术语。1955 年，Eville Gorham 基于他对英国和加拿大的研究指出，工业区附近的降水酸性很大程度上可以归因于燃烧排放。1961 年，瑞典化学家 Svante Odin 建立了斯堪的纳维亚监测网用于监测地表水化学，并指出酸雨是一种大规模的区域性现象。1972 年，在斯德哥尔摩召开联合国人类环境会议，酸雨作为一种国际性环境问题被正式提上议事日程。在此之后 10 余年，酸雨在欧洲的危害范围越来越广，由最早发生在挪威、瑞典等北欧国家，扩展到东欧和中欧，直至几乎覆盖整个欧洲。1977 年，经济合作与发展组织(OECD)实施欧洲国家间合作计划，研究空气污染物的长距离输送及各国排放对邻国造成的影响。同年，加拿大建立了加拿大大气沉降监测网(ANSAP)。1978 年，美国全国大气沉降监测计划网(NADP)开始工作，大力开展对酸沉降来源及形成机理的研究。1982 年，斯德哥尔摩环境酸化会议上，挪威、芬兰和瑞典建议全体与会国为减少硫排放选定一个国家标准。1995 年，在斯德哥尔摩召开的第五届酸沉降科学与政策国际会议声明欧洲 SO_2 排放量在经历了 20 世纪 40 ~ 60 年代的高速增长之后已经开始下降。

6.2.2　降水的化学组成

从 20 世纪 50 年代起，欧洲就开始建立统一的大气降水化学监测网，对降水化学成分开展长期、系统的观测。地域、季节以及降水云系等因素通常会对降水的化学成分有很大的影响。降水的化学组成大致包含以下几类：大气的固定成分，如 O_2、N_2、CO_2 以及惰性气体等；来自土壤、海洋和人为排放以及气体转化的无机物，包括金属离子 Al^{3+}、Ca^{2+}、Mg^{2+}、Na^+等以及无机盐离子 SO_4^{2-}、NO_3^-、NH_4^+、Cl^-等；来自人为和自然排放的有机物，包括有机酸(甲酸和乙酸等)、醛类、烯烃、芳香烃和烷烃等；光化学反应产物，如 O_3、H_2O_2 和 PAN 等；来自土壤和燃料燃烧排放的不可溶成分。

人们特别关注降水组成中的 SO_4^{2-}和 NO_3^-等阴离子以及 Ca^{2+}和 NH_4^+等阳离子，因为这些离子参与地表土壤平衡，对生态系统有很大的影响。SO_4^{2-}和 NO_3^-是降水酸度的主要贡献者。各地降水中 SO_4^{2-}的含量差异很大，其主要来自燃煤排放、海洋飞沫、岩石矿物风化以及土壤中有机物、动植物的分解。工业区和城市降水中 SO_4^{2-}的浓度较高，特别是煤烟型污染地区；从季节上看，一般冬季高于夏季。NO_3^-主要来自人为污染排放的 NO_x 和闪电活动，城市降水中 NO_3^-浓度较高，机动车尾气排放是重要的污染来源。Ca^{2+}和 NH_4^+等阳性离子可在降水中发挥中和作用。NH_4^+主要来源于生物腐败以及土壤和海洋挥发排放的 NH_3，城市降水中高浓度 NH_4^+可能与人为源有关。NH_4^+和 Ca^{2+}的分布常与土壤类型有显著的联系，碱性土壤地区降水中这些阳离子的含量相对较高。

降水离子有较明显的地理分布规律。海洋地区，Na^+、Cl^-和 SO_4^{2-}浓度比较高；森林草原地区，HCO_3^-、SO_4^{2-}、Ca^{2+}和有机成分较多；荒漠干燥草原地区，CO_3^{2-}、SO_4^{2-}、Na^+、Cl^-较多；而城市和工业区，SO_4^{2-}、NO_3^-和 NH_4^+较多。表 6.2.1 列出国外不同地区降水的无机离子浓度。海洋地区，如百慕大，雨水中海盐成分(如 Na^+、Cl^-和 SO_4^{2-})占比较大；大陆站点的 Ca^{2+}、K^+和 Mg^{2+}离子浓度较高。从 SO_4^{2-}和 NO_3^-的离子浓度比较来看，海洋地区的 SO_4^{2-}浓度远高于 NO_3^-；大陆站点中，排除海盐中的 SO_4^{2-}贡献后，如果 SO_4^{2-}浓度仍高于 NO_3^-浓度，则燃煤排放可能是主要来源，如俄罗斯 Severonikel 工业区。美国加利福尼亚和纽约降水中 NO_3^-离子浓度高于 SO_4^{2-}浓度，可能与机动车尾气排放污染有关。印度新德里雨水中各离子浓度都较高，反映出该地区空气污染比较严重，并且由于高浓度阳离子的中和作用，pH 并不高。

表 6.2.1　国外不同地区降水的无机离子浓度　　(单位：$\mu eq \cdot L^{-1}$)

城市	时间	pH	NO_3^-	Cl^-	Ca^{2+}	K^+	NH_4^+	Mg^{2+}	SO_4^{2-}	Na^+
美国加利福尼亚 Tanbark Flat [a]	2007 年 1 月~2016 年 12 月	5.3	30.9	28.1	10.4	1.2	27.0	6.9	15.1	25.8
美国纽约伊萨卡[b]	1976 ~ 2018 年	4.4	22.8	3.8	1.2	1.0	16.1	0.3	9.3	1.8
俄罗斯 Severonikel [c]	1999 ~ 2017 年	4.1	17.6	13.0	64.4	5.4	24.1	10.3	134.5	26.1
巴西利美拉[d]	2013 年 9 月~2014 年 3 月	5.6	14.7	7.1	54.9	5.7	34.4	17.4	15.5	22.4
法国克莱蒙费朗[e]	2005 年 11 月~2007 年 11 月	5.4	39.2	23.0	39.9	5.5	28.5	7.8	28.8	23.9
非洲贝宁共和国朱古市[f]	2006 ~ 2009 年	5.2	8.2	3.4	13.3	2.0	14.3	2.1	6.2	3.8
印度新德里[g]	2011 ~ 2014 年	6.4	50.5	—	198.6	5.3	23.7	69.2	91.6	—
日本四国岛[h]	1997 年 5 月~2004 年 10 月	5.1	8.4	40.0	20.8	6.1	10.7	9.4	33.7	40.7
马来西亚吉隆坡[i]	2000 ~ 2014 年	4.4	38.5	9.0	12.3	1.7	18.7	1.9	40.3	5.7
百慕大 Tudor Hill [a]	2006 年 7 月~2009 年 6 月	4.9	8.3	358.7	17.4	6.6	4.6	69.2	47.4	305.1

注：(a) Ma 等(2020)；(b) Likens 等(2020)；(c) Ershov 等(2020)；(d) Martins 等(2018)；(e) Bertrand 等(2008)；(f) Akpo 等(2015)；(g) Rao 等(2016)；(h) Rahman 等(2006)；(i) Khan 等(2018)。

表 6.2.2 给出我国一些城市降水的离子成分，与表 6.2.1 相比，我国城市地区降水中离子的浓度较高，这与城市较严重的污染程度有关。SO_4^{2-}和 NO_3^-是我国降水中主要的致酸成分，一般来说，南方的降水酸度比北方高。北方城市中，来自碱性土壤中的阳离子

Ca^{2+}和NH_4^+等的浓度较高，提供了一定的中和能力。20 世纪 80～90 年代，SO_4^{2-}/NO_3^-平均约为 6；近些年来，大多数站点SO_4^{2-}/NO_3^-都出现了大幅度下降，目前在 3 左右，说明我国降水类型已经由硫酸型向硫酸-硝酸型转变。特别是上海、郑州等城市，降水中NO_3^-浓度已经高于SO_4^{2-}浓度。

表 6.2.2　2011～2016 年中国城市降水离子成分　(单位：$\mu eq \cdot L^{-1}$)

城市	pH	NO_3^-	Cl^-	Ca^{2+}	K^+	NH_4^+	Mg^{2+}	SO_4^{2-}	Na^+
北京	5.7	15.1	6.6	26.3	1.8	45.3	5.5	31.3	3.4
郑州	6.1	37.1	72.5	109.2	8.3	23.8	20.5	25.8	6.4
哈尔滨	6.1	9.9	20.7	22.0	5.0	12.0	9.6	28.8	22.0
沈阳	5.8	24.5	15.9	75.3	2.6	40.7	22.7	57.6	16.6
青岛	5.3	5.3	5.8	28.2	2.1	9.3	9.8	11.0	25.3
乌鲁木齐	6.1	16.9	30.4	115.2	4.8	73.8	19.4	56.8	28.9
兰州	5.1	16.2	4.9	51.8	1.2	3.1	8.2	33.3	10.9
拉萨	5.2	0.5	1.7	7.7	0.5	0.9	1.3	1.4	1.6
成都	4.9	48.1	22.1	44.4	12.6	65.2	8.2	77.2	15.1
上海	4.4	40.1	4.2	19.1	1.1	17.5	4.7	29.1	20.4
武汉	4.7	11.6	2.1	13.6	0.8	9.4	2.6	27.9	1.3
广州	5.0	26.7	19.4	41.6	9.4	13.6	8.3	35.8	9.6

资料来源：Li 等 (2019)。

虽然降水酸度通常主要来自H_2SO_4和HNO_3等强酸，但各地的降水中都发现有机弱酸(甲酸和乙酸等)也对降水酸度有贡献。特别是在偏远地区，尽管有机酸的绝对浓度并不高，但也可能成为降水的主要致酸成分。有机酸的来源主要包括人为排放、生物排放和有机物的化学转化等。表 6.2.3 为韩国济州岛和非洲贝宁共和国朱古市两站点降水中无机和有机离子的体积加权平均浓度。韩国济州岛的酸度受控于H_2SO_4、HNO_3、甲酸和乙酸，其中甲酸和乙酸对酸度的贡献为 7.7%。非洲贝宁共和国朱古市雨水中无机酸和有机酸对酸度的贡献作用相当，硫酸和硝酸对酸度的贡献占 50.4%，有机酸的贡献高达 49.6%。

表 6.2.3　韩国济州岛和非洲贝宁共和国朱古市两站点降水中无机和有机离子的体积加权平均浓度

(单位：$\mu eq \cdot L^{-1}$)

城市	时间	pH	NO_3^-	Cl^-	Ca^{2+}	K^+	NH_4^+	Mg^{2+}	SO_4^{2-}	Na^+	甲酸	乙酸	草酸	丙酸
非洲贝宁共和国朱古市(a)	2006～2009 年	5.1	8.2	3.4	13.3	2.0	14.3	2.1	6.2	3.8	8.6	6.8	1.2	0.4
韩国济州岛(b)	1997～2015 年	4.8	18.3	64.6	11.1	3.1	22.6	14.6	36.1	63.8	2.1	1.5	—	—

资料来源：(a)Akpo 等(2015)；(b) Bu 等(2020)。

表 6.2.4 列出国内外观测的云和雾水中的离子浓度。这些站点降水中NO_3^-浓度大多高于SO_4^{2-}浓度，说明酸性物质与城市污染输送有关。与表 6.2.1 和表 6.2.2 相比，云和雾

水中的离子浓度更高。一般来说，雾水中的离子浓度高于云。由于雾通常形成于近地面，接近污染源，而且地面常存在逆温，污染物不容易散发出去。此外，由于雾滴粒径较小，比表面积大，气体和离子的扩散速度快；小雾滴能更快饱和，雾滴内的液相反应时间长，因此雾滴中离子浓度相对更高。

表 6.2.4　云和雾水中的离子浓度　　(单位：$\mu eq \cdot L^{-1}$)

城市	时间	pH	NO_3^-	Cl^-	Ca^{2+}	K^+	NH_4^+	Mg^{2+}	SO_4^{2-}	Na^+
美国路易斯安那州(雾)[a]	2012 年 10 月～2014 年 4 月	5.6	297.7	218.0	60.6	11.2	16.0	111.3	147.9	5.6
中国长三角(雾)[b]	2015 年 11 月 22～29 日	5.7	147.4	82.3	165.6	15.6	18.5	145.4	73.3	5.7
印度新德里(雾)[c]	2014 年 12 月～2015 年 3 月	6.3	85.7	198.4	246.6	47.9	22.1	179.0	69.4	6.3
德国图林根州(山顶云)[d]	2010 年 9～10 月	4.3	164.0	30.0	9.8	6.1	5.1	43.0	35.0	4.3
法国多姆山(山顶云)[e]	2001～2011 年	4.3	417.0	69.0	53.0	18.0	3.8	60.0	44.0	4.3
中国香港(山顶云)[f]	2016 年 10～11 月	3.9	238.0	138.0	24.0	8.0	11.0	—	93.0	3.9

资料来源：(a)Heath 等(2015)；(b) Xu 等(2017)；(c) Nath 和 Yadav(2018)；(d) Pinxteren 等(2016)；(e) Deguillaume 等(2014)；(f) Li 等(2020)。

降水的组成及其离子的平衡关系是酸性降水研究中的关键。由于降水始终维持着电中性，如果对降水的化学组分进行全面检测，阴离子的当量浓度之和应该等于阳离子的当量浓度之和。因此，可以根据降水中阴阳离子是否平衡判断出测定的降水组成是否可靠，是否有主要离子被遗漏。根据阴阳离子之间的相关性，还可以判断降水的污染状况和各种离子在气溶胶中的存在形式。若$(SO_4^{2-} + NO_3^-)/(NH_4^+ + H^+) \approx 1$，说明$SO_4^{2-}$和$NO_3^-$可能以$H_2SO_4$和$HNO_3$形式存在，或以$(NH_4)_2SO_4$、$NH_4NO_3$形式存在。我国降水中$(SO_4^{2-} + NO_3^-)$和$(NH_4^+ + Ca^{2+})$高度相关，说明$SO_4^{2-}$和$NO_3^-$主要以铵盐或钙盐的形式存在。此外，还可以从阴阳离子浓度的变化综合判断降水酸化的原因，可能是大气中酸性物质的增加或者碱性物质的减少。

6.2.3　降水 pH

降水的酸度由降水中所溶的酸、碱物质的相对含量决定，通常用 pH 来表示，即

$$pH = -\lg\left[H^+\right] \tag{6.3}$$

式中，$[H^+]$为氢离子的浓度。pH 在 0~14 范围内变化。在中性溶液中，$[H^+]=1\times10^{-7}\ mol\cdot L^{-1}$，$pH = 7$；在酸性溶液中，$[H^+]$增大，$pH < 7$；在碱性溶液中，$[H^+]$减小，$pH > 7$。

CO_2是大气中含量最高的酸性气体，大气中CO_2溶于水形成$CO_2\cdot H_2O$：

$$CO_2(g) + H_2O \rightleftharpoons CO_2\cdot H_2O,\quad H_{CO_2} \tag{6.1R}$$

当气液两相达到平衡时，$CO_2 \cdot H_2O$ 浓度遵循亨利定律：

$$[CO_2 \cdot H_2O] = H_{CO_2} P_{CO_2} \tag{6.4}$$

式中，P_{CO_2} 为 CO_2 在大气中的分压；H_{CO_2} 为 CO_2 的亨利系数。常温下，CO_2 微溶于水，在水中发生两级电离：

$$CO_2 \cdot H_2O \rightleftharpoons H^+ + HCO_3^-, k_1 \tag{6.2R}$$

$$HCO_3^- \rightleftharpoons H^+ + CO_3^{2-}, k_2 \tag{6.3R}$$

式中，k_1、k_2 分别为 $CO_2 \cdot H_2O$ 的一级、二级电离系数。

根据电离平衡系数的定义，HCO_3^-和 CO_3^{2-}的浓度分别为

$$\left[HCO_3^-\right] = k_1\left[CO_2 \cdot H_2O\right] / \left[H^+\right] \tag{6.5}$$

$$\left[CO_3^{2-}\right] = k_2\left[HCO_3^-\right] / \left[H^+\right] \tag{6.6}$$

由电中性原理得

$$\begin{aligned}\left[H^+\right] &= \left[OH^-\right] + \left[HCO_3^-\right] + 2\left[CO_3^{2-}\right] \\ &= \frac{k_w}{\left[H^+\right]} + \frac{k_1 H_{CO_2} P_{CO_2}}{\left[H^+\right]} + \frac{2k_1 k_2 H_{CO_2} P_{CO_2}}{\left[H^+\right]^2}\end{aligned} \tag{6.7}$$

式中，k_w 为水的离子积。在只考虑大气中 CO_2 与降水达到溶解平衡时，常温条件下，当 CO_2 体积分数为 350 ppm 时，降水的 pH 大约为 5.6。因此，多年来国际上一直将该值当作未受污染的天然降水的背景值；pH < 5.6 的降水被认为是酸雨，酸度的增加受到人为污染的影响。

实际上，对 pH = 5.6 能否作为酸性降水和判别人为污染的界限存在一些异议。降水酸度由 H^+浓度表征，是降水中各种酸、碱物质综合作用的结果。H^+浓度不是一个守恒量，同一酸度下，降水的离子浓度可能存在很大差异。影响降水酸度的物质，除了 CO_2，还存在各种酸、碱性气体和气溶胶。对降水 pH 有决定性影响的强酸包括硫酸和硝酸，并不一定来自人为污染，也存在很多天然来源，如生物过程释放的低价态的硫化物、火山喷发释放的 SO_2 和海盐中的 SO_4^{2-}都会对降水酸度产生影响；自然排放的甲酸和乙酸等弱酸也会影响降水酸度。因此，在偏远地区，天然降水的 pH 并不一定正好为 5.6，pH 低不一定表明污染严重。在城市污染地区，如果受到碱性物质如 NH_4^+和 Ca^{2+}等阳离子的中和作用，降水 pH 可能并不低，如果降水中离子含量很高，降水实际上已经受到了人为污染，如我国北方城市。因此，pH = 5.6 并不是判别降水是否受到酸化和人为污染的合理界限。

全球降水气候计划(Global Precipitation Climatology Project，GPCP)从 1979 年起开始全球背景站点的降水组成和 pH 的研究。通过多年的观测，认为将 5.0 作为酸雨 pH 的界限更符合实际情况。20 世纪 90 年代，我国丽江背景站的观测也确定了降水的背景值约为 5.0。Seinfeld 和 Pandis(2016)认为 pH 在 5.0 ~ 5.6，表明降水可能受到人为活动的影响，但未超过天然本地硫的影响；pH < 5.0 的降水可称为酸雨。Galloway 等(1984)研究发现，

全球背景站点降水中非海盐 SO_4^{2-} 随地区的变化不大，由于 SO_4^{2-} 对环境有长期的影响，因此认为 pH 和非海盐 SO_4^{2-} 相结合可以更好地判别降水是否酸化或是否受到人为污染。

6.2.4　酸雨形成机制

降水中的各种酸碱物质是如何进入降水，又如何造成降水酸化的？图 6.2.1 总结人们对酸雨认识的过程。在云内，云滴相互碰并或与气溶胶粒子碰并，同时吸收大气气体污染物，在云滴内部发生化学反应，这个过程称为污染物的云内清除或雨除。在雨滴下落过程中，雨滴冲刷着所经过空气中的气体和气溶胶，雨滴内部也会发生化学反应，这个过程称为污染物的云下清除或冲刷。因此，在地面收集到的雨水的 pH 和化学组成取决于发生在采样点一定距离内的各种物理与化学过程的总和。这些过程也就是降水对大气中气体和颗粒物的清除过程，酸化就发生在这些清除过程中。

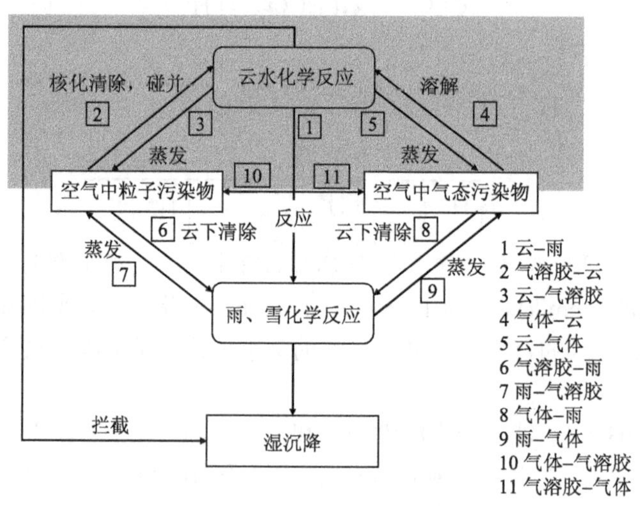

图 6.2.1　酸雨过程示意图

资料来源：Seinfeld 和 Pandis (2016)

在云内清除过程中，影响云滴酸度的过程主要有两个：含 SO_4^{2-} 和 NO_3^- 的气溶胶作为凝结核参与成云；云滴生长过程中云滴吸附酸性气溶胶或酸性气体在云滴内发生化学反应。云下清除或降水的冲刷过程中，雨滴继续吸收和捕获大气中的酸性气体在雨滴内发生化学反应，或者捕获含 SO_4^{2-} 和 NO_3^- 的气溶胶。雨除和冲刷过程受大气污染程度与许多环境参数的影响，区域、排放源和气象条件等不同情况下，雨除和冲刷对酸性降水的相对重要性也存在差异。

在气体物质和气溶胶粒子的降水清除过程中，化学转化是造成酸化的关键性步骤。图 6.2.2 概括出影响降水酸度的主要酸性气体 SO_2 和 NO_x 在大气中生成硫酸盐和硝酸盐的主要路径。SO_2 和 NO_x 在气相中氧化成 H_2SO_4 和 HNO_3 后，以气溶胶或气体的形式进入液相，这是气相路径；或者 SO_2 和 NO_x 被吸收进入液相后，在液相中被氧化成 SO_4^{2-} 和 NO_3^-，这是液相路径；或者 SO_2 和 NO_x 也可以在气液界面发生化学反应，转化为 SO_4^{2-} 和 NO_3^-，这就是多相气液反应。

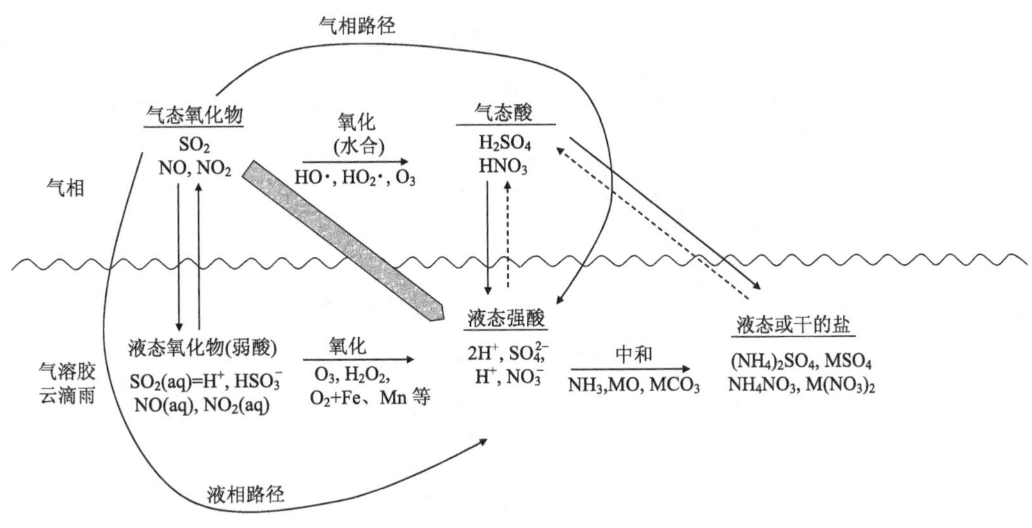

图 6.2.2　大气中 SO_4^{2-}和 NO_3^-生成的主要路径

资料来源：Schwartz (1984)

本书在 5.3.1 节中，介绍了 SO_4^{2-}和 NO_3^-形成的主要机制。气相 SO_2 和 NO_x 向 H_2SO_4 和 HNO_3 的转化主要与 OH 自由基有关。由于气相 SO_2 转化为 H_2SO_4 的反应速率较低，液相或者在气液界面的多相反应是 SO_2 氧化的主要途径。气相 NO_x 转化为 HNO_3 的氧化反应比气相 SO_2 的氧化反应大约快 10 倍。另外，由于 NO_x 难溶解于水，因此在白天，NO_x 的气相氧化反应是 NO_x 生成硝酸盐的主要反应途径；在夜间，液相和多相反应起主导作用，NO_3 自由基是 NO_x 夜间液相反应的重要自由基。

液相 S(Ⅳ)被氧化成 S(Ⅵ)是大气液相化学中最主要的化学转化过程，也是降水酸化的主要途径之一。溶解在大气液相中的 SO_2 主要以三种形式存在，在高 pH (> 7)条件下，S(Ⅳ)主要以 SO_3^{2-}的形式存在；在低 pH (< 2)条件下，S(Ⅳ)主要以 HSO_3^-的形式存在；当 pH 处于 2 ~ 7 时，S(Ⅳ)以 $SO_2 \cdot H_2O$ 的形式存在。SO_2 的离解速度很快，因此大气液相中 S(Ⅳ)的实际溶解度远超过亨利定律的估算值，很大程度上依赖于液相的 pH。图 6.2.3 显示已知的 S(Ⅳ)各种液相氧化途径的相对氧化速率随溶液 pH 的变化，主要包括 S(Ⅳ)与 O_3、H_2O_2、O_2 (在金属粒子 Mn^{2+}和 Fe^{3+}的催化下)、HNO_2、NO_2 的反应等，大多数物种氧化 S(Ⅳ)的速率随溶液 pH 的增加而显著增加。H_2O_2 在大气中的浓度并不高，但由于 H_2O_2 溶解度极高，其在液相有较大的浓度，比 O_3 的浓度大几个量级，H_2O_2 氧化 S(Ⅳ)的速率相对独立于 pH，当 pH < 5 时，H_2O_2 是氧化 S(Ⅳ)的最有效的途径：

$$SO_2(g) + H_2O \rightleftharpoons SO_2 \cdot H_2O \tag{6.4R}$$

$$SO_2 \cdot H_2O \rightleftharpoons HSO_3^- + H^+ \tag{6.5R}$$

$$HSO_3^- + H_2O_2 + H^+ \longrightarrow SO_4^{2-} + 2H^+ + H_2O \tag{6.6R}$$

O_3 氧化 S(Ⅳ)的速率与溶液 pH 有关。O_3 在空气中的浓度远高于 H_2O_2，但由于 O_3 的溶解度很低，在 pH > 5 时 O_3 氧化 S(Ⅳ)才明显起作用，O_3 氧化 S(Ⅳ)比 H_2O_2 快 10 倍：

$$S(IV) + O_3 \longrightarrow S(VI) + O_2 \tag{6.7R}$$

S(Ⅳ)的催化氧化速率也随着溶液 pH 的增加而增大，Fe^{3+}和 Mn^{2+}催化 O_2 氧化 S(Ⅳ)也在高 pH 下比较重要：

$$S(IV) + \frac{1}{2}O_2 \xrightarrow{Fe^{3+},\ Mn^{2+}} S(VI) \tag{6.8R}$$

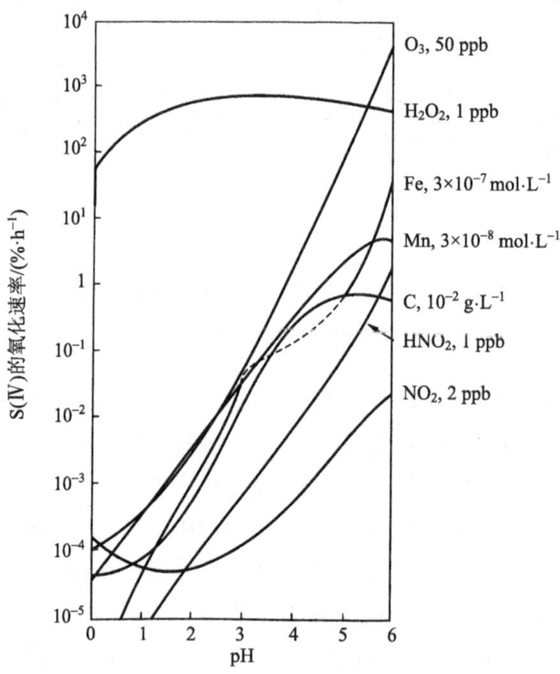

图 6.2.3 S(Ⅳ)在溶液中相对氧化速率与 pH 的关系

资料来源：Martin (1984)

降水中的 HNO_3 也是重要的致酸物种。液滴中的 NO_3^- 来自气溶胶粒子，以及 HNO_3 和 N_2O_5 的溶解。NO_x 在气液界面上可发生如下反应：

$$NO + NO_2 + H_2O \longrightarrow 2HNO_2 \tag{6.9R}$$

$$NO_2 + NO_2 + H_2O \longrightarrow HNO_2 + NO_3^- + H^+ \tag{6.10R}$$

O_3 和 H_2O_2 能氧化低价态氮化物形成 NO_3^-，但是由于 NO_x 在水中的溶解度很小，因此液相产生 NO_3^- 的作用不重要。

6.3 酸雨的分布和发展趋势

世界上有三大酸雨区：①欧洲酸雨区，主要分布在北欧和西欧，发展历史最长。雨水年平均 pH 最低在 4.0～4.1。②北美酸雨区，包括美国和加拿大，其中美国东北部和加拿大东南部最严重，有些地区雨水年平均 pH 也能达到 4.0～4.1。③东亚酸雨区，主要分布在中国。中国酸雨区从 20 世纪 80 年代初开始发展，到 90 年代中期，部分地区雨水年平均 pH 在 4.0 以下。目前世界三大酸雨区均已得到有效控制。

我国酸雨的全国性测量开始于 1983 年，全国约有 300 个监测点。全国酸雨区域面积大约为 $1.65 \times 10^6 km^2$，约占我国国土面积的 17%。酸雨分布存在明显的空间差异：在长江以南广大地区出现了大片酸雨区，而长江以北除少部分地区外，基本未出现酸雨。在我国北方 94 个监测站中，仅有 13%的监测站降水年均 pH 小于 5.6；而在南方 202 个监测站中，却有 48%的监测站监测到酸雨。全国 108 个降水年均 pH 小于 5.6 的监测站中，89%的监测站分布在南方，说明南方是我国主要酸雨区。我国大量使用燃煤，排放的 SO_2 是生成酸雨的主要原因。北方地区气溶胶中含钙的土壤扬尘及土壤排放的氨能中和雨水酸性；而南方地区土壤多呈酸性，中和能力较弱。西南地区煤的含硫量高，但四川等地的盆地地形不利于污染物向外扩散，也是其雨水酸化的原因。

1983 ~ 1993 年，我国酸雨发展十分迅速。有酸雨的地区从 1983 年的长江以南地区，到 1993 年已向北扩展到部分黄河流域、华北及东北地区，酸雨面积占全国面积的 40%，增加了一倍。1983 年，南方地区有酸雨的监测站、$pH < 4.5$ 的监测站、$pH < 4.0$ 的监测站各占 48%、4%、0%；到 1993 年，这三个比例分别增加到 90%、48%、13%。可见南方地区严重酸化。北方酸雨面积也在扩大，强碱性雨水面积在明显缩小。1983 年，北方有酸雨的监测站约 13%，$pH > 7.0$ 的监测站有 31%；到 1993 年，测到酸雨的监测站增加到 30%，而 $pH > 7.0$ 的监测站减少到 10%。

鉴于空气污染和雨水酸化对人体健康与生态环境的严重影响及对国民经济持续发展的制约，我国开始立法治理酸雨问题。在我国“七五”“八五”“九五”规划中，均将酸雨列为攻关的重点课题，其中酸沉降化学过程是重要的研究内容。其间，关于酸雨的研究成果直接支撑了国家制定“酸雨控制区”和“SO_2 控制区”的规划与污染控制政策。我国在“九五”规划中开展的“两控区”方案，提出在 SO_2 浓度较高的以北方城市为主的地区设置“SO_2 控制区”，而在酸雨污染严重(降水 $pH \leqslant 4.5$)、硫沉降超过临界负荷同时 SO_2 排放量较大的南方地区设置“酸雨控制区”。1998 年 1 月，国务院正式批准“两控区”方案，该方案的实施对缓解我国酸雨恶化起到了重要作用。总量控制是通过对控制区域内污染源规定允许排放总量，以实现大气环境质量目标值的方法。在“十五”及“十一五”国家环境保护规划中，SO_2 排放总量被作为主要的大气污染物控制指标。虽然“十一五”规划中全国 SO_2 排放量实现了减排目标，但出现酸雨的城市并没有明显减少。NO_x 排放量不断增大是主要原因。于是，在“十二五”规划中，除对 SO_2 进一步实现总量控制外还增加了对 NO_x 排放的总量控制。总体上，对 SO_2 和 NO_x 等酸雨前体物的排放总量控制使我国的酸雨污染得到了缓解。2013 年，为缓解严峻的大气复合污染，特别是 $PM_{2.5}$ 污染，国务院发布“大气十条”，到 2017 年，$PM_{2.5}$ 污染减轻，空气质量明显改善。作为颗粒物控制的协同效果，全国酸雨面积进一步缩小。2018 年，国务院又印发《打赢蓝天保卫战三年行动计划》，确保全面实现“十三五”规划有关环境质量的约束性目标。随着 SO_2 和 NO_x 等气态前体物排放总量的进一步减少，我国酸沉降污染问题也将进一步改善。

综合来看，我国酸雨发展可以分为 4 个阶段(图 6.3.1)：①20 世纪 80 年代到 90 年代中期为我国“酸雨快速发展阶段”，全国降水平均 pH 下降到 5.25 左右；②20 世纪 90 年代中期到 21 世纪初，进入“酸雨污染缓和阶段”，2000 年全国降水平均 pH 为 5.60；③2000～2007 年是“酸雨再次恶化阶段”，全国降水平均 pH 下降到 5.18；④2007 年至今为“酸雨持续改善阶段”，全国降水平均 pH 明显回升，到 2017 年为 5.88。

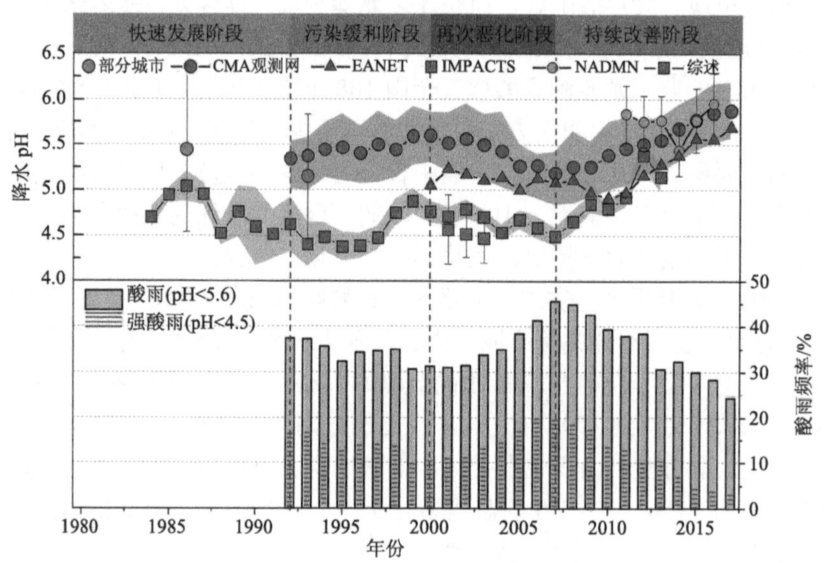

图 6.3.1 我国平均降水 pH 及酸雨频率变化

资料来源：余倩等 (2021)

6.4 酸雨的危害和防治

6.4.1 酸雨的环境危害

自 20 世纪 60 年代以来，酸雨一直是国际关注的环境问题之一。酸雨分布范围相当广，对生态环境的影响非常复杂，并伴有长期效应。图 6.4.1 显示酸雨对生态环境的影响，概括起来包括水体、土壤、森林、农作物、材料以及人体健康等几方面。

(1)降水酸化可造成江、河、湖泊等淡水水体的 pH 下降，使水体中鱼类数量减少，甚至消失；土壤中溶出的有害金属离子，如铝离子等，进入水体也会危及水生生物。北欧和北美东部淡水湖泊的酸沉降使得湖水 pH 下降，导致水生生物种群迁移和减少。

(2)酸雨能影响土壤中小动物和微生物的生长发育，从而改变土壤的理化特性；酸性降水能影响土壤中氮的固定和有机物的分解，使植物生长必需的养分溶出流走，降低土壤的肥力，影响农作物生长；从土壤中溶出的有害金属也会危害植被根系的生长发育。在中欧温带森林，土壤酸化导致可溶性铝的流动性增强，树木根系受到铝毒害，造成森林大面积退化。

(3)酸雨还可能直接危害植物的叶子，增加树木受病虫害袭击的风险，影响农作物的产量和森林的生长，甚至造成森林的大面积死亡。

(4)酸雨中的硫酸和硝酸可与大理石以及很多金属发生反应，对建筑物、文物和金属材料有很强的侵蚀作用。酸雨使欧洲许多大理石建筑物和石雕迅速风化，近几十年的破坏超过了过去几百年。

(5)酸雨中还可能存在一些对人体有害的有机物，如甲醛、丙烯醛等，会刺激人的眼睛和皮肤。

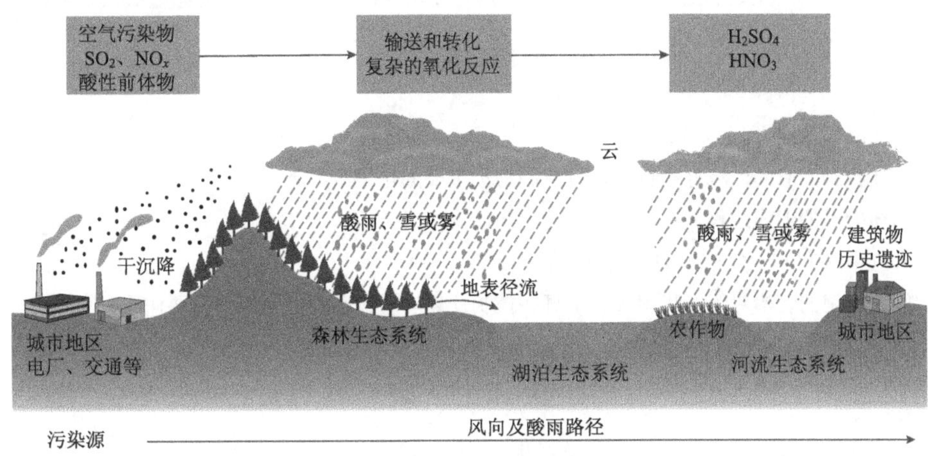

图 6.4.1　酸雨的形成及其影响过程

资料来源：Botkin 等 (2000)

6.4.2　酸雨防治对策

控制酸雨污染是我国大气污染防治法律和政策的一个重要领域，主要包括两方面的措施：通过制定法律和空气质量标准、实施排放许可证制度等方式降低污染物的排放量；通过排污收费、征收污染税或能源税、发放排污权交易等多途径刺激和鼓励削减污染物排放量。

酸雨中的酸性物质主要来自人为活动使用的化石燃料燃烧所释放的硫化物和氮氧化物。因此，当前控制致酸前体物排放的主要措施包括：①节约能源，减少化石燃料的使用，特别是减少含硫高的煤炭的燃烧，优先使用低硫燃料；②对原煤进行洗选加工，采用脱硫装置；③改善化石燃料的燃烧技术，减少燃烧过程中污染物的产生量；④改进汽车发动机技术，安装尾气净化装置，减少氮氧化物的排放；⑤开发清洁新能源等。

☛名词解释

【大气污染物的汇机制】

大气污染物的汇机制有化学反应去除、向平流层输送、干沉降、湿沉降。

【干沉降和湿沉降】

干沉降指在没有降水的情况下，气体和颗粒物从大气向地表的输送。湿沉降指大气中的物质通过降水(云滴、雾滴、雨、雪等)从大气中去除的过程。

【酸沉降和酸雨】

酸沉降指大气中的酸性物质通过湿沉降(降水，如雨、雾、雪等)或者干沉降(在含酸气团气流的作用下)迁移到地表的过程。酸雨指 pH 小于 5.6 的雨雪或其他形式的降水。

✔思 考 题

1. 简述酸雨的定义。
2. 简述我国酸雨的区域分布特征、发展趋势和主要的化学组成。
3. 阐述酸雨的形成过程。
4. 大气中 SO_4^{2-}和 NO_3^-产生的主要路径。
5. 阐述酸雨的防治对策。我国实施了哪些控制计划对缓解酸雨污染起到重要作用？

参 考 文 献

唐孝炎，张远航，邵敏. 2006. 大气环境化学. 2 版. 北京：高等教育出版社.

余倩，段雷，郝吉明. 2021. 中国酸沉降：来源、影响与控制. 环境科学学报, 41(3): 731-746.

Akpo A B, Galy-Lacaux C, Laouali D, et al. 2015. Precipitation chemistry and wet deposition in a remote wet savanna site in West Africa: Djougou (Benin). Atmospheric Environment, 115: 110-123.

Bertrand G, Helene C J, Paolo L, et al. 2008. Rainfall chemistry: Long range transport versus below cloud scavenging. A two-year study at an inland station (Opme, France). Journal of Atmospheric Chemistry, 60(3):253-271.

Botkin D B, Edward A, Keller, et al. 2000. Environmental Science: Earth as a Living Planet. 3rd ed. London: J. Wiley.

Bu J O, Ko H J, Kang C H, et al. 2020. Composition and pollution characteristics of precipitation in Jeju Island, Korea for 1997–2015. Atmosphere, 12(1): 25.

Deguillaume L, Charbouillot T, Joly M, et al. 2014. Classification of clouds sampled at the puy de Dme (France) based on 10 yr of monitoring of their physicochemical properties. Atmospheric Chemistry and Physics, 14(3): 1485-1506.

Ershov V V, Lukina N V, Danilova M A, et al. 2020. Assessment of the composition of rain deposition in coniferous forests at the Northern Tree Line Subject to air pollution. Russian Journal of Ecology, 51(4): 319-328.

Friedland A J, Botkin D B, Keller E A, et al. 2000. Environmental Science: Earth as a Living Planet. 3rd ed. London: J. Wiley.

Galloway J N, Likens G E, Hawley M E. 1984. Acid precipitation: Natural versus anthropogenic components. Science, 226: 829-831.

Hauglustaine D A, Granier C, Brasseur G P, et al. 1994. The importance of atmospheric chemistry in the calculation of radiative forcing on the climate system. Journal of Geophysical Research Atmospheres, 99: 1173-1186.

Heath A A, Vaitilingom M, Ehrenhauser F S, et al. 2015. Determination of aldehydes and acetone in fog water samples via online concentration and HPLC. Journal of Atmospheric Chemistry, 72(2): 165-182.

Khan M F, Maulud K, Latif M T, et al. 2018. Physicochemical factors and their potential sources inferred from long-term rainfall measurements at an urban and a remote rural site in tropical areas. Science of the Total Environment, 613-614: 1401.

Li R, Cui L, Zhao Y, et al. 2019. Wet deposition of inorganic ions in 320 cities across China: Spatio-temporal variation, source apportionment, and dominant factors. Atmospheric Chemistry and Physics, 19(17): 11043-11070.

Li T, Wang Z, Wang Y, et al. 2020. Chemical characteristics of cloud water and the impacts on aerosol properties at a subtropical mountain site in Hong Kong SAR. Atmospheric Chemistry and Physics, 20(1): 391-407.

Likens B E, Butler T J, Claybrooke B, et al. 2020. Long-term monitoring of precipitation chemistry in the U.S.: Insights into changes and condition. Atmospheric Environment, 245: 118031.1-118031.11.

Ma L, Dadashazar H, Hilario M R A, et al. 2020. Contrasting wet deposition composition between three diverse islands and coastal North American sites. Atmospheric Environment, 244: 117919.

Martin L R. 1984. Kinetic studies of sulfite oxidation in aqueous solution//Calvert J G. SO_2, NO, and NO_2 Oxidation Mechanisms: Atmospheric Considerations. Boston: Butterworth: 63-100.

Martins E H, Nogarotto D C, Mortatti J, et al. 2018. Chemical composition of rainwater in an urban area of the southeast of Brazil. Atmospheric Pollution Research, 10(2): 520-530.

Nath S, Yadav S. 2018. A comparative study on fog and dew water chemistry at New Delhi, India. Aerosol and Air Quality Research, 8: 26-36.

Pinxteren D V, Fomba K W, Mertes S, et al. 2016. Cloud water composition during HCCT-2010: Scavenging efficiencies, solute concentrations, and droplet size dependence of inorganic ions and dissolved organic carbon. Atmospheric Chemistry and Physics, 16(5): 3185-3205.

Rahman A F A, Hiura H, Shino K. 2006. Trends of bulk precipitation and streamwater chemistry in a small mountainous watershed on the Shikoku Island of Japan. Water Air & Soil Pollution, 175(1/4): 257-273.

Rao P, Tiwari S, Matwale J L, et al. 2016. Sources of chemical species in rainwater during monsoon and non-monsoonal periods over two mega cities in India and dominant source region of secondary aerosols. Atmospheric Environment, 2016: 90-99.

Schwartz S E. 1984. Gas-aqueous reactions of sulfur and nitrogen oxides in liquid-water clouds//Calvert J G. SO_2, NO, and NO_2 Oxidation Mechanisms: Atmospheric Consideration. Boston: Butterworth: 173-208.

Seinfeld J H, Pandis S N. 2016. Atmospheric Chemistry and Physics: From Air Pollution to Climate Change. New Jersey: John Wiley & Sons Inc.

Slinn W G N. 1983. Precipitation scavenging//Raderson D. Atmospheric Sciences and Power Production 1979. Washington D C: Division of Biomedical Environmental Research, US Dept. Energy.

Slinn W G N, Hasse L, Hicks B B, et al. 1978. Some aspects of the transfer of atmospheric trace constituents past the air-sea interface. Atmospheric Environment, 12: 2055-2087.

Xu X, Chen J, Zhu C, et al. 2017. Fog composition along the Yangtze River basin: Detecting emission sources of pollutants in fog water. Journal of Environmental Sciences, 71: 2-12.

第 7 章　平流层臭氧化学

大气平流层(stratosphere)处于对流层顶向上到距离地球 10 ~ 50 km 处，此时大气内部温度垂直递减率为负值，即温度随高度增加而增加。平流层内部由于存在逆温的现象，大气整体状态趋于稳定，垂直方向的运动与物质交换很微弱，大气以水平方向的大尺度平流运动为主。另外，由于平流层和对流层之间的相互交换作用极弱，大气污染物如气溶胶、CO、SO_2 等由火山灰及烟羽挟带注入平流层的物质很难扩散清除。因此，大气污染物进入平流层后能够长期存在数个月甚至数年。例如，2019 ~ 2020 年的澳大利亚山火在造成 30 亿动物死亡的同时，也向中低部平流层注入大量烟羽。进入平流层的烟羽通过大尺度的平流运动，加速了在全球范围内的远距离输送。卫星遥感的观测表明这些丛林大火产生的烟雾从澳大利亚向东部漂流，穿越太平洋南部海洋到达南美洲，在大气中漂流两周后完成一次循环，从澳大利亚西部再次返回。

平流层总体的温度范围为 210 ~ 270 K，对应地，压力随着平流层的高度由 200 hPa 降至 1 hPa 左右。平流层下半部的温度随高度的变化响应很缓慢。而在其上半部，由于“臭氧层”的存在，臭氧能够把吸收的紫外辐射能量转换成为分子动能，温度垂直变化率显著增加(约为 2 $K \cdot km^{-1}$)，在平流层顶附近温度达到最大值(约为 270 K)。“臭氧层”中的臭氧主要是由氧原子与氧气分子结合生成的。其中，氧原子来源于太阳短波辐射中的紫外线照射氧气分子后的光解反应生成。臭氧层可以吸收一定波长范围内的紫外线，成为地球生命物质的保护伞。

科学家对“臭氧层”进行了深入研究(图 7.0.1)。臭氧最早于 1840 年被德国科学家 Schonbein 发现。1929 年，英国科学家 Chapman 提出平流层中的臭氧通过氧气分子的光解反应生成。这种产生平流层臭氧的光化学机理被命名为 Chapman 机制。两年后，英国科学家 Dobson 对臭氧含量进行测量。为了纪念 Dobson，将其名字作为衡量臭氧浓度的单位(Dobson unit，DU)。1970 年，Paul Crutzen 发现了平流层化学中氮氧化物的相关反应。此后不久，Sherwood Rowland 和 Mario Molina 进一步揭示了工业含氟氯烃释放的卤素对平流层臭氧的不利影响。为了保护臭氧层，各国于 1987 年加拿大蒙特利尔缔结了《蒙特利尔议定书》，旨在消除臭氧层损耗物质的使用。议定书的主要内容包括控制排放物种的类别(主要是氟氯烃化物及哈龙)、控制限额的基准值、控制的时间及控制效果的评估机制。以 1986 年的产量和消费量为基准，到 1993 年削减 20%，到 1998 年再削减 30%，即到 1998 年含氯氟烃的产量和消耗分别为 1986 年的一半。由于对平流层化学的开创性研究，Sherwood Rowland、Mario Molina 和 Paul Crutzen 三位科学家在 1995 年被授予诺贝尔化学奖。根据 1982 年以来的监测，南极臭氧洞的面积不断增加，2006 年南极臭氧洞的面积达到最大值，此后该数值有所下降。到 2019 年，南极上空的臭氧洞的面积为 1000 万 km^2。

本章将具体阐释平流层臭氧的分布特征、生成与损耗光化学机制及臭氧层空洞的形成。

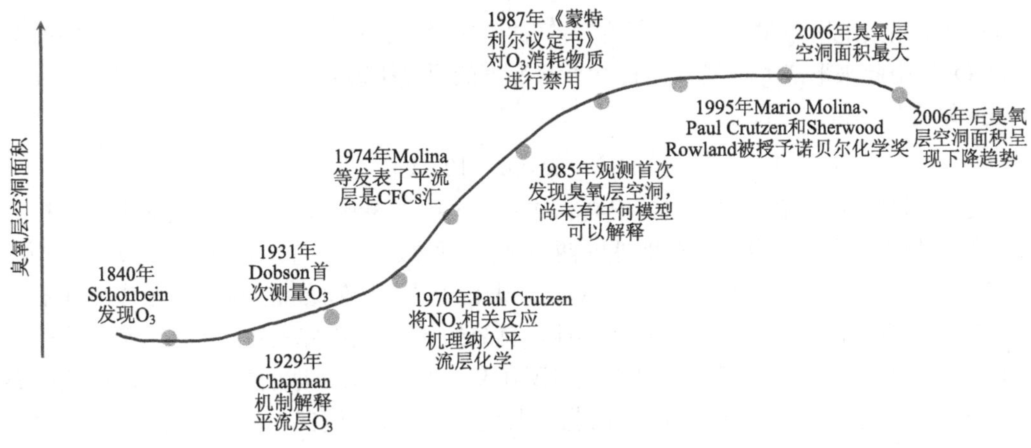

图 7.0.1　平流层 O_3 研究简史

7.1　臭氧层概述

O_3 是 O_2 的一种同素异形体，由氧气分子携带一个氧原子构成，最早由德国人 Schonbein 在电解稀硫酸时发现。其物理性质表现为淡蓝色鱼腥味气体，化学性质上表现为强氧化性。O_3 是比 O_2 更强的氧化剂，可在较低温度下发生氧化反应，因此被广泛用于医疗消毒。

臭氧层对地球上的生命物质至关重要，它能阻止太阳发射出的有害紫外辐射(UV)到达地球表面。O_3 吸收来自太阳的 200 ~ 300 nm($2\times10^{-7}\sim3\times10^{-7}$ m)波长范围内的有害紫外辐射。O_3 主要在离地面 10 ~ 40 km 的高空形成，在该区域，太阳发射的强烈的紫外辐射使 O_2 分解。O_3 是由一个氧原子(由氧气分子的光解作用产生)和一个氧气分子反应生成的。除了产生 O_3，紫外辐射及部分光化学反应也会破坏 O_3。虽然 O_3 不断生成和被破坏，但某个给定地点的 O_3 的数量保持相对稳定，这种稳定的 O_3 含量被称为 O_3 的稳定状态浓度。然而，由于输送及季节的作用，局地高空的 O_3 浓度会表现出强烈的季节性变化特征。

O_3 在地表层主要以在充足光照条件下因工业污染而产生的光化学烟雾的形式存在。虽然平流层的 O_3 阻挡高能的紫外线辐射，对保护地球表面的生命是至关重要的，但对流层发生的 O_3 污染对植被以及人体健康均有较大的不利影响。两种位于不同高度处的 O_3 扮演了截然不同的角色，即“在天成佛，在地成魔”。地球大气中大约有 90%的 O_3 集中在平流层的中上部，而剩余 10%的 O_3 则分布在对流层中。如果把地球大气中所有臭氧集中在地球表面上，只形成约 3 mm 厚的一层气体，总质量约为 3×10^9 t，仅占大气的百万分之几。关于更详尽的对流层 O_3 污染问题，请参阅本书第 4 章对流层臭氧化学。

7.1.1　臭氧层的分布特征

一般用 O_3 总量和 O_3 垂直分布的变化来描述大气 O_3 的全球分布状况及其变化。大气中 O_3 总量指某地区单位面积上空整层大气柱中所含 O_3 总量，通常用整层大气柱中所含全部 O_3 集中起来形成的纯臭氧层在标准状况下的厚度来表示，单位是 DU。1 DU 表示 10 μm 厚度的臭氧层。即

$$1\ \text{DU} = 10\ \mu\text{m} = 10^{-3}\ \text{cm}$$

已有的测量结果表明，全球平均臭氧柱浓度大约为 300 DU。大气臭氧的全球分布主要与纬度和季节有关，极大值在地球的两极地区，而极小值在赤道地区。在全球范围内，大气臭氧含量高值一般出现在春季，低值出现在秋季。但在低纬度地区，最大值和最小值有时分别出现在夏季和冬季。在北半球，臭氧的最大值出现在 3 ～ 4 月，基本覆盖在北极上空；在南半球，臭氧浓度最大值出现在 9 ～ 11 月(南半球的春季)，此时极值中心并不在极区，而一般在 50°S~ 60°S。在北极上空，臭氧极大值在 3 ~ 4 月，可达 440 ~ 450 DU；在南极上空，极大值在 11 ~ 12 月，可达 380 ~ 400 DU。

根据地基测量、飞机测量以及卫星遥感等手段获取的观测数据，垂直方向上 O_3 浓度的最大值出现在距离地表 15 ~ 25 km 处的高空。O_3 浓度测量结果的度量单位通常以数密度以及混合比来报告。图 7.1.1 显示第二阶段的平流层气溶胶和气体实验(stratospheric aerosol and gas experiment Ⅱ，SAGE Ⅱ)针对 O_3 垂直分布的平流层卫星仪器测量结果，测量时间是 1994 年 9 月 11 日，地点位于 40°S、105°E。

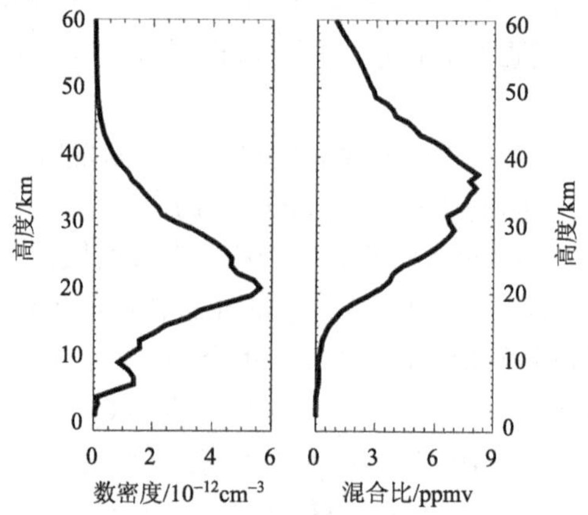

图 7.1.1　卫星观测数据 SAGE Ⅱ在 40°S、105°E 处得到的 O_3 垂直分布

资料来源：http://www.ccpo.odu.edu/SEES/ozone/oz_class.htm

图 7.1.1 显示 O_3 的两种剖面都在 20 ~ 40 km 达到峰值，并且 O_3 浓度在这个峰值上下迅速下降。混合比剖面峰值出现的高度明显高于数密度剖面峰值出现的高度，这可以通过地球的大气层随着高度的增加而迅速变薄来解释。海拔越高，对应空气分子就越少，在地面上 1 m^3 体积包含大约 45 mol 空气，而同样的立方体在 10 km 的高度只包含 13 mol 空气，数密度的计算在很大程度上受到这个因素影响。而混合比的计算则可以避免考虑

计算数密度的立方体是刚性的这一假设，能够保证即使气团是运动着的状态，所衡量的度量也是守恒的。任何给定地点的 O_3 都可以被认为是三个过程的平衡，即生成、损耗以及输送，在此不考虑输送的影响。O_3 的生成主要发生在平流层，那里有足够的太阳短波紫外辐射。而在低层大气，由于对流层 O_3 对紫外线的削弱作用，只有较少的紫外线能够到达。因此，可以说平流层 O_3 的产生抑制对流层底部的 O_3 形成。超过一定高度 O_3 下降则是因为空气随着高度的增加以指数级速度快速变稀薄，可用于制造 O_3 的氧气数量迅速下降。虽然有充足的紫外线，但能够形成的 O_3 却更少。最终导致就平均状态而言，进入平流层后，O_3 浓度开始随高度增加先增加，然后又随高度增加而减小。O_3 的最高值一般出现在 22 ~ 25 km 的高度范围内，主要由 O_3 生成和破坏的光化学平衡决定。峰值高度往上，氧气分子的分解速度较大，但大气密度小，相应氧气分子浓度低；峰值高度往下，紫外短波辐射强度弱，光解效率低，对流层中的 O_3 浓度也很低。总而言之，垂直方向上 O_3 最大浓度主要是受到辐射强度和氧气浓度的共同影响。

在全球分布上，赤道附近的 O_3 总含量低，最大值出现的高度较高，垂直廓线结构简单。而极区附近的 O_3 总含量高，最大值出现的高度低，垂直廓线一般呈多峰复杂结构。中纬度地区上空的 O_3 高度分布一般介于两者之间，这主要是因为赤道和两极之间有一个半球环流模式，它被称为布鲁尔-多布森环流。由光化学过程在赤道地区上部平流层产生高浓度 O_3，被大气的极向环流和大尺度混合过程输送到高纬度地区上空，热带地区的 O_3 柱浓度因此被降低。而在高纬度地区，下沉运动降低了 O_3 峰值出现的高度，并且使得 O_3 累积，对应 O_3 柱浓度增加。这种环流在冬、春季表现尤为强烈，因此使得高纬度地区上空在冬、春季出现高浓度臭氧层，并形成 O_3 分布的明显经向梯度。

平流层和对流层大气的物质时刻都在发生交换，在特定气象条件的触发下，中纬度地区平流层底部和对流层上层区域较易发生严重的对流层顶“折叠”现象。这一现象使得平流层臭氧侵入自由对流层，若再遇到显著的下沉气流，会进一步穿越逆温层扩散至近地面，造成近地面臭氧浓度短时间内快速上升，严重情况下可导致臭氧浓度超标。

7.1.2　臭氧层的作用

O_3 浓度非常小，通常每百万个空气分子中只有几个 O_3 分子。但这些 O_3 分子由于能够吸收来自太阳的对生物有害的紫外辐射，因而对地表的生物而言极其重要。根据辐射的波长范围，一共有 3 种不同类型的紫外辐射，分别为紫外线 a(UV-a)、紫外线 b(UV-b)和紫外线 c(UV-c)。紫外线 a 的辐射波长范围为 320 ~ 400 nm，紫外线 b 的辐射波长范围为 290 ~ 320 nm，紫外线 c 的辐射波长范围为 200 ~ 290 nm。这三种类型的紫外辐射对大气具有不同的穿透能力。紫外线 c 由于其波长较短，辐射的能量较高，因此对人体的伤害最大，但在 35 km 左右的高度，紫外线 c 几乎全波段能被 O_3 完全吸收。紫外线 b 在很大程度上能被臭氧层屏蔽，但也有一些能够到达地球表面。如果臭氧层的浓度减少，那么更多的紫外线 b 辐射将会到达地球表面，对生物造成严重的遗传损害，并且其长期暴露在这种辐射下，也会造成基因损伤，导致皮肤癌等疾病。在经济上，紫外线 b 对作物也有损伤、减产的不利影响，同时会加速损坏喷涂、建筑、电线电缆等所用材料，尤其是高分子材料的降解和老化变质，造成损失。而对于紫外线 a，臭氧层对其的吸收作用较小，因此绝大部分紫外线 a 可以到达地球表面。但由于其波长较长，能量较小，紫外线 a 对基因的破坏性不大，因此对生物几乎没有伤害作用。工业生产的防晒霜能够保护人类皮肤免受紫外线辐射，这些防晒霜的标签上通常注明它们同时抵御紫外线 a 和紫外线 b。这正是由于紫外线 c 能在中层大气中被 O_3 快速吸收，因此防晒霜制造商不需要考虑紫外线 c，只需要保证防晒霜能够消除皮肤对紫外线 a 和紫外线 b 辐射的吸收即可。

7.2　臭氧层基本化学机制

7.2.1　Chapman 机制

1930 年，英国科学家 Sydney Chapman 提出了基于纯氧体系的光化学反应机制，解释了平流层 O_3 的生成和去除原理，由此开创了平流层化学的先河。他指出，平流层 O_3 来源于 O_2 光解，并且当 O_3 的生成速率和去除速率相一致时，平流层的 O_3 浓度达到平衡状态。后来，该机制被称为 Chapman 机制，如图 7.2.1 所示。

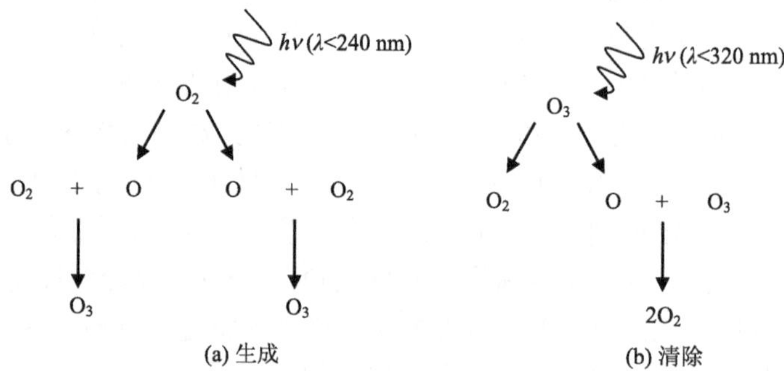

图 7.2.1　Chapman 机制中 O_3 的生成与清除

O_3 的形成发生在海拔 30 km 左右的平流层，在波长小于 240 nm 的太阳紫外辐射作用下，O_2 分子光解产生两个基态三重态氧原子 $O(^3P)$：

$$O_2 + h\nu \longrightarrow 2O(^3P) \quad (\lambda < 240\ \text{nm}) \tag{7.1R}$$

由于 $O(^3P)$有两个不成对电子而具有很强的化学活性，因此，在第三分子 M(N_2 或 O_2)存在的情况下，氧原子可以迅速与 O_2 反应形成 O_3：

$$O(^3P) + O_2 + M \longrightarrow O_3 + M \tag{7.2R}$$

反应(7.2R)中生成的 O_3 在 240 ~ 320 nm 波长的太阳辐射作用下继续光解，生成 O_2 和激发单重态氧原子 $O(^1D)$：

$$O_3 + h\nu \longrightarrow O_2 + O(^1D) \quad (\lambda < 320\ \text{nm}) \tag{7.3R}$$

$$O(^1D) + M \longrightarrow O(^3P) + M \tag{7.4R}$$

$$\text{净反应：}\ O_3 + h\nu \longrightarrow O_2 + O(^3P) \tag{7.5R}$$

$O(^1D)$可以与第三分子 M(N_2 或 O_2)反应生成稳定的 $O(^3P)$。反应(7.5R)并不能真正地清除

O_3，因为光解产生的 $O(^3P)$可以很快地与分子氧结合生成 O_3，即反应(7.2R)。在 Chapman 机制中，真正起到清除 O_3 作用的反应是：

$$O_3 + O(^3P) \longrightarrow 2O_2 \tag{7.6R}$$

在以上反应机制中，相比于反应(7.1R)和反应(7.6R)，反应(7.2R)和反应(7.3R)要快很多。因此，在氧原子和 O_3 之间形成一个快速循环反应，而在 O_2 与氧原子和 O_3 之间为一个慢反应循环，图 7.2.2 为 Chapman 机制中两个循环的示意图。

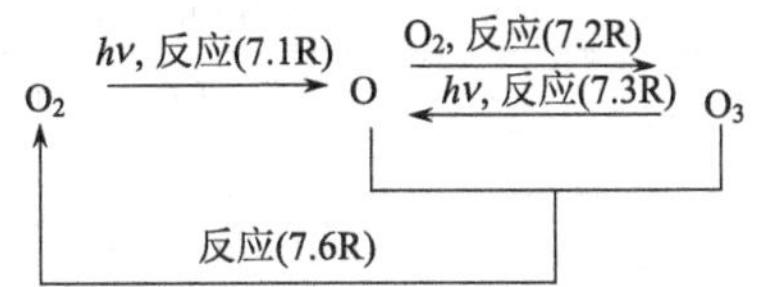

图 7.2.2　Chapman 机制中两个循环的示意图

Chapman 机制解释了平流层 O_3 生成和消除的主要过程，为平流层化学的发展奠定了基础，在其提出后的近 30 年一直居于统治地位。但是随着科学家的进一步研究发现，基于 Chapman 机制模拟的 O_3 浓度远高于观测结果。在较低的平流层，由于氧原子和 O_3 的寿命比较长，Chapman 机制并不一定处于相对稳定状态，大气传输可能主导 O_3 的水平分布。而在较高的平流层中，氧原子和 O_3 的寿命很短，Chapman 机制相对稳定，因此，理论和观测值之间的差异说明了 Chapman 机制并不完善。其主要原因是 Chapman 机制讨论的是纯氧体系，并没有考虑大气中其他微量组分(如 OH 自由基和氮氧化物等)的光化学反应，这将影响大气中 O_3 的浓度。

7.2.2　催化机制

通过对平流层 O_3 生成和消除的定量关系研究，人们发现利用 Chapman 机制计算得出的 O_3 浓度和实际观测值之间存在着较大的偏差。由此推测，平流层中一定存在着其他重要的 O_3 损耗过程。

虽然平流层与对流层相比更加稀薄，但其中也含有一定量的水汽、含氮化合物和含卤素化合物，这些物质在平流层中的化学反应加速了 O_3 的损耗。20 世纪 60 年代，Hampson 和 Hunt 分别提出了含氢化合物 HO_x(OH 自由基和 HO_2 自由基等)与 O_3 反应的机理，进一步修正了 Chapman 机制。1967 年，Bates 和 Hays 提出了由地表土壤和海洋微生物产生的 N_2O 可以被输送到平流层，而后光解产生 NO。在此基础上，Crutzen 提出了 NO-NO_2 催化循环，认为 N_2O 光解生成的 NO 会与 O_3 反应，这被认为是平流层 O_3 损耗机制中的重要一环。Cicerone 和 Stolarski 等于 1974 年提出平流层氯原子(Cl)与 O_3 反应的可能性，从而导致 O_3 的损耗，但是他们主要考虑的是火山喷发等自然过程产生并传输到平流层的含氯化合物。之后，Molina 和 Rowland 提出了人类活动排放的 CFCs 进入平流层顶部后可被光解为含氯自由基，从而进一步导致 O_3 的损耗。

以上各种机制中，含氢化合物 HO_x、含氮化合物 NO_x、含氯活性基团 ClO_x 和含溴活性基团 BrO_x 等在平流层中的浓度非常低，但是这些物种加速了 O_3 的清除过程，同时自身并不会被损耗，起到了催化剂的作用，被称为活性物种或者催化物种。表 7.2.1 列出以上四类化合物的主要物种及其来源。

表 7.2.1　损耗平流层臭氧的物质类别及其来源

物种	类别	来源
HO_x家族	•OH，HO_2•，HNO_2，HNO_3，HOCl，H_2O_2	甲烷、水蒸气分子等
NO_x家族	NO，NO_2，HNO_2，HNO_3，$ClONO_2$	海洋生物和土壤生物等的硝化与反硝化过程中产生的N_2O；生物质燃烧；肥料等；超音速飞机的排放
ClO_x家族	ClO•，ClO_2•，HOCl，$ClONO_2$	海洋和土壤生物等生物活动产生的甲基氯；制冷剂氟利昂和灭火材料哈龙等
BrO_x家族	BrO•，BrO_2•，HOBr，$BrONO_2$	海洋和土壤生物等生物活动产生的甲基溴；用于消毒剂和熏蒸剂等的甲基溴；灭火材料哈龙等

下面将介绍平流层化学中几个重要的催化循环机制，这些机制中的反应相互耦合，共同消耗平流层 O_3。

1. HO_x 循环

1)平流层中 HO_x 的来源

OH 自由基和 HO_2 自由基是平流层化学 HO_x 家族的主要物种，而 HO_x 自由基主要来自甲烷和水蒸气分子。甲烷由对流层输送到平流层后，与 O_3 光解产生的 $O(^1D)$反应生成 OH 自由基：

$$O_3 + h\nu \longrightarrow O_2 + O(^1D) \quad (\lambda < 320\ \text{nm}) \tag{7.3R}$$

$$CH_4 + O(^1D) \longrightarrow \cdot OH + CH_3 \tag{7.7R}$$

同样，水蒸气分子与 $O(^1D)$反应也可生成 OH 自由基：

$$H_2O + O(^1D) \longrightarrow 2\cdot OH \tag{7.8R}$$

在上述 OH 自由基生成过程中，水蒸气分子与氧原子的反应(7.8R)贡献了约 90%，甲烷与氧原子的反应(7.7R)贡献了约 10%。

需要指出的是，虽然对流层中含有丰富的水蒸气，但这部分水蒸气很少能进入平流层。这是因为空气在到达对流层顶部时，其中的水蒸气会因低温而被冻结成冰晶，无法进入平流层。平流层的水蒸气主要来自甲烷与 OH 自由基和 $O(^1D)$的氧化反应。

一个甲烷分子与 OH 自由基作用生成一个 H_2O 分子：

$$CH_4 + \cdot OH \longrightarrow \cdot CH_3 + H_2O \tag{7.9R}$$

甲烷分子与 $O(^1D)$的氧化反应分多步进行：CH_4 分子及其反应产物先后与 $O(^1D)$、O_2 和 NO 反应，最终一个甲烷分子氧化对应一个 H_2O 分子的生成。

$$CH_4 + O(^1D) \longrightarrow \cdot CH_3 + \cdot OH \tag{7.10R}$$

$$\cdot CH_3 + O_2 + M \longrightarrow \cdot CH_3O_2 + M \tag{7.11R}$$

$$CH_3O_2\bullet + NO \longrightarrow CH_3O\bullet + NO_2 \tag{7.12R}$$

$$CH_3O\bullet + O_2 \longrightarrow HCHO + HO_2\bullet \tag{7.13R}$$

$$HCHO + \bullet OH \longrightarrow \bullet CHO + H_2O \tag{7.14R}$$

2)HO_x的催化循环反应

平流层大气中甲烷和水蒸气分子氧化[反应(7.7R)和反应(7.8R)]产生的 OH 自由基主要与 O_3 发生反应，生成 HO_2 自由基[反应(7.15R)]，HO_2 自由基可与氧原子[反应(7.16R)]或者 O_3[反应(7.17R)]反应构成 HO_x 的两个催化循环反应。HO_2 自由基的浓度在不同高度变化不大，因此，以上两个循环的发生主要取决于氧原子和 O_3 的相对浓度。在平流层，氧原子的浓度在不同高度差异明显，主要集中在较高的平流层(距地面约 50 km)。因此，在高平流层，氧原子参与的循环反应占据主导地位，而在平流层低层(距地面约 20 km)，HO_2 自由基与 O_3 的反应占据主导地位。具体反应式如下：

高平流层 HO_x 循环(循环 1)：

$$\bullet OH + O_3 \longrightarrow HO_2\bullet + O_2 \tag{7.15R}$$

$$HO_2\bullet + O \longrightarrow \bullet OH + O_2 \tag{7.16R}$$

$$\text{净反应：}\ O_3 + O(^3P) \longrightarrow 2O_2 \tag{7.6R}$$

低平流层 HO_x 循环(循环 2)：

$$\bullet OH + O_3 \longrightarrow HO_2\bullet + O_2 \tag{7.15R}$$

$$HO_2\bullet + O_3 \longrightarrow \bullet OH + 2O_2 \tag{7.17R}$$

$$\text{净反应：}\ 2O_3 \longrightarrow 3O_2 \tag{7.18R}$$

在较高的平流层，氧原子与 O_3 浓度的比值约为 10^{-2}，循环 1 为 HO_x 催化循环的主要反应。在较低平流层，氧原子与 O_3 浓度的比值约为 10^{-7}，O_3 占比远高于氧原子，因此，循环 2 占据主导地位。

平流层中去除 HO_x 自由基的终止反应主要有

$$HO_2\bullet + \bullet OH \longrightarrow H_2O + O_2 \tag{7.19R}$$

$$HO_2\bullet + HO_2\bullet \longrightarrow H_2O_2 + O_2 \tag{7.20R}$$

$$\bullet OH + \bullet OH \longrightarrow H_2O_2 \tag{7.21R}$$

$$\bullet OH + NO_2 + M \longrightarrow HNO_3 + M \tag{7.22R}$$

$$HO_2\bullet + NO_2 + M \longrightarrow HNO_4 + M \tag{7.23R}$$

以上终止反应中，HO_x 自由基与其他物质结合，生成 H_2O、H_2O_2、HNO_3 和 HNO_4 等相对稳定的产物，进而降低了 HO_x 自由基浓度并减弱了其催化循环反应。生成的产物有着较长的寿命且相对稳定，被称为 HO_x 的储库分子。

更多关于 HO_x 循环的反应如图 7.2.3 所示，图 7.2.3 中部分关于卤族元素的循环反应

见 ClO_x 循环和 BrO_x 循环。

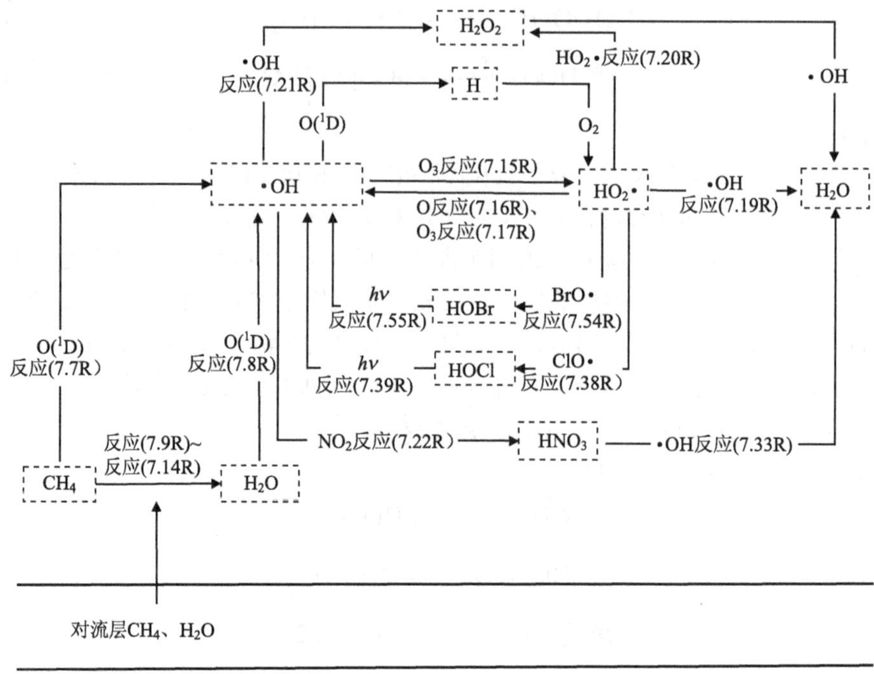

图 7.2.3　HO_x 循环反应体系

2. NO_x 循环

1)平流层中 NO_x 来源

平流层中 NO_x 的主要天然来源是 N_2O 的氧化。N_2O 也被称为笑气，由地表土壤和海洋微生物的硝化与反硝化过程产生。它有着非常稳定的分子结构，不易与其他物质发生反应，因此在对流层中没有明显的汇，因此可以通过扩散作用进入平流层，其中约 2%的 N_2O 与 $O(^1D)$反应生成 NO：

$$N_2O + O(^1D) \longrightarrow 2NO \tag{7.24R}$$

约 90%会被光解生成 N_2：

$$N_2O + h\nu \longrightarrow N_2 + O \quad (\lambda < 320\ \text{nm}) \tag{7.25R}$$

N_2 具有化学惰性，对平流层化学过程的影响较小，因此通常在研究 NO_x 循环对平流层臭氧的影响时不将其考虑在内。

除天然源以外，飞机在平流层飞行时向外界排放的 NO 也是平流层中 NO_x 的一个重要来源。

2)NO_x 的催化循环反应

平流层中的 NO 与 O_3 迅速反应，生成 NO_2 和 O_2：

$$NO + O_3 \longrightarrow NO_2 + O_2 \tag{7.26R}$$

而后，在反应(7.26R)的基础上形成 NO_x 的两个催化循环。与 HO_x 的催化循环相似，在不同高度的平流层中，两个循环反应分别占据主导地位。

高平流层 NO_x 循环(循环 1)：

在平流层的中上部存在较多的氧原子，此时 NO_2 与氧原子的反应(7.27R)占据优势，其反应产物为 NO 和 O_2。该循环的净反应为一个 O_3 分子和一个氧原子反应生成两个 O_2 分子，具体反应式如下：

$$NO + O_3 \longrightarrow NO_2 + O_2 \tag{7.26R}$$

$$NO_2 + O \longrightarrow NO + O_2 \tag{7.27R}$$

$$\text{净反应：}\ O_3 + O \longrightarrow 2O_2 \tag{7.6R}$$

低平流层 NO_x 循环(循环 2)：

在低平流层中，NO_2 容易发生光解，进一步形成 NO 和氧原子[反应(7.28R)]。在第三分子 M 存在的情况下，氧原子与 O_2 反应生成 O_3。因此，该 NO-NO_2 循环的净反应为零，O_3 的量没有变化，被称为空循环。

$$NO + O_3 \longrightarrow NO_2 + O_2 \tag{7.26R}$$

$$NO_2 + h\nu \longrightarrow NO + O \tag{7.28R}$$

$$O + O_2 + M \longrightarrow O_3 + M \tag{7.2R}$$

NO_2 可以通过与其他物种反应被去除来终止 NO_x 催化循环。在白天，NO_2 主要被 OH 自由基氧化为 HNO_3：

$$NO_2 + \bullet OH + M \longrightarrow HNO_3 + M \tag{7.22R}$$

在夜间由于没有 OH 自由基的存在，NO_2 与 O_3 反应生成 NO_3 自由基，NO_2 与 NO_3 自由基进一步反应生成 N_2O_5：

$$NO_2 + O_3 \longrightarrow NO_3\bullet + O_2 \tag{7.29R}$$

$$NO_2 + NO_3\bullet + M \longrightarrow N_2O_5 + M \tag{7.30R}$$

反应(7.30R)同样大多发生在夜间，因为 NO_3 自由基在白天会迅速光解：

$$NO_3\bullet + h\nu \longrightarrow NO + O_2 \tag{7.31R}$$

作为 NO_x 的重要储库分子，HNO_3 和 N_2O_5 与氧原子或 O_3 不发生反应，在白天可通过光解或与 OH 自由基反应生成 NO_x，如反应(7.32R)~反应(7.34R)。HNO_3 和 N_2O_5 光解速率差异很大，寿命也不相同。通常，HNO_3 的寿命为数周，而 N_2O_5 仅有几小时至几天。NO、NO_2 和 HNO_3 等气体易溶于水，输送到达对流层后，可被雨水冲刷沉降去除。

$$HNO_3 + h\nu \longrightarrow \bullet OH + NO_2 \tag{7.32R}$$

$$HNO_3 + \bullet OH \longrightarrow NO_3\bullet + H_2O \tag{7.33R}$$

$$N_2O_5 + h\nu \longrightarrow 2NO_2 + O \tag{7.34R}$$

关于 NO_x 循环的主要反应如图 7.2.4 所示，图 7.2.4 中部分关于卤族元素的循环反应

见 ClO_x 循环和 BrO_x 循环。

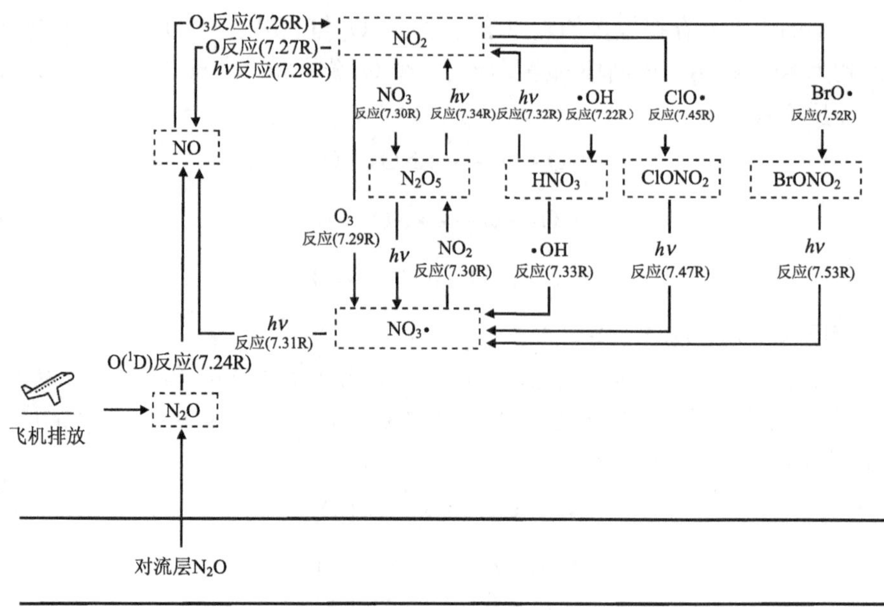

图 7.2.4　NO_x 循环反应体系

3. ClO_x 循环

1)平流层中 ClO_x 的来源

参与 ClO_x 循环的 ClO_x 家族主要为 Cl 原子和 ClO 自由基。虽然自然界中产生的 CH_3Cl 可进入平流层光解产生氯原子，但这部分占比很小，平流层中的氯主要来源于人为排放的 CFCs。1974 年，Mario Molina 和 Sherwood Rowland 指出大气中的 CFCs 可能是平流层 O_3 损耗的重要原因。然而，自然界中并没有 CFCs 的来源，大气中的 CFCs 全部来自工业生产。氟利昂于 20 世纪 20 年代开发，是一种安全无毒的气体，主要代替氨作为空调和冰箱等的制冷剂。

CFCs 具有较强的化学稳定性，寿命长且不溶于水，可以传输到平流层，而后光解产生氯原子。以 CF_2Cl_2 为例：

$$CF_2Cl_2 + h\nu \longrightarrow \bullet CF_2Cl + Cl \tag{7.35R}$$

每个氯氟烃化合物可以通过光解最终将分子内的所有氯原子全部释放，即反应生成的 CF_2Cl 自由基可继续光解，共产生两个氯原子。

2)ClO_x 的催化循环反应

高平流层 ClO_x 循环(循环 1)：

CFCs 光解产生的氯原子引发 O_3 的催化损耗机制，主要反应如下：

$$Cl + O_3 \longrightarrow ClO\bullet + O_2 \tag{7.36R}$$

$$ClO\bullet + O \longrightarrow Cl + O_2 \tag{7.37R}$$

$$\text{净反应：}\ O_3 + O \longrightarrow 2O_2 \tag{7.6R}$$

该反应的净反应为一个 O_3 分子和一个游离的氧原子转化生成两个 O_2 分子。由于较低平流层大气中氧原子含量很少，因此该反应不是低平流层 O_3 损耗的主要机制。该反应在氧原子含量较多的平流层、高层更为重要，尤其在约 40 km 处达到最大反应效率。

低平流层 ClO_x 循环(循环 2)：

在低平流层，氯参与的关于臭氧损耗的催化循环反应为

$$Cl + O_3 \longrightarrow ClO\bullet + O_2 \tag{7.36R}$$

$$ClO\bullet + HO_2\bullet \longrightarrow HOCl + O_2 \tag{7.38R}$$

$$HOCl + h\nu \longrightarrow Cl + \bullet OH \tag{7.39R}$$

$$\bullet OH + O_3 \longrightarrow HO_2\bullet + O_2 \tag{7.15R}$$

$$\text{净反应：}\ 2O_3 \longrightarrow 3O_2 \tag{7.18R}$$

除了以上两个循环，氯元素还通过 ClO•-ClO•反应消耗 O_3，即循环 3。

ClO•-ClO•反应(循环 3)：

$$ClO\bullet + ClO\bullet + M \longrightarrow Cl_2O_2 + M \tag{7.40R}$$

$$Cl_2O_2 + h\nu \longrightarrow ClOO\bullet + Cl \tag{7.41R}$$

$$ClOO\bullet \longrightarrow Cl + O_2 \tag{7.42R}$$

$$2\left(Cl + O_3 \longrightarrow ClO\bullet + O_2\right) \tag{7.43R}$$

$$\text{净反应：}\ 2O_3 \longrightarrow 3O_2 \tag{7.18R}$$

此循环不需要游离氧原子的参与即可消耗 O_3，反应速率主要受 ClO 自由基浓度的限制。

ClO_x 的储库分子有 HCl、$ClONO_2$ 和 HOCl 等。其中，HCl 和 $ClONO_2$ 存储的活性氯原子高达 99%。涉及的终止反应如下：

$$Cl + CH_4 \longrightarrow HCl + CH_3 \tag{7.44R}$$

$$ClO\bullet + HO_2\bullet \longrightarrow HOCl + O_2 \tag{7.38R}$$

$$ClO\bullet + NO_2 + M \longrightarrow ClONO_2 + M \tag{7.45R}$$

HCl 在平流层中相对稳定，寿命为数周，部分可输送到对流层通过降雨去除。而 $ClONO_2$ 的寿命约为 1 d，HOCl 的寿命最短，只有几小时。这些产物可与 OH 自由基反应或者光解释放氯原子，重新参与到循环反应中：

$$HCl + \bullet OH \longrightarrow Cl + H_2O \tag{7.46R}$$

$$HOCl + h\nu \longrightarrow Cl + \bullet OH \tag{7.39R}$$

$$ClONO_2 + h\nu \longrightarrow Cl + NO_3\cdot \tag{7.47R}$$

图 7.2.5 为 ClO_x 循环反应体系示意图。

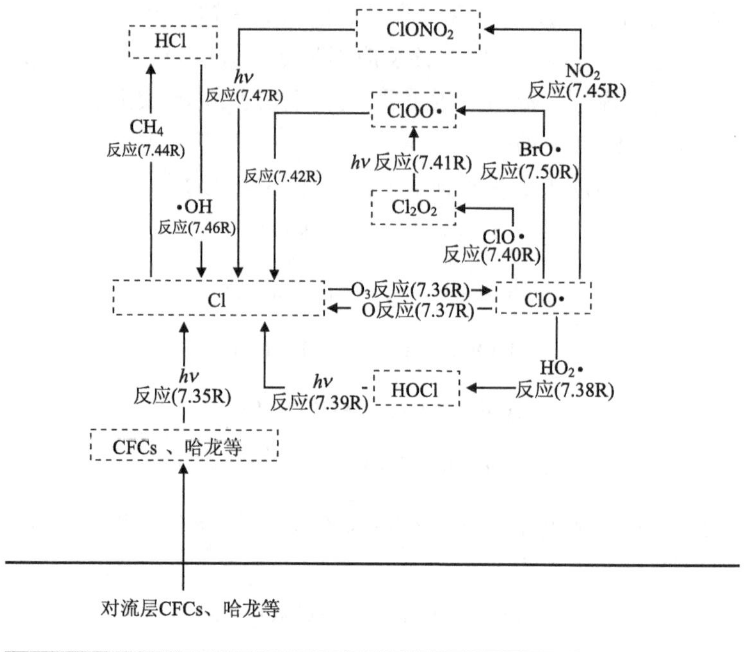

图 7.2.5　ClO_x 循环反应体系

4. BrO_x 循环

1)平流层中 BrO_x 的来源

溴是另一种可以有效破坏 O_3 的卤族元素，且溴原子对平流层 O_3 的破坏程度远高于氯原子，Solomon 等认为溴对 O_3 的破坏程度是氯的 50 ~ 100 倍。

平流层中溴的主要来源之一是溴甲烷。溴甲烷又叫甲基溴(CH_3Br)，有着较高的光化学稳定性和较低的水溶性，海洋释放是其最大的天然来源。溴甲烷还广泛应用于工业和农业活动中，作为消毒剂和熏蒸剂使用。溴甲烷进入平流层后可以光解产生溴原子，参与到消耗 O_3 的循环反应中。

溴的另一个主要来源为哈龙(Halon)。哈龙是灭火材料的商品名称，包括 Halon-1211(CF_2BrCl)、Halon-1301(CF_3Br)和 Halon-2402($C_2F_4Br_2$)。从化学式可以看出，哈龙含有溴元素和氯元素，在受到太阳辐射后可光解产生溴原子和氯原子，参与破坏 O_3 的反应。

溴甲烷、哈龙以及上面提到的平流层中氯元素的主要来源 CFCs 等物质统称为消耗臭氧物质(ozone-depleting substances，ODS)，它们破坏 O_3 的能力称为臭氧耗减潜能值(ozone-depleting potential，ODP)。

2)BrO_x 的催化循环反应

与 ClO_x 循环相似，参与平流层 BrO_x 循环(图 7.2.6)的反应性溴为 Br 原子和 BrO 自由基。关于消耗臭氧的循环反应主要有以下五个，其中循环 1 需要游离氧原子的参与，因此主要发生在平流层的中上部，其余四个循环均为低平流层循环。

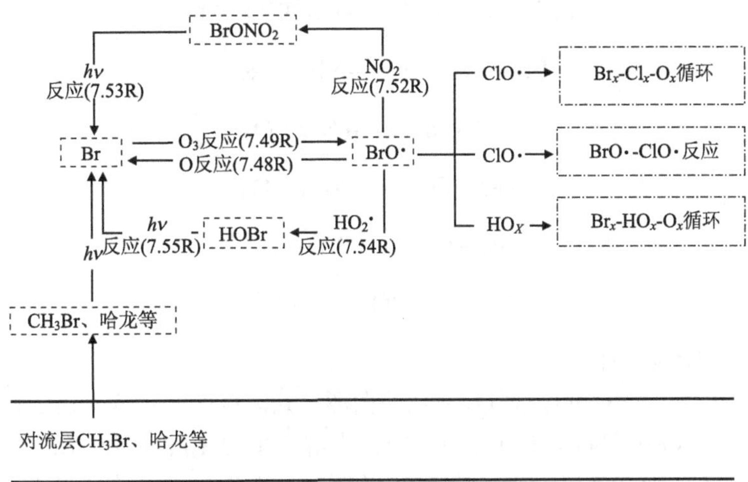

图 7.2.6　BrO_x 循环反应体系

Br_x-O_x 循环(循环 1)：

在该循环中，BrO 自由基先与氧原子反应形成游离态的溴原子和 O_2，接着，溴原子与 O_3 分子反应重新生成 BrO 自由基。循环 1 的净反应为一个氧原子和一个 O_3 分子转化为两个 O_2。

$$BrO\bullet + O \longrightarrow Br + O_2 \tag{7.48R}$$

$$Br + O_3 \longrightarrow BrO\bullet + O_2 \tag{7.49R}$$

$$净反应：\ O_3 + O \longrightarrow 2O_2 \tag{7.6R}$$

Br_x-Cl_x-O_x 循环(循环 2)：

此循环涉及 Br 和 Cl，BrO 自由基和 ClO 自由基首先反应生成一个游离的 Br 和 ClOO 自由基，在第三分子 M 的存在下，ClOO 自由基释放一个 Cl。接着，游离态的 Br 和 Cl 分别和 O_3 反应重新生成 BrO 自由基和 ClO 自由基。循环 2 的净反应为 2 个 O_3 分子转化为 3 个 O_2 分子。

$$BrO\bullet + ClO\bullet \longrightarrow Br + ClOO\bullet \tag{7.50R}$$

$$ClOO\bullet + M \longrightarrow Cl + O_2 + M \tag{7.51R}$$

$$Cl + O_3 \longrightarrow ClO\bullet + O_2 \tag{7.36R}$$

$$Br + O_3 \longrightarrow BrO\bullet + O_2 \tag{7.49R}$$

$$净反应：\ 2O_3 \longrightarrow 3O_2 \tag{7.18R}$$

Br_x-NO_x-O_x 循环(循环 3)：

循环 3 共涉及五个反应。首先，BrO、NO_2 和第三分子 M 之间发生反应，生成 $BrONO_2$，$BrONO_2$ 可光解释放一个 Br 原子，同时生成一个 NO_3 自由基，产物 Br 和 NO_3 自由基可继续参与到破坏 O_3 的反应中。净反应同循环 2。

$$BrO\bullet + NO_2 + M \longrightarrow BrONO_2 + M \tag{7.52R}$$

$$BrONO_2 + h\nu \longrightarrow Br + NO_3\bullet \tag{7.53R}$$

$$NO_3\bullet + h\nu \longrightarrow NO + O_2 \tag{7.31R}$$

$$NO + O_3 \longrightarrow NO_2 + O_2 \tag{7.26R}$$

$$Br + O_3 \longrightarrow BrO\bullet + O_2 \tag{7.49R}$$

$$\text{净反应：}\ 2O_3 \longrightarrow 3O_2 \tag{7.18R}$$

Br_x-HO_x-O_x 循环(循环 4)：

此循环为 BrO_x、HO_x 和 O_x 对 O_3 消耗的循环，共涉及四个反应。BrO 自由基和 HO_2 自由基反应生成 HOBr 和 O_2，HOBr 可以很快光解产生 OH 自由基和 Br 原子。产物 OH 自由基和 Br 原子分别与臭氧反应，消耗 O_3 的同时重新生成 HO_2 自由基和 BrO 自由基。净反应同循环 2，具体反应式如下：

$$BrO\bullet + HO_2\bullet \longrightarrow HOBr + O_2 \tag{7.54R}$$

$$HOBr + h\nu \longrightarrow Br + \bullet OH \tag{7.55R}$$

$$\bullet OH + O_3 \longrightarrow HO_2\bullet + O_2 \tag{7.15R}$$

$$Br + O_3 \longrightarrow BrO\bullet + O_2 \tag{7.49R}$$

$$\text{净反应：}\ 2O_3 \longrightarrow 3O_2 \tag{7.18R}$$

BrO-ClO 反应(循环 5)：

此循环涉及 Br 和 Cl。BrO 自由基和 ClO 自由基反应释放 Br 和 Cl 原子，或者生成 BrCl 化合物，BrCl 光解产生 Br 和 Cl 原子，然后与 O_3 反应重新生成 BrO 自由基和 ClO 自由基。净反应同循环 2。

$$BrO\bullet + ClO\bullet \longrightarrow Br + Cl + O_2 \tag{7.56R}$$

$$BrO\bullet + ClO \longrightarrow BrCl + O_2 \tag{7.57R}$$

$$BrCl + h\nu \longrightarrow Br + Cl \tag{7.58R}$$

$$Br + O_3 \longrightarrow BrO\bullet + O_2 \tag{7.49R}$$

$$Cl + O_3 \longrightarrow ClO\bullet + O_2 \tag{7.36R}$$

$$\text{净反应：}\ 2O_3 \longrightarrow 3O_2 \tag{7.18R}$$

7.3 南极臭氧洞及其理论

“南极臭氧洞”指在南极洲上空臭氧的季节性损失：臭氧含量在几周内下降了一半，这种巨大的臭氧损失被称为“南极臭氧洞”。如图 7.3.1 所示，南极臭氧洞一般在每年的 8 月开始形成，并在 10 月初(南半球春季)达到顶峰，随后在 12 月初消失。可以说，臭氧层空洞是 20 世纪以来人类面临的最严峻的环境问题之一。

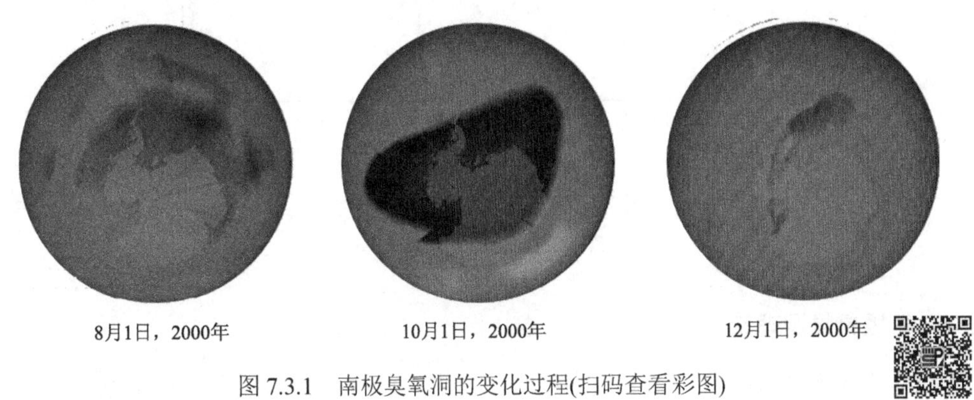

图 7.3.1 南极臭氧洞的变化过程(扫码查看彩图)

资料来源：http://ozonewatch.gsfc.nasa.gov/

7.3.1 南极臭氧洞的发现及变化

20 世纪 80 年代中期，科学家发现南极洲春季臭氧出现季节性急剧下降，这个现象令他们感到十分吃惊。在此之前，他们认为人类已经充分了解控制臭氧产生和损失的物理与光化学过程。1985 年，基于哈雷湾(76°S、27°W)的地面 Dobson 分光光度计数据，Farman 和他的同事发现，1975 ~ 1984 年的早春，南极的臭氧总量惊人地下降了 50%，且大的损失主要集中在春季(9 ~ 10 月)。Farman 的研究表明，春季的臭氧总量从 20 世纪 50 年代末和 60 年代初的约 300 DU 下降到 80 年代初的约 200 DU。1986 年，Stolarski 等用装载在雨云七号卫星上的紫外反射仪器测得的数据验证了 1979 ~ 1984 年南极地区确实出现了臭氧总量的大幅度减少。除此之外，Chubachi 研究得出了臭氧洞的第一个垂直臭氧剖面，显示 1982 年 8 ~ 9 月，在 15 ~ 24 km 的海拔区域(平流层的下部)臭氧总量大量减少。

从 1970 年至 21 世纪，南极和北极的臭氧都呈现波动性下降，而后随着人类对氟利昂等的用量控制，臭氧总量下降的趋势有所缓解。图 7.3.2 是 1980 年后 NASA 探测得到的南极臭氧洞的面积变化。就南极臭氧洞的面积而言，1980 ~ 1994 年，南极臭氧洞的面积都在逐年增加，而后保持平稳。自 2000 年以来，南极臭氧洞的面积第一次出现了下降的新迹象。但是即便有了这些早期的恢复迹象，南极臭氧洞每年仍在继续发生。

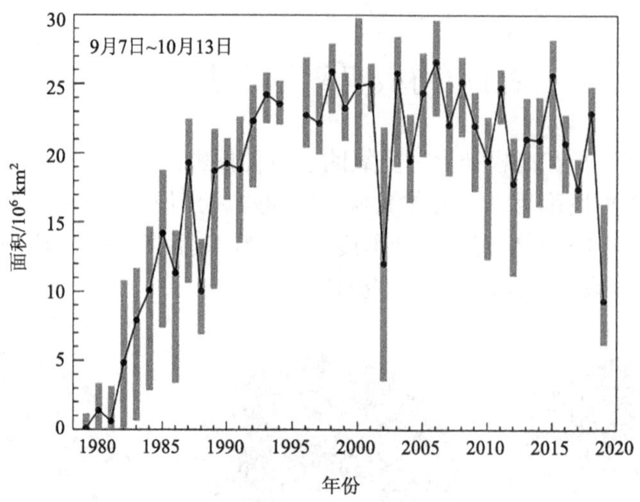

图 7.3.2　南极臭氧洞的面积变化

资料来源：TOMS/OMI/OMPS

7.3.2　南极臭氧洞理论

南半球春季臭氧的消耗以南极为中心，发生在整个南极大陆上。科学家对臭氧层空洞提出了各自的理论解释，这些包括动力学理论、氮氧化物理论和非均相化学理论。目前，动力学理论和氮氧化物理论已被证明是不正确的。因此，下面仅对非均相化学理论进行详细介绍。

1. *极地涡旋*

南极的平流层区域被一条狭窄的带状或快速移动的风流包围，风向由西向东，完全环绕南极大陆，这就是南极极地涡旋。南极极地涡旋充当南极地区和南中纬度之间运输的障碍，仅有平流层高层的空气能够进入涡旋内，有效地隔离涡旋内部的空气和外部的大气。所以南中纬度富含臭氧的空气不能被输送到极地地区，导致南中纬度富含臭氧的空气无法补充臭氧损失过程中的损耗。因此，极地涡旋的隔离作用是导致南极臭氧损失的关键因素。

2. *极地平流层云和非均相反应*

当南极的冬季来临时，下沉的空气受到南极洲山地的阻碍，环流受到抑制而就地旋转，吸入冷空气形成围绕极地旋转的西向环流。由于在南极涡旋内主要是西风，低纬度的温暖空气几乎没有机会与极地寒冷的空气混合，因此涡旋内可以保持极低的温度。当温度下降至 240 ~ 195 K 时，水汽就开始凝结成细小的晶体，形成极地平流层云(polar stratospheric clouds，PSCs)。

PSCs 是在平流层极地夜间区域极其寒冷和干燥的条件下形成的云。PSCs 是了解南极臭氧洞的基础。PSCs 很重要，因为它们将不会破坏臭氧的氯物种(如盐酸、氯硝酸盐、$ClONO_2$)转化为能破坏臭氧的形式。这些反应发生在 PSCs 云粒子的固体表面。PSCs 有两种类型，分为Ⅰ型 PSCs 和Ⅱ型 PSCs。Ⅰ型 PSCs 由硝酸(HNO_3)、水蒸气(H_2O)和硫酸(H_2SO_4)在 195 K 的温度下混合形成的直径为 1 μm 的颗粒物质组成，形成速率约为 $1\ km\cdot 30\ d^{-1}$；而Ⅱ型 PSCs 由水、冰在 188K 的温度下形成的直径大于 10 μm 的颗粒物质组成，形成速率大于 $1.5\ km\cdot d^{-1}$。

南半球的温度极低，导致 PSCs 在冬季初期形成，并持续到春季。如果温度长时间低于 PSCs 形成的临界阈值(称为霜点)，会产生大量的 PSCs。一般情况下，南极在 5 月时温度会下降至Ⅰ型 PSCs 霜点以下，然后在 6 月中旬下降至Ⅱ型 PSCs 霜点以下，其温度低于霜点的时间可以持续四个月之久。

非均相过程不同于均相过程，均相过程仅涉及在单一相内(如气相)发生的化学反应，而非均相过程指发生在两相界面上的化学反应，在此主要指发生在 PSCs 等颗粒物质上。非均相化学反应非常重要，因为它们将氯原子的临时储库分子(如 HCl 和 $ClONO_2$)转化为活性氯物质(如 ClO 自由基)，释放出活性形式的氯，从而破坏臭氧。

所讨论的主要非均相反应如下：

$$ClONO_2(g)+HCl(s)\longrightarrow Cl_2(g)+HNO_3(s) \tag{7.59R}$$

$$HOCl(g)+HCl(s)\longrightarrow Cl_2(g)+H_2O(s) \tag{7.60R}$$

$$ClONO_2(g)+H_2O(s)\longrightarrow HOCl(g)+HNO_3(s) \tag{7.61R}$$

$$N_2O_5(g)+H_2O(s)\longrightarrow 2HNO_3(s) \tag{7.62R}$$

$$N_2O_5(g)+HCl(s)\longrightarrow ClNO_2(g)+HNO_3(s) \tag{7.63R}$$

上述非均相反应无须紫外辐射，在极地的黑暗条件下即可发生。反应(7.59R)~反应(7.61R)主要是将非反应性含氯化合物 $ClONO_2$ 和 HCl 转化为反应性化合物 Cl_2 和 HOCl，并释放 Cl_2。HOCl 同样以气态形式从 PSCs 颗粒的表面释放。随后，Cl_2 和 HOCl 均被紫外辐射光解，从而开始臭氧损失循环反应。反应(7.62R)和反应(7.63R)将含氮的组分转化为颗粒相的 HNO_3，并固定到平流层云中。这主要起到脱氮作用，由于上述过程中产生的 HNO_3 和 H_2O 提供了平流层生成 $HNO_3\text{•}3H_2O$ 颗粒的前体物，这样的颗粒物长大后会通过沉降而被清除，导致平流层含氮化合物的减少。而在冬季极夜，南极没有阳光，因此，HNO_3 无法被光解而寿命变得很长。到 10 月中旬，低平流层中 HNO_3 的光解时间超过一个月，导致 HNO_3 在臭氧空洞期间成为相对惰性的微量气体。没有活性含氮化合物来阻止活性含氯化合物破坏臭氧的活动，导致臭氧大量减少。

3. 臭氧的催化损失

1)ClO•-ClO•反应

当太阳在南极上空升起时，Cl_2 通过光解过程形成 ClO 自由基。Cl_2 在可见波长范围内(280 ~ 420 nm)有一个较大的横截面，即仅需微弱的阳光就可以将 Cl_2 分解成两个自由的 Cl 原子。因此，当太阳从南极洲升起时，Cl_2 几乎立即被分解。然后，这两个 Cl 原子就可以自由地参与催化反应，每个 Cl 原子都会破坏一个 O_3 分子，然后进行自我重组。具体反应式参考 7.2.2 节 ClO_x 循环中的 ClO•-ClO•反应(循环 3)。

2)BrO•-ClO•反应

第二个与 ClO•-ClO•反应效果相似的反应是 BrO•-ClO•反应，即卤族元素 Br 和 Cl 耦合作用，共同消耗 O_3。具体反应式参考 7.2.2 节 BrO_x 循环中的 BrO•-ClO•反应(循环 5)。

研究表明，BrO•-ClO•催化循环反应造成的结果约占 O_3 损失的 20%。BrO•-ClO•反应与 ClO•-ClO•反应一样，无须游离氧原子。尽管 BrO•的浓度远小于 ClO•的浓度，但 BrO•-ClO•反应速率远大于 ClO•-ClO•反应速率，损失率大约为 ClO•-ClO•反应损失率的 1/2。

3)ClO•-O 反应

第三种损失过程是 ClO•与游离氧原子发生的传统催化损失过程。具体的化学反应式见 7.2.2 节的高平流层 ClO_x 循环(循环 1)。ClO•-O 反应远不如 ClO•-ClO•和 BrO•-ClO•反应重要，仅占观测到的臭氧损失的 3%。

更多关于臭氧的催化损失机制见 7.2.2 节。

近年来的观测结果和模式模拟结果进一步证明了非均相反应是南极 O_3 损失的主导过程，含卤素(Cl 和 Br)的碳氢化合物是形成南极臭氧空洞的主要物质。

☛名词解释

【自由基】

自由基是源分子在平流层阳光下或与其他物质作用而产生的活性中间体，是平流层反应的催化剂。

【臭氧洞】

臭氧洞指在南极洲上空臭氧的突然季节性损失。臭氧含量在几周内下降了一半，这种巨大的臭氧损失被称为“南极臭氧洞”。南极臭氧洞在每年的 8 月开始形成，并在 10 月初达到顶峰，这与南半球春天的到来时间相对应，随后在 12 月初消失。

【南极极地涡旋】

南极的平流层区域被一条狭窄的带状或快速移动的风流包围，风向由西向东，完全环绕南极大陆，这就是南极极地涡旋。

【极地平流层云】

南极冬季，平流层上空被强大的极地涡旋控制，低纬度的温暖空气几乎没有机会与极地寒冷的空气混合，造成涡旋内温度极低，当温度下降至 240 ~ 195 K 时，水汽就开始凝结成细小的晶体，从而形成极地平流层云。

✔思 考 题

1. 构成 Chapman 循环的化学反应式是什么？

2. 平流层 NO_x、HO_x、ClO_x、BrO_x 的源、汇循环反应过程是什么？
3. 南极存在什么特殊条件使其出现严重的臭氧损失？

☞延伸阅读

自从 20 世纪 80 年代中期科学家在南极发现臭氧洞以来，南极地区每年春季都会出现臭氧洞；而在北极春季，2019 年前从未出现过臭氧洞。但是在 2020 年春季，北极上空出现了自南极臭氧洞发现以来的首个北极臭氧洞(图 y7.1)。4 月中下旬，随着平流层温度的逐渐升高，北极地区臭氧总量低值上升至 220 DU 以上，北极臭氧洞消失。但是北极相较于南极更加接近人类活动的地区，所以北极大气中污染物的浓度相较于南极也较高，那为什么北极在 2020 年才出现首个臭氧洞呢？这是由于南北两半球的海陆分布差异等对气候和大气环流也有很大的影响。无论是春季还是冬季，北极平流层极地涡旋中温度都比南极高，尤其是进入春季以后北极极地涡旋会很快崩盘，并且伴随着温度升高。当极夜后太阳再次照射北极时，平流层极涡中的温度大都超过–78 ℃，难以满足形成平流层云的必要条件，而且春季时期的北极臭氧总量通常为 400 ~ 500 DU，故 2019 年以前，北极春季没有出现过臭氧洞。

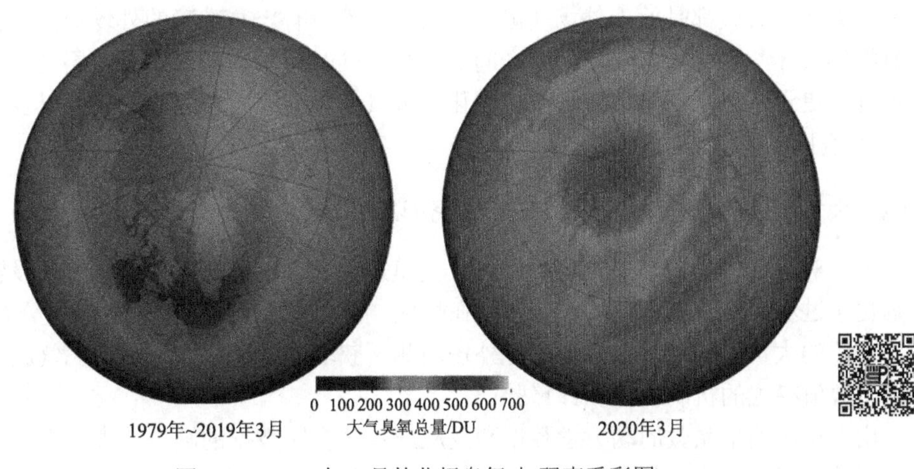

图 y7.1　2020 年 3 月的北极臭氧(扫码查看彩图)

资料来源：http://ozonewatch.gsfc.nasa.gov/

参 考 文 献

唐孝炎, 张远航, 邵敏. 2006. 大气环境化学. 2 版. 北京：高等教育出版社.

王明星. 1999. 大气化学. 2 版. 北京：气象出版社.

第 8 章　大气污染监测

8.1　大气污染监测概述

8.1.1　大气污染监测在大气化学中的作用

早先人类对所呼吸环境空气的化学组分知之甚少，直到 18 世纪下半叶，人们才发现大气中的二氧化碳、氮气和氧气组分，并将其从大气中单独分离检测出来，而甲烷和臭氧等浓度较低的成分则直到将近一个世纪后才被相继发现。自 1858 年 Schönbein 首次在地面开展了针对臭氧的大气观测以来，科学家始终致力于开发更灵敏的观测仪器以便于发现和测量大气中数千种痕量气体成分。但直到四十年后，科研工作者才建立起痕量气体浓度与全球环境问题之间的联系。

为了记录大气成分的长期变化趋势以及检验模式对当前大气成分预测的准确度，需在时间和空间尺度上开展广泛的外场观测。尽管大气化学研究的手段多种多样，但几乎所有重大研究突破都是始于外场观测中的发现。若没有丰富准确的外场观测，就难以捕捉到温室气体和气溶胶与全球变暖之间的联系，同时也不会发现到平流层臭氧空洞形成的问题，更无法意识到城市空气质量恶化、大气氧化能力的变化等情况，以及其他会对人类美好生活产生威胁的因素。

8.1.2　大气污染监测与大气模式的相互关系(以 OH 自由基为例)

人们对大气化学的理解将会体现在大气模式中，这些模式会根据模型中设置的主要物理化学过程来推算痕量气体和颗粒物在局地、区域甚至全球尺度上的时空分布。因此，本书介绍的大量仪器技术和平台进行外场观测所获取的各种时空尺度的大气成分数据可以用于数值模式的机制优化和计算验证。

由于反应速率系数的动力学数据和反应产物分支比数据的缺失，大气中各组分的主要反应途径通常是未知的，且这些参数必须通过结构-活性关系或数值计算(通常需要提供热力学参数)来进行估算。为了提高模式预测大气成分的准确度，通过改进实验室动力学测量来确定需要更新的部分至关重要。同时，使用模式计算当前或过去大气成分中的关键物种浓度，并将结果与外场观测进行对比，以此验证模式的可靠性也是一个常用的可靠方法。在进行比较时，需要格外注意应当选择合适的模型与合适的观测结果(通常取决于痕量气体或气溶胶的停留时间)。

OH 自由基是一种经常被用于在各种环境下表征化学机制的化学组分。OH 自由基反应活性高，导致其大气停留时间很短，这意味着其汇(及其浓度)仅会受到当地局部化学过程的影响，而不会受到传输过程的影响。因此，假设样品被充分混合在一个箱体中的零维模式，可以用作描述特定条件下 OH 自由基的化学特性。OH 自由基的浓度变化公式如下所示：

$$d[OH]/dt = P(OH) - L(OH) = P(OH) - [OH]\sum_i k_{i+OH}[i] \tag{8.1}$$

式中，$[i]$为与 OH 自由基反应的指定汇的浓度(光解和 OH 自由基的非均相反应造成的损失被认为不是 OH 自由基的重要汇，此处予以忽略)。当 OH 自由基处于平衡态时其浓度不会发生变化($d[OH]/dt = 0$)，此时 OH 自由基会在迅速生成的同时迅速消耗，即源汇处于平衡状态，如下式所示：

$$P(OH) = L(OH) \tag{8.2}$$

$$[OH] = P(OH)/\sum_i k_{i+OH}[i] \tag{8.3}$$

通过比较外场观测得到的OH自由基的浓度与式(8.2)中计算得到的OH自由基的浓度值，可以对模式中描述源汇项机理(化学机理)的合理性进行验证。因为 OH 自由基的停留时间小于 1 s，所以设计实验时应在接近测量 OH 自由基的仪器进样口几米的范围内产生 OH 自由基。作为输入参数，该模式需要对所有汇 i 和源 $P(OH)$有贡献的参数(包括辐射)进行测定，理想情况下测定这些参数的仪器采样口最好都设置在距离 OH 自由基测量仪器进样口几米的范围内。

8.1.3　大气污染监测方案的制定

大气污染监测方案的制定是系统开展监测项目的前提。在制定大气污染监测方案时，需要根据监测目的进行调查研究，收集相关资料，然后经过综合分析，确定监测项目，设计监测技术(包括采样技术和检测技术等)，监测点的布设，采样时间和频率，建立质量保证程序和措施，提出进度安排计划和对监测结果报告的要求等。

总体而言，大气环境监测的目的可分为如下两方面：其一是常规性监测。这种监测项目主要是对大气环境中主要污染物进行例行连续监测，并根据监测结果判断大气质量是否符合国家制定的环境空气质量标准，编制环境空气质量评价报告，为政府部门执行有关环境保护法规，开展环境质量管理、环境科学研究及修订大气环境质量标准提供基础资料和依据。其二是研究性监测。这种监测项目主要是针对具体大气环境科学问题开展系统强化监测，深入研究其污染特征、来源、理化特性、变化规律、形成机理和发展趋势等。研究结果可为指导实验室进一步针对污染物的形成机理的模拟提供指导，也可为验证大气化学传输模式模拟能力提供参比数据。

大气污染监测调研与资料收集主要包括污染源分布及排放情况、气象资料、地形资料、土地利用和功能分区情况、人口分布及人群健康情况等方面资料。关于污染源分布及排放情况，需要通过调查将待测区域内及周边的污染源类型、数量、位置、排放的主要污染物及排放量等调研清楚。气象条件的变化会对大气污染物在大气中的扩散、输送和一系列的物理化学变化产生重要的影响。因此，还需要收集监测区域的气象资料，包括风向、风速、气温、气压、降水量、日照时数、相对湿度、温度的垂直梯度和逆温层底部高度等。此外，地形对当地的风向、风速和大气稳定情况等都有影响，因此，地形特征也是设置监测网点应当考虑的重要因素。对于被测区域内监测网点的设置，还需要考虑监测区域内土地利用及功能区划分情况。不同功能区的污染状况不同，如工业区、商业区、混合区、居民区、农业区、自然景区等。同时，还可以按照建筑物的密度、有无绿化地带等做进一步分类。另外，针对监测网点数的设定，还需要考虑人口分布及人群健康情况，需要掌握监测区域人口分布、居民和动植物受大气污染危害情况及流行性疾病等资料，对制定监测方案、分析判断监测结果是有益的。此外，对于监测区域以往的大气污染监测资料等也应尽量收集，以供制定监测方案时参考。

监测点的布设原则和要求一般包括如下几方面。如果是多点位监测同步监测，采样点应设在整个监测区域的高、中、低三种不同污染物浓度的区域。在污染源比较集中、主导风向比较明显的情况下，应将污染源的下风向作为主要监测范围，布设较多的采样点；上风向布设少量点作为对照。工业企业较密集的城区和工矿区，以及人口密度大及污染物超标地区，要适当增设采样点，而在城市郊区和农村、人口密度小及污染物浓度低的地区，可适当减设采样点。采样点周边的微环境对其监测结果有重要影响，采样点的周围应开阔，采样口水平线与周围建筑物高度的夹角应不大于 30°。测点周围无局地污染源，并应避开树木及吸附能力较强的建筑物，交通密集区的采样点应设在距人行道边缘至少 1.5 m 远处。采样高度根据监测目的而定。若是连续采样例行监测，采样口高度应距离地面 3 ~ 15 m；若置于屋顶采样，采样口应与基础面保持 1.5 m 以上的相对高度，以减少扬尘的影响。

采样点设置数目是与经济投资和精度要求相对应的，应根据监测范围大小、污染物的空间分布特征、人口分布及其密度、气象、地形及经济条件等因素综合考虑确定。我国对大气环境污染例行监测采样点数目的设定主要是根据城市人口的数量而定的。对有自动监测系统的城市要求以自动监测为主，人工连续采样点位为辅；对无自动监测系统的城市以连续采样点为主，辅以单机自动监测，以便解决缺少瞬时值的问题。

监测区域内的采样点总数确定后，可采用经验法、统计法、模拟法等方法进行采样站(点)的布设。经验法是常采用的布点方法，特别是对尚未建立监测网或监测数据积累少的地区，需要凭借经验确定采样站(点)的位置，常用方法包括功能区布点法、网格布点法、同心圆布点法、扇形布点法、垂直梯度布点法等。此外，随着监测技术的不断发展，移动监测技术(如车辆走航监测、飞机航测、无人机监测等)已经被逐渐广泛应用于获取被测物的多维空气信息特征，并深入掌握污染物浓度分布、来源、形成机理和变化规律等方面研究中。

采样时间指每次采样从开始到结束所经历的时间，也称采样时段，采样频率指在一定时段内的采样次数(也常称为采样时间分辨率)，二者要根据监测目的、污染物分布特征、分析方法、灵敏度及人力、物力等因素决定。采样时间过短，则试样缺乏代表性，监测结果不能反映污染物浓度随时间的变化情况，仅适用于事件性污染(如大气环境污染事件应急监测)、初步调查等情况。传统的监测技术常采用手工监测技术，即在监测点位用采样装置采集一定时段的环境空气样品，将采集的样品在实验室用分析仪器分析、处理的过程。但这种方法耗时费力。例如，要获得 1 h 平均浓度值，样品的采样时间应不少于 45 min；要获得日平均浓度值，气态污染物的累计采样时间应不少于 18 h，颗粒物的累计采样时间应不少于 12 h。现如今，很多连续自动监测仪器技术可实现秒级快速响应，即仪器搭载自动采样和检测系统可实时在线提供秒级时间分辨率的监测数据。这种自动监测仪器技术既适用于长期连续定点观测也适用于移动观测(如走航监测)和对数据时间分辨率有严格要求的场景。在实际应用中，常常是手工监测和自动监测技术两种方法同步使用，而具体采样时间和频率需要根据具体的监测项目与环境空气质量标准中各项污染物数据统计的有效性规定确定。

8.2　大气污染监测原理

8.2.1　光谱分析法

光谱分析法是根据物质的光谱来鉴别物质及确定其化学组成和相对含量的方法，是以分子和原子的光谱学为基础建立起的分析方法。包含三个主要过程：①能源提供能量；②能量与被测物质相互作用；③产生被检测信号。光谱法分类很多，用物质粒子对光的吸收现象而建立起的分析方法称为吸收光谱法，如紫外-可见吸收光谱法、红外吸收光谱法和原子吸收光谱法等。利用发射现象建立起的分析方法称为发射光谱法，如原子发射光谱法和荧光发射光谱法等。由于不同物质的原子、离子和分子的能级分布是特征的，则吸收光子和发射光子的能量也是特征的。以光的波长或波数为横坐标，以物质对不同波长光的吸收或发射的强度为纵坐标所描绘的图像称为吸收光谱或发射光谱。可利用物质使用不同光谱分析法得到的特征光谱对其进行定性分析，根据光谱强度进行定量分析。

光谱分析法主要有原子发射光谱法、原子吸收光谱法、紫外-可见吸收光谱法、红外吸收光谱法等。根据电磁辐射的本质，光谱分析又可分为分子光谱和原子光谱。物质吸收波长范围在 200 ~ 760 nm 区间的电磁辐射能而产生的分子吸收光谱称为该物质的紫外-可见吸收光谱，利用紫外-可见吸收光谱进行物质的定性、定量分析的方法称为紫外-可见分光光度法。其光谱是由于分子中价电子的跃迁而产生的，因此这种吸收光谱取决于分子中价电子的分布和结合情况。其在饲料加工分析领域应用相当广泛，特别是对饲料中铅、铁、铜、锌等离子含量的测定应用。荧光分析是近年来发展迅速的痕量分析法，该方法操作简单、快速、灵敏度高、精密度和准确度好，并且线性范围宽，检出限低。

光谱分析法开创了化学和分析化学的新纪元，不少化学元素通过光谱分析发现。光谱分析法已广泛地用于地质、冶金、石油、化工、农业、医药、生物化学、环境保护等许多方面。光谱分析法是常用的灵敏、快速、准确的近代仪器分析方法之一。

8.2.2　色谱分析法

色谱分析法，又称层析法、色层法、层离法。该方法是一种物理或物理化学分离分析方法，先将混合物中各组分分离，而后逐个分析。其分离原理是利用混合物中各组分在固定相和流动相中溶解、解析、吸附、脱附或其他亲和作用性能的微小差异，当两相做相对运动时，各组分随着移动在两相中反复受到上述各种作用而得到分离。色谱分析法已成为分离各种复杂混合物的重要方法，但对分析对象的鉴别能力较差，通常与质谱仪联用。

色谱分析法的分类比较复杂。根据流动相和固定相的不同，色谱分析法分为气相色谱法和液相色谱法。按色谱操作终止的方法可分为展开色谱和洗脱色谱。按进样方法可分为区带色谱、迎头色谱和顶替色谱。按吸附力可分为吸附色谱、离子交换色谱、分配色谱和凝胶渗透色谱。气相色谱法的流动相是气体，又可分为：气固色谱法，其流动相是气体，固定相为固体；气液色谱法，其流动相是气体，固定相是涂在惰性固体上的液体。液相色谱法的流动相是液体，又可分为：液固色谱法，其流动相是液体，固定相是固体；液液色谱法，其流动相和固定相均是液体。按吸附剂及其使用形式可分为柱色谱、纸色谱和薄层色谱。

经色谱分离出的各组分，与已知标准样品对照进行定性分析。现代化的色谱-质谱联用或色谱-光谱联用仪器，配备有丰富的谱图库和微处理机。色谱柱流出的组分直接送入质谱和光谱仪进行定性鉴定与数据的定量处理。开发智能化色谱分析是发展的主要方向。

色谱分析法的特点：①分离效率高。可分离性质十分相近的物质，可将含有上百种组分的复杂混合物进行分离。②分离速度快。几分钟到几十分钟就能完成一次复杂混合物的分离操作。③灵敏度高。能检测 $\mu g \cdot g^{-1}$ 甚至 $ng \cdot g^{-1}$ 级的物质量。④可进行大规模的纯物质制备。

色谱分析法在化工、石油、生物化学、医药卫生、环境保护、食品检验、法医检验、农业等各个领域都有广泛的应用。在各种色谱法中，以气液色谱法和液固色谱法应用最广。气相色谱法分离中、小分子化合物比较理想。中等大小的分子可用液液色谱法和液固色谱法分离。离子交换色谱一般用于有离子基团的物质。分子尺寸再大时，用凝胶渗透色谱法分离。薄层色谱法和纸色谱法的分析速度快、方便、成本低，柱色谱法比薄层色谱法和纸色谱法具有更高的分辨能力。

8.2.3 质谱分析法

质谱分析法是一种与光谱法并列的谱学分析方法，是一种分析质量的检测技术。质谱分析法的原理是使试样中各组分电离生成不同质荷比的离子，经加速电场的作用，形成离子束，进入质量分析器，利用电场和磁场使之发生相反的速度色散——离子束中速度较慢的离子通过电场后偏转大，速度快的偏转小；在磁场中离子发生角速度矢量相反的偏转，即角速度慢的离子依然偏转大，角速度快的偏转小；当两个场的偏转作用彼此补偿时，它们的轨道便相交于一点。与此同时，在磁场中还能发生质量的分离，这样就使具有同一质荷比而速度不同的离子聚焦在同一点上，不同质荷比的离子聚焦在不同的点上，将它们分别聚焦而得到质谱图，从而确定其质量。

根据质谱图提供的信息可以进行：①复杂化合物的结构分析；②多种有机物及无机物的定性和定量分析；③样品中各种同位素比的测定；④固体表面的结构和组成分析等。质谱分析法特别是它与色谱仪及计算机联用的方法已广泛应用在有机化学、生化、药物代谢、临床、毒物学、农药测定、环境保护、石油化学、地球化学、食品化学、植物化学、宇宙化学和国防化学等领域。用质谱仪做多离子检测，可用于定性分析，例如，在药理生物学研究中能以药物及其代谢产物在气相色谱图上的保留时间和相应质量碎片图为基础，确定药物和代谢产物的存在；也可用于定量分析，将被检化合物的稳定性同位素异构物作为内标，以取得更准确的结果。

质谱仪种类繁多，不同仪器应用特点也不同，可分为电子轰击质谱 EI-MS、场解吸附质谱 FD-MS、快原子轰击质谱 FAB-MS、基质辅助激光解吸附飞行时间质谱 MALDI-TOFMS、电子喷雾质谱 ESI-MS 等，不过能测大分子量的是基质辅助激光解吸附飞行时间质谱 MALDI-TOFMS 和电子喷雾质谱 ESI-MS，其中基质辅助激光解吸附飞行时间质谱 MALDI-TOFMS 可以测量的分子量达 100000。一般来说，在 300 ℃左右能气化的样品可以优先考虑用气相色谱-质谱联用仪(GC-MS)进行分析，因为 GC-MS 使用电子轰击电离(EI)源，得到的质谱信息多，可以进行库检索，毛细管柱的分离效果也好。如果在 300 ℃左右不能气化，则需要用液相色谱-质谱联用仪(LC-MS)分析，此时主要得到的是分子量信息，如果是串联质谱，还可以得到一些结构信息。如果是生物大分子，主要利用 LC-MS 和 MALDI-TOF 分析，主要得到分子量信息。对于蛋白质样品，还可以测定氨基酸序列。质谱仪的分辨率是一项重要技术指标，高分辨质谱仪可以提供化合物结构式，这对结构测定是非常重要的。双聚焦质谱仪、傅里叶变换质谱仪、带反射器的飞行时间质谱仪等都具有高分辨功能。

8.3 气态污染物监测

气体污染物的采集方法可以分为直接采样法、主动采样法和被动采样法。

1. 直接采样法

直接采样法是将气体样品直接采集在合适的气体收集器内，再带回实验室分析，所得结果代表污染物的瞬间或短时间内的平均浓度。直接采样法不需要使用专用吸收剂，采集完后直接进入气相色谱即可进行分析，方法简便，适用于大多数气体污染物的分析。该法主要用于气体污染物浓度较高的场所，且存在气体样品与收集容器的器壁易发生化学反应、吸附、解析和渗漏等问题。

2. 主动采样法

主动采样法是用一个抽气泵将气体样品通过吸收介质，使气体样品中的待测物质浓缩在吸收介质中，而达到浓缩采样的目的。吸收介质通常是液体或多孔状的固体颗粒物，其不仅浓缩待测污染物，提高分析灵敏度，还有利于去除干扰物和选择不同原理的分析方法。

3. 被动采样法

被动采样法是基于气体分子扩散或渗透原理采集气态物质的方法。这种采样器小巧轻便，用作个体接触剂量评价的监测，也可以外场连续采样，间接用作环境空气质量评价的监测。

8.3.1 SO_2的监测方法与原理

测定 SO_2 的常用方法有分光光度法、紫外荧光法、电导法、恒电流库仑法和火焰光度法。分光光度法主要分为四氯汞钾溶液吸收-盐酸副玫瑰苯胺分光光度法和甲醛缓冲溶液吸收-盐酸副玫瑰苯胺分光光度法。

1. 四氯汞钾溶液吸收-盐酸副玫瑰苯胺分光光度法

四氯汞钾溶液吸收-盐酸副玫瑰苯胺分光光度法是国内外广泛采用的测定环境空气中 SO_2 的标准方法，具有灵敏度高、选择性好等优点，但吸收液毒性较大。用氯化钾和氯化汞配制成四氯汞钾吸收液，空气中的 SO_2 被四氯汞钾溶液吸收后，生成稳定的二氯亚硫酸盐络合物，该络合物再与甲醛和盐酸副玫瑰苯胺发生反应，生成紫红色络合物。其颜色深浅与 SO_2 含量成正比，根据其颜色深浅用分光光度计测定其吸光度。

其测定方法有两种：一是所用盐酸副玫瑰苯胺显色溶液含磷酸量较少，最终显色溶液的 pH 为 1.6±0.1，显色后溶液呈红紫色，最大吸收波长在 548 nm 处，试剂空白值较高；二是最终显色溶液的 pH 为 1.2±0.1，显色后溶液呈蓝紫色，最大吸收波长在 575 nm 处，试剂空白值较低，但灵敏度略低于第一种方法。

2. 甲醛缓冲溶液吸收-盐酸副玫瑰苯胺分光光度法

甲醛缓冲溶液吸收-盐酸副玫瑰苯胺分光光度法是现行的测定环境空气 SO_2 的国家生态环境标准规范方法之一。用甲醛缓冲溶液吸收-盐酸副玫瑰苯胺分光光度法测定 SO_2，可避免使用四氯汞钾溶液，在灵敏度、准确度等方面均可与四氯汞钾溶液吸收-盐酸副玫瑰苯胺分光光度法相媲美，且样品采集后相当稳定，但操作条件要求较严格。其简要原理为气样中的 SO_2 被甲醛缓冲溶液吸收后，生成稳定的羟基甲基磺酸加成化合物，加入氢氧化钠溶液使加成化合物分解，释放出的 SO_2 与盐酸副玫瑰苯胺发生反应，生成紫红色络合物，其最大吸收波长为 577 nm，用分光光度法测定。

3. 钍试剂分光光度法

该方法与四氯汞钾溶液吸收-盐酸副玫瑰苯胺分光光度法都是国际标准化组织(ISO)推荐的测定 SO_2 的标准方法。此方法所用的吸收液无毒，样品采集后相当稳定，但灵敏度较低，所需采样体积较大，适用于测定 SO_2 日平均浓度。其简要原理为空气中的 SO_2 用过氧化氢溶液吸收并氧化成硫酸，硫酸根离子与定量加入的过量高氯酸钡反应，生成硫酸钡沉淀，剩余的钡离子与钍试剂作用生成紫红色的钍试剂-钡络合物。根据其颜色深浅进行定量分析，络合物最大吸收波长为 520 nm。

4. 紫外荧光法

紫外荧光法主要适用于自动监测，是一种基于分子发射光谱的方法。采用紫外灯(Zn 灯)发出紫外线(190 ~ 230 nm)通过 214 nm 的滤光片，激发 SO_2 分子使其成为激发态的 SO_2^*，当激发态的 SO_2^* 分子返回基态时，会产生荧光(240 ~ 420 nm)。在低湿度条件下，当 SO_2 浓度相对较低时，荧光强度与 SO_2 浓度呈线性关系。根据紫外荧光的原理，荧光总强度(I)与 SO_2 浓度之间的关系可表示为

$$I = kc \tag{8.4}$$

式中，c 为 SO_2 浓度；k 为一定物质、一定条件下的比例系数。比例系数 k 一般与反应室长度、温度、材料、SO_2 的吸收系数、空气分子质量、荧光的猝灭时间、荧光出口面积以及出口透镜的透过率等参数有关。

干扰消除：在室温下，环境空气中芳香烃和硫化氢等对测定结果有干扰，应在仪器反应池前使用相应的干扰物去除器。

如图 8.3.1 所示，SO_2 的自动测定-紫外荧光法的样品空气以恒定的流量通过颗粒物过滤器进入仪器反应室，SO_2 分子受波长 200 ~ 220 nm 的紫外线照射后产生激发态 SO_2 分子，返回基态过程中发出波长为 240 ~ 420 nm 的荧光，在一定浓度范围内样品空气中 SO_2 浓度与荧光强度成正比。

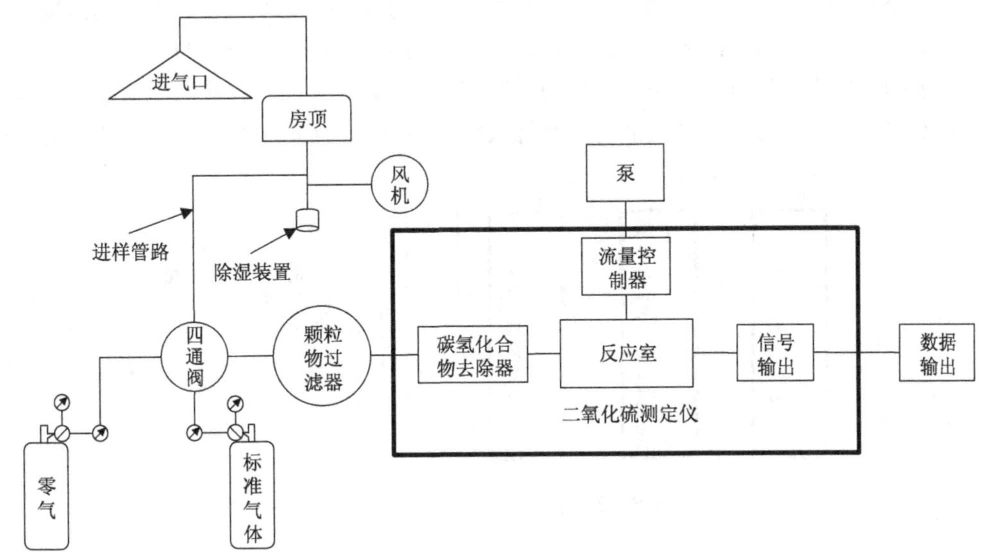

图 8.3.1　SO_2 测定仪示意图

8.3.2　NO_x 的监测方法与原理

大气中的 NO 和 NO_2 可以分别测定，也可以直接测定 NO_x(NO 和 NO_2 的总量)。通常采用的方法有盐酸萘乙二胺分光光度法、化学发光法、原电池恒电流库仑法等。

1. 盐酸萘乙二胺分光光度法

盐酸萘乙二胺分光光度法是现行的测定环境空气中 NO_x 的国家生态环境标准规范方法。该方法采样和显色同时进行，操作简便、灵敏度高，是国内外普遍采用的测量方法。在测定 NO_x 或单独测定 NO 时，需要将 NO 氧化成 NO_2，因此，依据所用氧化剂的不同，将该方法分为高锰酸钾溶液氧化法和三氧化铬-石英砂氧化法。两种方法的显色、定量测定原理是相同的。

原理：用冰乙酸、对氨基苯磺酸和盐酸萘乙二胺配制成吸收液采样，空气中的 NO_2 被吸收转变成亚硝酸和硝酸，在冰乙酸存在的条件下，亚硝酸与对氨基苯磺酸发生重氮化反应，再与盐酸萘乙二胺偶合，生成玫瑰红色偶氮染料，其颜色深浅与气样中 NO_2 的浓度成正比，即偶氮染料颜色越深，则表明 NO_2 浓度越高。因此，可用分光光度法测定。

由于用吸收液吸收空气中的 NO_2，并不是百分之百生成亚硝酸，还有一部分生成硝酸，计算测定结果时需要用 Saltzman 实验系数 f 进行换算。该系数是用 NO_2 标准混合气体进行多次吸收实验测定的平均值，表征在采气过程中被吸收液吸收生成偶氮染料的亚硝酸量与通过采样系统的 NO_2 总量的比值。f 值受空气中 NO_2 的浓度、采样流量、吸收瓶类型、采样效率等因素的影响，故测定条件要与实际样品保持一致。

2. 酸性高锰酸钾溶液氧化法

该方法使用的空气采样器如图 8.3.2 所示。如果测定空气中 NO_x 的短时间浓度，则使用少量吸收液，以 0.4 $L\cdot min^{-1}$ 的流量采气 4 ~ 24 L；如果测定 NO_x 的日平均浓度，要使用较多的吸收液，以 0.2 $L\cdot min^{-1}$ 的流量采气 28 L。流程中将内装酸性高锰酸钾溶液的氧化瓶串联在两支内装显色吸收液的多孔筛板吸收瓶之间，可分别测定 NO 和 NO_2 的浓度。

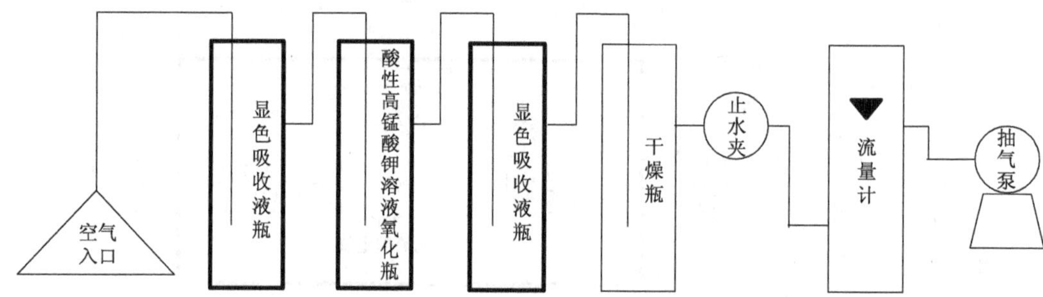

图 8.3.2　空气中 NO_x 采样流程图

测定时，首先用亚硝酸钠标准溶液配制标准色列和试剂空白溶液，在 540 mm 处，以蒸馏水为参比测定二者的吸光度，以扣除试剂空白的标准色列吸光度对亚硝酸根含量绘制标准曲线，然后于同一波长处测量样品溶液的吸光度，扣除试剂空白的吸光度后按以下各式分别计算 NO、NO_2、NO_x 的浓度。

$$\rho_{NO} = \frac{(A_2 - A_0 - a)\times V \times D}{bfkV_0} \tag{8.5}$$

$$\rho_{NO_2} = \frac{(A_1 - A_0 - a)\times V \times D}{bfV_0} \tag{8.6}$$

$$\rho_{NO_x} = \rho_{NO_2} + \rho_{NO} \tag{8.7}$$

式中，ρ_{NO}、ρ_{NO_2}、ρ_{NO_x} 分别为空气中 NO、NO_2、NO_x 的浓度(以 NO_2 计)，$mg\cdot m^{-3}$；A_1 和 A_2 分别为第一支和第二支吸收瓶中吸收液采样后的吸光度；A_0 为试剂空白溶液的吸光度；V 和 V_0 分别为采样用吸收液体积(mL)和换算为标况下的采样体积(L)；a 和 b 分别为回归方程的截距和斜率；k 为 NO 氧化为 NO_2 的氧化系数(0.68)；D 为气样吸收液稀释倍数；f 为 Saltzman 试验系数(0.88)，当空气中 NO_2 浓度高于 0.720 $mg\cdot m^{-3}$ 时为 0.77。

3. 三氧化铬-石英砂氧化法

该方法是在显色吸收液瓶前接一个内装三氧化铬-石英砂(氧化剂)管，当用空气采样器采样时，气样中的 NO 在这个氧化管内被氧化成 NO_2，并与气样中的 NO_2 一起进入吸收瓶，被吸收液吸收并发生显色反应。于波长 540 nm 处测量吸光度，用标准曲线法进行定量测定，其结果为空气中 NO 和 NO_2 的总浓度 ρ_{NO_x}。也可以用酸性高锰酸钾溶液氧化法中的计算式求出空气中 NO_x 的浓度。

4. 原电池恒电流库仑法

这种方法与常规恒电流库仑法的不同之处是库仑池不施加直流电压，而依据原电池原理工作，如图 8.3.3 所示。库仑池中有两个电极，一个是活性炭阳极，另一个是铂网阴极，池内充 0.1 mol·L^{-1} 磷酸盐缓冲溶液(pH = 7)和 0.3 mol·L^{-1} 碘化钾溶液。当进入库仑池的气样中含有 NO_2 时，则与电解液中的 I^-反应，将其氧化成 I_2，而生成的 I_2 又立即在铂网阴极上还原为 I，由此便产生微小电流。如果电流效率达 100%，则在一定条件下，微小电流大小与气样中 NO_2 浓度成正比，故可根据法拉第电解定律将产生的电流强度换算成 NO_2 浓度，直接进行显示和记录。测定总氮氧化物时，须先让气样通过三氧化铬氧化管，将 NO 氧化成 NO_2。

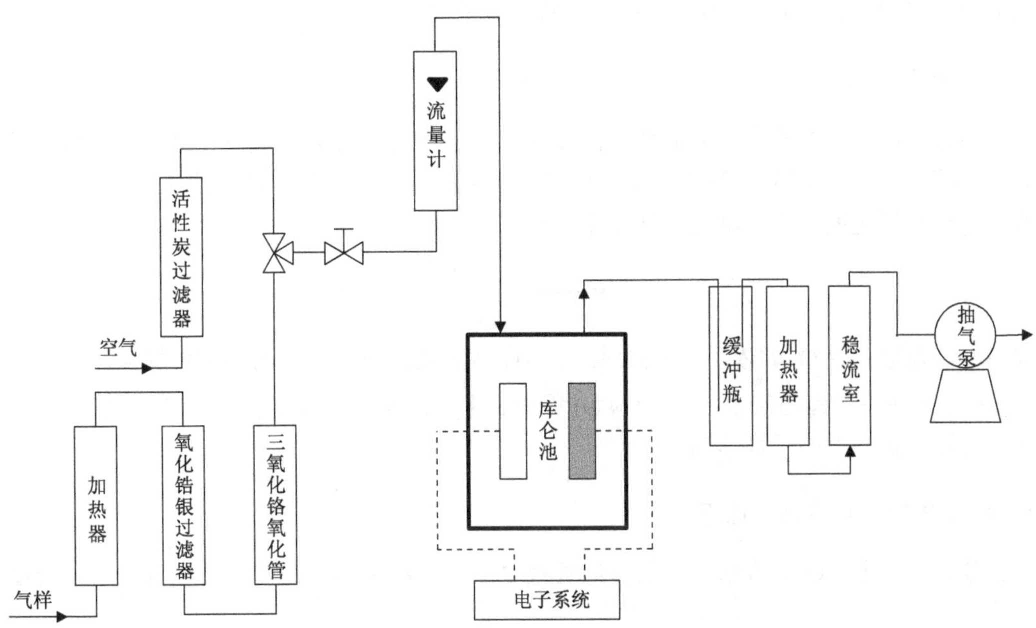

图 8.3.3　原电池恒电流库仑法 NO_x 监测仪气路系统

该方法的缺点是 NO_2 流经水溶液时发生歧化反应，造成电流损失 20% ~ 30%，使测得的电流仅为理论值的 70% ~ 80%。此外，这种仪器的维护工作量较大，连续运行能力差，使应用受到限制。

8.3.3 O_3的监测方法与原理

测定空气中O_3的方法有硼酸碘化钾分光光度法、靛蓝二磺酸钠分光光度法、化学发光法和紫外线吸收法。

1. *硼酸碘化钾分光光度法*

该方法以含有硫代硫酸钠的硼酸碘化钾溶液为吸收液采样，空气中的O_3等氧化剂氧化碘离子为碘分子，而碘分子又立即被硫代硫酸钠还原。剩余的硫代硫酸钠由加入过量的碘标准溶液氧化，剩余碘于波长 352 nm 处以水为参比测定吸光度。同时采集零气(除去O_3的空气)，并准确加入与采集空气样品相同量的碘标准溶液，氧化剩余的硫代硫酸钠，于波长 352 nm 处测定剩余碘的吸光度，则气样中剩余碘的吸光度减去零气样剩余碘的吸光度即为空气样中O_3氧化碘化钾生成碘的吸光度。根据标准曲线建立的回归方程式，按式(8.8)计算空气样中O_3的浓度：

$$\rho=\frac{f\times\left(A-A_0-a\right)}{bV_{\mathrm{nd}}} \tag{8.8}$$

式中，ρ为空气样中O_3的浓度，$mg \cdot L^{-1}$；A为样品溶液的吸光度；A_0为零气样品溶液的吸光度；f为样品溶液最后体积与系列标准溶液体积之比；a为回归方程的截距；b为回归方程的斜率；V_{nd}为换算为标准状态下的采样体积，L。

2. *靛蓝二磺酸钠分光光度法*

该方法用含有靛蓝二磺酸钠的磷酸盐缓冲溶液作吸收液采集空气样品，则空气中的O_3与蓝色的靛蓝二磺酸钠发生等摩尔反应，生成靛红二磺酸钠，使之褪色，于 610 nm 波长处测其吸光度，用标准曲线法定量。计算公式如下：

$$\rho=\frac{\left(A-A_0-a\right)\times V}{bV_{\mathrm{nd}}} \tag{8.9}$$

式中，ρ为空气中O_3的浓度，$mg \cdot L^{-1}$；A为样品溶液的吸光度；A_0为空白样品溶液的吸光度；a为回归方程的截距；b为回归方程的斜率；V为样品溶液的总体积，mL；V_{nd}为换算为标准状态下的采样体积，L。

8.3.4 CO 的监测方法与原理

测定空气中 CO 的方法有非色散红外吸收法、气相色谱法、定电位电解法、汞置换法等。

1. *气相色谱法*

色谱分析法是一种分离测定多组分混合物极其有效的方法。它基于不同物质在相对运动的两相中具有不同的分配系数，当这些物质随流动相移动时，就在两相之间进行反复多次分配，使原来分配系数只有微小差异的各组分得到很好的分离，并依次送入检测器测定，达到分离分析各组分的目的。用气体作为流动相时，称为气相色谱法。用该法测定空气中的 CO 时，空气中的 CO、CO_2 和甲烷经 TDX-01 碳分子筛柱分离后，于氢气流中在镍催化剂(360±10 ℃)作用下，CO、CO_2 皆能转化为 CH_4，然后用氢火焰离子化检测器分别测定上述三种物质。其出峰顺序依次为 CO、CH_4、CO_2，测定流程如图 8.3.4 所示。

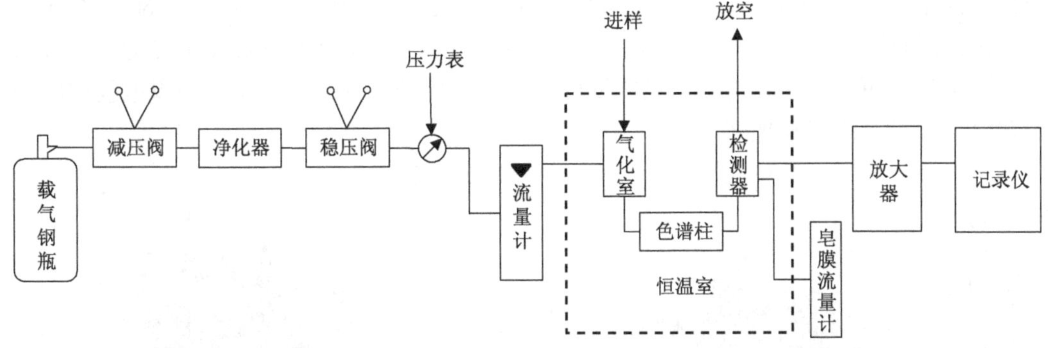

图 8.3.4　气相色谱法测定 CO 流程

2. 汞置换法

汞置换法也称间接冷原子吸收法。该方法基于气样中的 CO 与活性氧化汞在 180 ~ 200 ℃发生反应，置换出汞蒸气，带入冷原子吸收测汞仪测定汞的含量，再换算成 CO 浓度。汞置换法 CO 测定仪的工作流程如图 8.3.5 所示。空气经灰尘过滤器、活性炭管、分子筛管及硫酸亚汞硅胶管等净化装置，除去尘埃、水蒸气、二氧化硫、丙酮、甲醛、乙烯、乙炔等干扰物质后，通过转子流量计、六通阀，由定量管取样送入氧化汞反应室，被 CO 置换出的汞蒸气随气流进入测量室，吸收低压汞灯发射的 253.7 nm 波长紫外线，用光电管、放大器及显示、记录仪表测量吸光度，以实现对 CO 的定量测定。测量后的气体经碘-活性炭吸附管由抽气泵抽出排放。

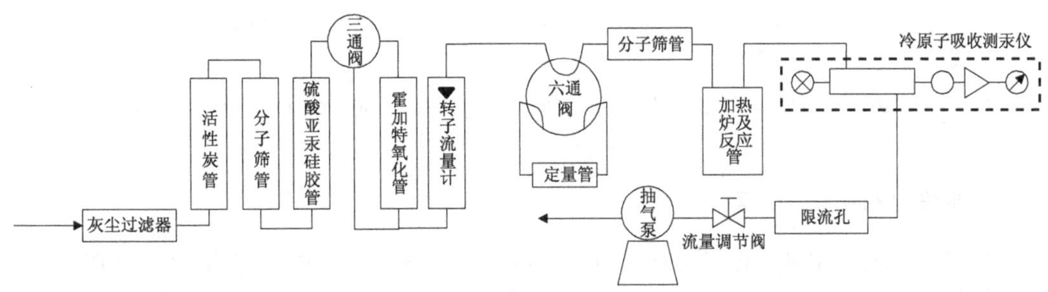

图 8.3.5　汞置换法 CO 测定仪的工作流程

8.3.5　气态污染物在线监测

通过持续优化生态环境监测站网体系建设，我国已逐步实现了高密度网格化布局的低成本、多参数集成的紧凑型微型环境空气监测系统，其网格化的监测体系能够全覆盖监测区域，并实现高分辨率的大气污染监测，同时结合信息化大数据的应用，实现污染来源追踪、预警预报等功能，为环境污染防控提供更为及时有效的决策支持。

在实际运用中，针对大气气态污染物的监测主要基于在线观测技术，主要优点为可获取高时间分辨率数据且监测效率高，例如国家空气质量监测网络，逐小时发布全国站点的观测结果。图 8.3.6 显示 2015～2020 年国家空气质量监测网络(包含了 360 余个典型城市或地区)常规大气气态污染物(包括 O_3、NO_2、 SO_2 和 CO)平均质量浓度的空间分布特征。从结果可以看出，这些污染物浓度分布区域性的差异性，在华北平原地区浓度相对最高，尤其是京津冀地区。

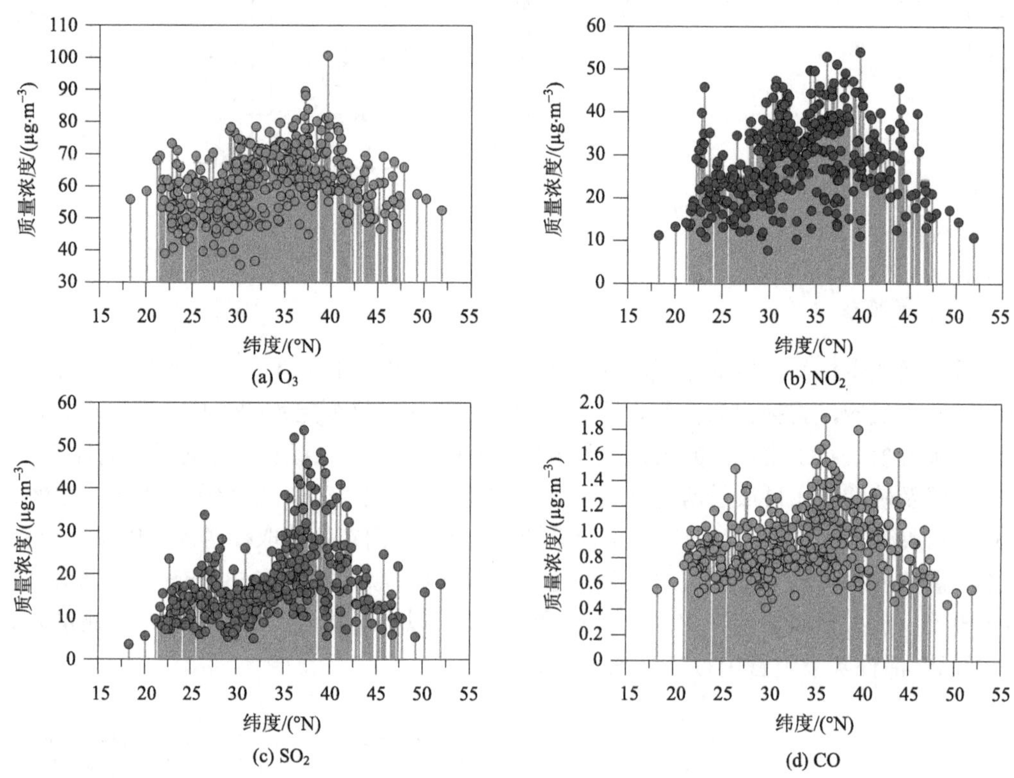

图 8.3.6　我国 2015～2020 年常规大气气态污染物(包括 O_3、NO_2、SO_2 和 CO)质量浓度与纬度间的关系

8.3.6　挥发性有机物的监测

VOC 是 O_3 和 $PM_{2.5}$ 的重要前体物，对其进行准确监测能够为我国的 O_3 和 $PM_{2.5}$ 协同防控提供基础资料。由于大气中 VOC 化学组成复杂，而且不同组分浓度、物理和化学性质差异大，因此开展 VOC 监测时仍然面临较大的挑战。大气中 VOC 监测通常包含采样、前处理、仪器分析和质量控制/质量保障(QA/QC)4 个环节。

1. 采样方法

大气中 VOC 采样方式包括现场采样直接分析(在线采样)和离线采样。在线采样通常是通过采样泵主动将环境空气直接抽入监测仪器的管路，然后进行后续分析，另外一种方式则是直接原位测量(常见于光学测量等方法)。离线采样技术主要有不锈钢罐、气袋、吸附柱和衍生化试剂反应柱等方法。不锈钢罐和气袋法是对全空气样品进行采集，吸附柱和衍生化试剂则分别是利用物理吸附和衍生化反应的原理对特定 VOC 进行采集。例如，2,4-二硝基苯肼(DNPH)可以与大气中的羰基化合物发生衍生化反应生成较稳定的腙类物质。

在线采样的优势是避免了样品运输和储存过程中 VOC 的损失，更适合一些高活性 VOC 的采集，离线采样则能够在多个站点同步采样，更适合区域空间分布特征的研究。

2. 前处理方法

由于大气中 VOC 浓度低、干扰多，通过预浓缩的方式进行前处理，可以减少杂质的影响，并提高监测方法的灵敏度。应用较为广泛的预浓缩方法包括：低温(如–20 ℃)吸附、超低温(如–180 ℃)冷凝富集和常温吸附等。相对于超低温冷凝技术，低温吸附方法对制冷技术的要求低，但可能会存在高挥发性组分(如含两个碳的 VOC)吸附不完全，低挥发性组分(如含 12 个碳的 VOC)解析效率低等问题，在吸附剂的选择和温度设置方面需要进行测试。

3. 仪器分析方法

目前应用比较广泛的 VOC 分析仪器包括：气相色谱(GC)、质谱(MS)、高压液相色谱(HPLC)、光学法、传感器法等。

气相色谱仪主要用于测量 $C_1 \sim C_{12}$ 的烃类、卤代烃，以及一些含氧、含氮、含硫等 VOC。常用的 GC 检测器有氢火焰离子化检测器(FID)、光离子化检测器(PID)、电子捕获检测器(ECD)、质谱检测器(MSD)等。其中，FID 和 PID 多用于烃类化合物的测量，而 ECD 主要用于卤代烃的测量。MSD 能够定性和定量分析的组分更多，除了烃类物质，还可以测量卤代烃、含氧、含硫等 VOC。目前国内外大气中 VOC 监测的标准方法多是基于预浓缩前处理和 GC 分析。

质谱技术是近年来快速发展的一种 VOC 监测技术，其中质子转移质谱(PTR-MS)是大气化学中常用的一种在线监测仪，具有响应快(时间分辨率可以达到秒到分钟级)、灵敏度高(体积分数为 10^{-11})等特点。该技术以 H_3O^+ 作为离子源，H_3O^+ 与质子亲和性大于水的组分 R 发生质子转移反应，生成带电的离子 RH^+，然后利用 MSD 对其进行测量。

$$R + H_3O^+ \longrightarrow RH^+ + H_2O \tag{8.1R}$$

相对于 GC 技术，PTR-MS 的优势为样品直接进样、时间分辨率高，但其不能对同分异构体进行分析，而且不能测量质子亲和性小于水的烷烃组分。

液相色谱通常用于测量极性较强的一些含氧 VOC 组分，例如利用 DNPH 采样结合

HPLC 可以对大气羰基化合物进行测量。常用的测量 VOC 的光谱技术主要有傅里叶变换红外光谱(FTIR)、差分吸收光谱(DOAS)等，这两种技术均是利用 VOC 组分(如苯、甲苯、乙苯、甲醛等)的特定吸收光谱来进行定性和定量测量。与 GC 和 HPLC 技术相比，光谱技术不需要进行色谱分离，但易受到大气中水汽和气溶胶等物质的干扰。

传感器技术则有电化学、PID 等方法，具有成本低、响应快等特点，但相对前面所介绍的 VOC 监测方法，其测量灵敏度较低、不确定性较大。如何建立准确的浓度与信号之间的响应关系、提升检测性能，保证传感器信号稳定并与传统方法可比是应用该方法的关键。

4. QA/QC

开展大气 VOC 监测时应针对采样、前处理、仪器分析、样品运输保存、数据处理与保存等进行全过程的 QA/QC。针对样品分析常用的质控措施包括：标准化合物的选择与配置、监测方法性能指标(如精密度、准确度、检出限、空白等)、校准曲线等。还可以通过在样品分析过程中加入内标或每天加入外标来跟踪仪器状态。开展不同实验室和不同仪器之间 VOC 测量的比对也是提升 VOC 监测数据质量的重要方法。另外，通过大气中 VOC 浓度和活性的一些内在规律(如同分异构体相关性)也可以评估监测数据的质量，进而及时发现 VOC 监测过程中存在的问题。

8.4 颗粒态污染物监测

8.4.1 颗粒物粒径谱的监测

大气气溶胶指由大气颗粒物均匀地分散在空气中构成的一个相对稳定的庞大的悬浮体系，而粒径分布作为气溶胶最重要的性质之一，对颗粒物的大气寿命、理化性质等都具有重要影响。此前由于监测方法和仪器手段的限制，针对气溶胶粒径分布的研究较少。随着大气污染监测技术的发展，越来越多的粒径分布观测仪器被开发和应用，同时众多的研究也发现气溶胶颗粒物的粒径分布在评估气溶胶的性质等对人类、生态及气候等具有重要意义，所以相应学者逐渐重视气溶胶颗粒物粒径分布特性的研究。

不同粒径的颗粒物通常具有不同的来源，并且在大气环境中的行为也不同，因此有必要按照粒径将大气颗粒物归类到不同的模态，以此分别研究不同模态颗粒物的理化性质。目前使用最为广泛的是用 Whitby 概括提出的经典三模态模型：粒径小于 0.05 μm 的称为艾特肯(Aitken)核模态，粒径在 0.05 ~ 2 μm 范围的为积聚模态(accumulation mode)，粒径大于 2 μm 的称为粗粒子模态(coarse particle mode)。

艾特肯核模态一般认为是主要来源于燃烧过程所产生的一次气溶胶粒子和气体分子通过化学反应均相成核而转换成的二次气溶胶粒子，多在燃烧源附近新生成的一次气溶胶和二次气溶胶中发现。随着反应的持续进行，易由小粒子的相互碰撞合并成大粒子或小粒子粒径增长进入积聚模态中，称为“老化”。

积聚模态主要来源于艾特肯核模的凝聚，燃烧过程产生的蒸气冷凝、凝聚，以及由大气化学反应产生的各种气体分子转化成的二次气溶胶等。这个范围内的粒子主要通过扩散去除。云中过程还可以在积聚模态内形成粒径分布于 0.1 ~ 1 μm 的两个模态，小粒径部分称为“凝聚模态”，大粒径部分称为“液滴模态”。

粗粒子模态主要来源于机械过程所造成的扬尘、海盐溅沫、火山灰和风沙等一次气溶胶粒子。这部分粒子的化学成分与地表土的化学成分相近，主要靠干沉降和雨水冲刷去除。

有效获取颗粒物粒径分布数据的观测仪器需要满足以下条件：①能实现对粒径非常小的纳米级颗粒物的检测；②仪器的时间分辨率足够高；③多测量通道以满足凝结核模态颗粒物的测量，能够对新粒子成长过程进行分析；④能测量 500 ~ 10^5 cm^{-3} 范围的颗粒物数密度。

早期针对颗粒物粒径的监测主要利用粒子之间的惯性碰撞关系得出，典型仪器包括静电低压撞击器(electrical low pressure impactor，ELPI)、石英晶体微天平-沉积采样器(quartz crystal microbalance-micro-orifice uniform deposition impactor，QCM-MOUDI)等。这类仪器的原理就是利用颗粒物自身惯性的不同，先后进入多级级联的碰撞捕集器中，粒径较小的颗粒物随着气流进入下一级，而粒径较大的颗粒物则被捕集，不仅可通过分粒径通道得到不同粒径范围内颗粒物秒级分辨率数密度，同时还可实时得出 6 nm ~ 10 μm 的颗粒物粒径分布。但此类仪器依赖于分粒径通道，得到的颗粒物粒径分布为特定范围内的结果，对实际大气的表征存在一定误差。

现阶段的粒径分布观测仪器多结合多项气溶胶粒径分布分析技术来测量较宽范围内的粒径分布特征，而主要的粒径分析技术包括激光散射、微分动态分析技术及凝结核计数技术。激光散射仪器主要包括光学颗粒物计数器、激光颗粒物计数器或者激光气溶胶分光计，这些仪器主要通过光散射来认知单个颗粒物粒子并通过散射的振幅来确定颗粒物的直径。而微分动态分析器(different mobility analyzer，DMA)和凝结核计数器(condensation particle counter，CPC)用来对颗粒物进行按粒径分离及计算颗粒物个数。根据 DMA 电极的工作状态(逐级变化或连续扫描变化)，DMA 和 CPC 结合的系统称为微分动态颗粒物筛选器(different mobility particle sizer，DMPS)或扫描电迁移率粒径分析仪(scanning mobility particle sizer，SMPS)。表 8.4.1 总结外场观测和实验室模拟常用的颗粒物粒径分布仪器及粒径范围。

表 8.4.1　常用颗粒物粒径分布仪器及粒径范围　　(单位：μm)

仪器名称(英文全称，简称)	测量粒径类型	测量颗粒物粒径范围
静电低压撞击器 (electrical low pressure impactor，ELPI)	空气动力学粒径	0.006 ~ 10
石英晶体微天平-沉积采样器 (quartz crystal microbalance-micro-orifice uniform deposition impactor，QCM-MOUDI)	空气动力学粒径	0.045 ~ 2.44
颗粒粒径谱仪 (aerodynamic particle sizer，APS)	空气动力学粒径	0.5 ~ 20
宽范围粒子谱仪 (wide-range particle spectrometer，WPS)	空气动力学粒径	0.003 ~ 10

续表

仪器名称(英文全称，简称)	测量粒径类型	测量颗粒物粒径范围
微分动态颗粒物筛选器 (different mobility particle sizer，DMPS)	电迁移率粒径	0.01 ~ 0.84
扫描电迁移率粒径分析仪 (scanning mobility particle sizer，SMPS)	电迁移率粒径	0.003 ~ 1
快速电迁移率粒径分析仪 (fast mobility particle sizer，FMPS)	电迁移率粒径	0.0056 ~ 0.56
双电迁移性颗粒物粒径分析仪 (twin differential mobility particle size，TDMPS)	电迁移率粒径	0.03 ~ 0.85
中性团簇/空气离子谱仪 (neutral cluster and air ion spectrometer，NAIS)	电迁移率粒径	0.002 ~ 0.04
颗粒物激光分光计 (laser particle spectrometer，LPS)	光学粒径	0.35 ~ 10

SMPS 是现阶段外场观测中使用最广泛的粒径分布观测仪器，主要由气溶胶静电分级器(electrostatic classifier，EC)、正丁醇 CPC、DMA 等几部分组成。SMPS 的基本工作原理为：颗粒物首先经过单级惯性撞击器，去除观测大气中超出仪器粒径量程的颗粒物，颗粒物随后在电中和器的作用下进行荷电，带电后的颗粒物进入 DMA，根据电迁移率的不同而被分离，最后通过 CPC 计数得出粒径分布特征。下面分别介绍 DMA 和 CPC 的工作原理。

DMA 的工作原理是根据颗粒物在仪器电场作用下迁移性的不同而实现分类。颗粒物在电场中的迁移能力主要由电迁移率 Z_p 决定，Z_p 为描述带电颗粒在电场中运动性的重要指标，Z_p 越大表示颗粒物在电场中的迁移能力越强。具体定义见式(8.10)：

$$Z_p = \frac{1}{3\pi\eta} \times \frac{q \times C_c}{D_s} \tag{8.10}$$

式中，q 为颗粒物所带电荷；C_c 为 Cunningham 滑动校正系数；η 为空气的黏度；D_s 为颗粒物的斯托克斯粒径。

电迁移率是粒子粒径和所带电荷的函数，粒径越小，电迁移率越大；带电荷数越多，电迁移率越大。DMA 实际相当于一个电容器，主要由内、外电极构成的圆柱形电容器构成。当高压电源接通时，颗粒物气流通过撞击器进入仪器内部，在中和器的作用下，使得颗粒物均荷电。同时 DMA 的两个圆柱形电容器中间始终充盈自上而下平行流动的干燥洁净的保护气，使得气流始终保持稳定的层流状态。不同电迁移性的颗粒到达圆筒的不同位置，内电极上的缺口根据电迁移率筛选掉一部分颗粒物，并让另一部分颗粒物通过，进而从气溶胶体系中筛选出小粒径范围内的颗粒物。

而 CPC 主要利用工作液的凝聚和凝结、液滴的增长来测定颗粒物的数密度，其基本工作原理是：颗粒物先经过加热的正丁醇饱和蒸气，通过一段饱和管使得颗粒物和正丁醇充分混合，然后再通过冷凝管，由此过饱和的蒸气冷凝在颗粒物表面，这也就使得颗粒物迅速生长到光学计数器可以检测的范围内，通过接收到的光学脉冲可以反演得出颗粒物的数密度等。

当蒸气达到一定饱和度时，颗粒物表面就会有很多冷凝形成的蒸气，称为异相凝结。而即使是无粒子条件下，当饱和度达到一定水平后，凝结也会持续发生，这个过程称为均相核化。通常用饱和比(P/P_s)来表征蒸气的饱和程度，具体定义为在一定温度下实际蒸气分压与饱和蒸气分压的比值。在饱和比一定的情况下，只有当颗粒物粒径达到一定大小时，蒸气才能在颗粒物表面凝结，而使蒸气凝结的最小颗粒物粒径也被称为开尔文直径(d)，具体关系如下：

$$\frac{P}{P_s}=\exp\frac{4gM}{\rho RTd} \tag{8.11}$$

式中，g 为冷凝液体的表面张力；M 为冷凝液体的分子量；ρ为冷凝液体的密度；R 为气体常数；T 为热力学温度；d 为开尔文直径。

根据式(8.11)，饱和比越大，相应开尔文直径就越小。当颗粒物先与加入的正丁醇蒸气混合再通过冷凝管，正丁醇蒸气过饱和后就会冷凝在颗粒物表面，使颗粒物生长到微米级，从而被光学计数器检测到，并通过反演计算得出结果。

8.4.2 颗粒物化学组分的监测

大气颗粒物化学组分十分复杂，按照采样分析技术可分为离线观测技术和在线观测技术。离线采样分析技术指在测定大气颗粒物中的化学组分前，需要对大气颗粒物样品进行手工采集，并对所采集的样品进行预处理。手工采样方法主要包括直接采样法和富集(浓缩)采样法。直接采样法一般适用于被测大气样品浓度较高的情况，或者监测方法灵敏度高时，直接采集少量样品即可满足测定分析要求。根据采样设备不同，可分为注射器采样、气袋采样、真空罐(瓶)采样等。富集采样法一般适用于被测大气样品浓度较低(一般在微克或其之下的浓度量级)，直接采样法无法满足测定分析要求，故对样品进行浓缩。富集采样一般持续时间较长(如 24 h)，测得的结果可代表采样期间的平均浓度特点。这类方法主要包括溶液吸收法、填充柱阻留法、滤膜采样法、滤膜-吸附剂联合采样法、被动采样法等。

富集采集法需要使用具有动力装置的采样仪器，对样品进行采集。采样仪器一般主要由收集器、流量计、采样动力三部分组成。收集器是捕集大气待测物质的装置。流量计是测量采样气体流量的仪器，且采样流量是最终计算被采集气体体积必知的参数，从而可计算出待测物质的浓度(如质量浓度)。采样动力由抽气装置(如抽气泵)提供，需根据采样流量、收集器类型及采样点的条件进行选取。颗粒物采样器一般可分为单级采样器和多级采样器。单粒径采样器用于采集指定颗粒物的粒径范围，如总悬浮颗粒物(TSP)、可吸入颗粒物(PM_{10})、细颗粒物($PM_{2.5}$)、亚微米细颗粒物(PM_1)等。多级采样器可对不同粒径范围的颗粒物进行分级采集，即获取不同粒径范围的颗粒物。

针对实际大气中颗粒物样品的离线采集一般常用滤膜采样法。滤膜采样法原理是：将预处理后的滤膜安装在采样器中，用定量流量的抽气泵抽气，使得空气中的颗粒物样品阻留在滤膜上。常用的滤膜有纤维状滤膜，如玻璃纤维滤膜和过氯乙烯滤膜等。玻璃纤维滤膜由超细玻璃纤维制成，其耐高温、耐腐蚀、不易吸水、通气阻力小、采集效率高，适用于采集大气颗粒物样品，利用称重法测定其浓度含量，也可利用溶剂提取富集在其上的有害组分并进行分析。过氯乙烯滤膜是由合成纤维制成的，通气阻力小，可用于有机溶剂溶成透明溶液，用于对颗粒物分散度和颗粒物中化学组分的分析。滤膜类型的选择需根据采样目的，并选择效率高、性能稳定、空白值低、易于处理和利于采样后分析测定的滤膜。

在测定大气颗粒物化学组分前，需要对所采集的滤膜样品进行预处理。预处理的方法根据所测组分的不同而不同，常用的方法包括湿式分解法、干式灰化法、水浸取法等。湿式分解法和干式灰化法一般用于测定颗粒物中金属或非金属元素，水浸取法一般用于测定颗粒物中的水溶性成分，如硫酸盐、硝酸盐、铵盐、水溶性有机物等。在每种预处理方法中，预处理步骤、预处理溶液的选取及配制会根据待测物质的不同而异。

根据待测目标颗粒物化学成分，可利用不同测量方法的仪器对预处理后的大气颗粒物样品进行测量。表 8.4.2 列出常见的大气颗粒物化学成分测量仪器的信息，包括仪器全称、所测颗粒物化学成分、测量方法等。这些测量方法均可用于离线测量大气颗粒物样品，但需要选择适合离线分析的仪器产品。例如，离子色谱(IC)、气溶胶质谱仪(AMS)、高效液相色谱法(HPLC)、三重四极杆液-质联用仪(LCMS)、X 射线荧光光谱仪(XRF)、电感耦合等离子体原子发射光谱仪(ICP-AES)、电感耦合等离子体质谱仪(ICP-MS)、原子吸收光谱仪(ASS)等仪器均可被用于大气颗粒物化学成分离线分析。

表 8.4.2　常见的大气颗粒物化学成分测量仪器

仪器全称(简称)	所测颗粒物化学成分	测量方法
颗粒物-液体转换采集系统-离子色谱(PILS-IC)	无机水溶性离子	离子色谱
在线气体组分及气溶胶监测系统(MARGA)	无机水溶性离子	离子色谱
气溶胶质谱仪(AMS)	非难熔性组分	质谱
气溶胶化学组分在线监测仪(ACSM)	非难熔性组分	质谱
气溶胶飞行时间质谱(ATOFMS)	根据质荷比提取单颗粒的化学物种碎片信息	质谱
单颗粒气溶胶质谱(SPAMS)	根据质荷比提取单颗粒的化学物种碎片信息	质谱
Sunset 半连续 OCEC 分析仪	有机碳、元素碳	热光透射/热光反射
单颗粒黑碳光度计(SP2)	难熔性黑碳	激光诱导白炽
黑碳气溶胶质谱仪(SP-AMS)	难熔性黑碳和非难熔性组分	激光诱导白炽和质谱
光声气溶胶消光仪(PAX)	黑碳(和棕碳)	光声
多波段黑碳仪(AE)	黑碳(和棕碳)	光学衰减
多角度吸收光度计(MAAP)	黑碳	光学衰减
高效液相色谱法(HPLC)	有机分子	色谱
三重四极杆液-质联用仪(LCMS)	有机分子	质谱
X 射线荧光光谱仪(XRF)	金属元素	光谱
电感耦合等离子体原子发射光谱仪(ICP-AES)	金属元素	光谱
电感耦合等离子体质谱仪(ICP-MS)	金属元素	质谱
原子吸收光谱仪(ASS)	金属元素	光谱

因为离线分析技术包括样品采集、样品储存或运输、样品预处理、样品检测等诸多环节，所以导致其测量和分析效率低并无法提供高时间分辨率数据。观测数据时间分辨率直接取决于样品采集时间间隔。自动采用技术与在线仪器分析技术的出现和发展，成功地克服了离线采样工作分析效率低和数据时间分辨率低的缺点。表 8.4.2 给出的是常见的大气颗粒物化学成分测量仪器及其测量方法。水溶性颗粒物化学组成是大气颗粒物中重要的化学组成，当今已经有诸多仪器设备可对其进行在线定量表征。例如，颗粒物-液体转换采集系统(PILS)用于气溶胶取样，与离子色谱仪(IC)耦合，可测定颗粒物样品中水溶性无机化学组成。因为 PILS 无须对被测样品进行额外的预处理，可以将空气流中气溶胶颗粒物捕获并溶解为液体样品，利用 IC 进行测量，可实现自动或半连续的水溶性大气颗粒物化学成分分析。这一技术显著提高大气样品时间分辨率的同时，也较大程度减少了分析工作中的人工工作量。在线气体组分及气溶胶监测系统(MARGA)是由荷兰能源研究所(Energy Research Centre of the Netherlands，ECN)与 Metrohm 及 Applikon 共同研制的。MARGA 用采样真空泵以一定流量(如 1 $m^3 \cdot h^{-1}$)的速度将空气采集到取样箱中。在取样箱中，可溶性气体被旋转式液体气蚀器(WRD)定量吸收。由于气溶胶和气体的扩散速度不同，气溶胶通过 WRD 并被与 WRD 连接的蒸气喷射气溶胶收集器(SJAC)捕获。蒸气喷射产生过饱和状态，导致水蒸气凝聚过程的发生。经过凝聚的气溶胶在旋风分离器中与气流分离开。最后把酸性气体和颗粒物直接吸收到水相中，再使用离子色谱监测其成分，整个过程全自动进行。虽然 PILS-IC 和 MARGA 可实现在线定量表征大气颗粒物水溶性化学成分信息，但主要适用于测量无机水溶性离子，而无法提供全样大气有机气溶胶浓度信息。

美国 Aerodyne 公司生产的气溶胶质谱仪(AMS)可用于近实时在线定量分析大气颗粒物样品，同时获取颗粒物有机和无机化学组成质谱信息。这一分析技术已经被广泛应用到大气环境化学领域中。Zhang 等(2007)给出了基于 AMS 的全球观测结果，结果显示在绝大多数站点有机物是非难熔性亚微米细颗粒物的主要化学组成。虽然 AMS 技术可实现在线监测功能，但是标准配置版的 AMS 运维困难且成本较高，很难实现长期连续在线观测。为了更适合长期在线日常观测，美国 Aerodyne 公司又设计并生产出了一款简易版 AMS，称为气溶胶化学组成在线监测仪(ACSM)。该仪器能够实时并直接地定量测量和显示 $PM_{2.5}$ 或者 PM_1 气溶胶中非难熔性组分(简称 NR-$PM_{2.5}$ 或者 NR-PM_1)的质量浓度和化学组成，包括有机物、硫酸盐、硝酸盐、铵盐和氯化物。ACSM 采用商业级的四极杆质谱仪，相对而言体积小、价格低、维护简单、易于操作，使其更适用于长期无人照看的日常监测应用。

图 8.4.1 显示南京秋季城市大气灰霾污染天气中 NR-PM_1 和 NR-$PM_{1\sim2.5}$ 中的化学组成的浓度变化和相对占比，结果表明，在灰霾污染期间较粗粒径段($PM_{1\sim2.5}$)的二次组分粒子的相对贡献均较大，其中较大的是二次有机气溶胶和硫酸盐。这些结果也间接表明，全面表征我国长三角地区城市大气灰霾粒子的化学组分信息需要针对 $PM_{2.5}$ 化学组分进行监测，而仅针对 PM_1 的监测无法反映出完整的灰霾粒子化学信息。

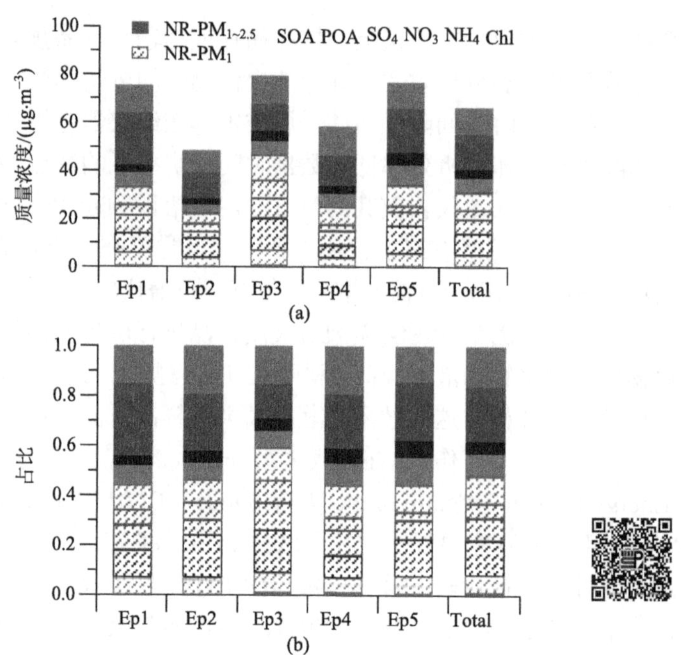

图 8.4.1 PM$_1$ ACSM 和 PM$_{2.5}$ ACSM 在南京灰霾污染时段所测颗粒物化学成分浓度与占比(扫码查看彩图)

Ep1～Ep5 分别为时段 1～ 时段 5；Total 为总时段

资料来源：Zhang 等(2017)

针对大气颗粒物中黑碳的测量也可基于离线或在线观测技术。一般而言，常用在线分析技术对黑碳的吸光系数及质量浓度进行测量，常用的测量方法有激光诱导白炽光法、光声法、光学衰减法等(表 8.4.2)。单颗粒黑碳光度计(SP2)是基于激光诱导白炽光法来定量在线测量单个气溶胶颗粒中黑碳的含量，具有灵敏度高、响应速度快和对黑碳选择性强等特性。基于 SP2 的测量数据，不仅可以获取黑碳的质量浓度还可以获取单颗粒黑碳的混合态信息，为此该仪器的测量技术常被用于研究单颗粒黑碳微观的物理特性。基于光声法(如光声气溶胶消光仪)和光学衰减法(如多波段黑碳仪)测量黑碳气溶胶，主要是获得其吸光系数，通过理论黑碳吸光截面间接获取其质量浓度信息。在外场观测实验中，七波段黑碳仪(aethalometer，型号 AE31 或 AE33)可以同时提供 7 个光波段(包括 370 nm、470 nm、520 nm、590 nm、660 nm、880 nm 和 950 nm)的总颗粒物吸收系数，通过计算可分别获取每个波段处黑碳和吸光性有机物(也称棕碳)的吸光系数。Zhang 等在法国冬季九个城市做了同步外场观测实验，综合利用了七波段黑碳仪在线观测技术和生物质示踪有机分子示踪物(左旋葡聚糖)的离线分析技术，研究棕碳来源及其光学特性。总体而言，在九个城市大气中，棕碳在近紫外线波段处对总颗粒物的吸光贡献为 18%～42%。图 8.4.2 给出同步观测时期法国地区九个观测城市大气中棕碳在 370 nm 处的吸光系数与左旋葡聚糖质量浓度间的关系。结果显示，棕碳吸收系数与左旋葡聚糖质量浓度之间呈现显著相关关系($r^2=0.90$)，表明观测时期空气中棕碳的来源与生物质燃烧源(如居民木材燃烧取暖)具有一定的关联性。

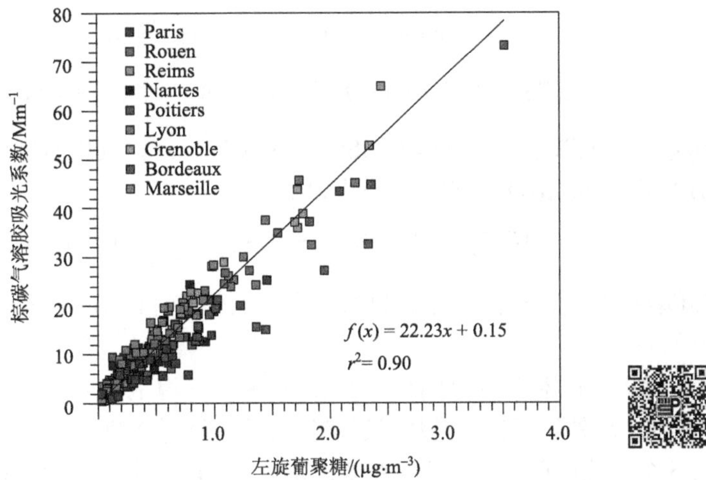

图 8.4.2　棕碳气溶胶吸光系数与左旋葡聚糖质量浓度的关系(扫码查看彩图)

资料来源：Zhang 等(2020)

8.5　大气自由基的监测

OH 自由基是大气中最重要的氧化剂之一，直接影响大气氧化能力和还原性物质在大气中的停留时间(寿命)。OH 自由基反应活性强，寿命为 0.01 ~ 1 s，因此难以积累，浓度很低，浓度量级为 10^6 ~ 10^7 cm^{-3}。OH 自由基的浓度水平受其生成速率和去除速率的影响，具有较大的时空变异性。确定 OH 自由基的浓度对研究大气环境问题(如 O_3 和 $PM_{2.5}$)的关键化学过程和开展大气污染防控具有重要意义。OH 自由基的高反应活性和超低浓度给其测量带来了极大挑战。目前常用的 OH 自由基测量技术主要包括化学电离质谱(chemical ionization mass spectrometry，CI-MS)法和光谱法。其中光谱法中最常用的是激光诱导荧光(laser-induced fluorescence，LIF)和差分吸收光谱(differential optical absorption spectroscopy，DOAS)。

1. 化学离子质谱

CI-MS 技术是利用 OH 自由基氧化 SO_2 的化学特性来间接定量其浓度。相对于光谱法，CI-MS 技术测量 OH 自由基的灵敏度更高，5 min 时间分辨率下的检出限低于 10^5 cm^{-3}。CI-MS 技术在 1989 年首次被应用于 OH 自由基测量。为了避免环境空气中 SO_2 的影响，提高仪器的灵敏度，通过与同位素标记的 $^{34}SO_2$ 与 OH 自由基发生反应生成 $H_2{}^{34}SO_4$，然后通过 NO_3^-离子源(主要存在形式为 $NO_3^- \cdot HNO_3$ 簇)利用化学电离法把自然背景非常低的 $H_2{}^{34}SO_4$ 电离为 $HSO_4^- \cdot HNO_3$ 离子，进而利用质谱检测器进行测量，具体反应如下：

$$\cdot OH + {}^{34}SO_2 + M \longrightarrow H^{34}SO_3 + M \tag{8.2R}$$

$$H^{34}SO_3 + O_2 \longrightarrow {}^{34}SO_3\cdot + HO_2\cdot \tag{8.3R}$$

$$^{34}SO_3\bullet + H_2O + M \longrightarrow H_2{}^{34}SO_4 \quad (8.4\ R)$$

$$H_2{}^{34}SO_4 + NO_3^-\bullet HNO_3 \longrightarrow H^{34}SO_4^-\bullet HNO_3 + HNO_3 \quad (8.5\ R)$$

$HSO_4^-\bullet HNO_3$离子可以进一步电离为HSO_4^-和HNO_3碎片，利用质谱检测HSO_4^-和NO_3^-的强度。OH自由基浓度([OH])的计算公式如下:

$$[OH]=\left[H_2{}^{34}SO_4\right]=\left[HSO_4^-\right]/\left(\left[NO_3^-\right]kt\right) \quad (8.12)$$

式中，$[HSO_4^-]$和$[NO_3^-]$分别为HSO_4^-和NO_3^-离子的强度；k为反应(8.5R)的反应速率常数；t为反应时间。

在应用CI-MS技术来测量OH自由基时首先将环境空气抽入流动管反应器以确保样品的充分混合，另外还要使气流尽量远离反应器内壁进入离子化区域以避免损失。若式(8.12)中的各个参数均已知，则可以直接计算得到OH自由基浓度。但因为反应速率常数k是未知的，因此通常利用汞灯发射的185 nm紫外线光解H_2O产生已知浓度的OH自由基来对仪器进行标定。

2. 激光诱导荧光

LIF技术用于大气中化合物成分检测已有多年历史，其基本原理是：在大气中OH自由基通常处于能量较低的基态能级，在特定波长(如282 nm、308 nm等)激光的照射下，OH自由基会从基态跃迁到激发态。激发态OH自由基与其他分子发生弛豫碰撞能级回落时会发射出308 nm的荧光。荧光强度S可以用式(8.13)表示：

$$S \propto [OH]\cdot\sigma\cdot P\cdot\phi \quad (8.13)$$

式中，[OH]为OH自由基浓度；σ为吸收截面；P为激光功率；ϕ为OH自由基量子产额。在其他条件不变的情况下，OH自由基浓度与荧光强度成正比。通过标定来建立荧光强度与OH自由基浓度之间的函数关系，在实际测量时即可以根据荧光强度来计算OH自由基浓度。

在用常规LIF方法测量OH自由基浓度时，所面临最主要的问题是O_3/H_2O激光致OH自由基干扰，这种干扰会导致OH自由基浓度测量水平达实际测量的几倍至十几倍，从而影响测量结果的准确性。1984年，研究者开发了气体扩张激光诱导荧光技术(fluorescence assay by gas expansion，FAGE)来在低压条件下测量OH自由基，该技术能有效降低这种干扰，其仪器的基本原理是：待测空气首先经过孔径为1 mm或更小的喷嘴后迅速扩张进入荧光检测腔，腔内压力一般在500 Pa以下。在低压条件下，激发态OH自由基发射荧光的波长稳定性较差，因此通常需要进行修正。低压条件下，散射和激光光解干扰降低，荧光寿命增长，且小孔径喷嘴能够降低太阳光的影响，提高荧光检测灵敏度，另外喷嘴采样方式还便于基于化学反应的校准标定。但是FAGE系统中的喷嘴可能会导致采样时的壁损耗，另外为了使气流通过很小的孔径需要利用复杂泵组进行采样，而且低压条件下激发OH自由基的跃迁需要更高的激发效率。

3. 差分吸收光谱

在 20 世纪 70 年代，DOAS 技术就应用于对流层大气 OH 自由基浓度的测量。DOAS 技术的主要优势是其测量原理符合朗伯-比尔定律：

$$I = I_0 e^{-\sigma_{OH,\lambda}[OH]l} \tag{8.14}$$

式中，I_0 和 I 分别为吸收前和吸收后的光强；$\sigma_{OH,\lambda}$ 为波长 λ(常用的波长为 308 nm)下 OH 自由基的吸收截面；[OH]为 OH 自由基的浓度；l 为光程。

DOAS 技术的主要优点是：其直接对空气进行原位测量，避免了采样和仪器分析等过程对 OH 自由基的损耗；另外，OH 自由基浓度可以直接根据朗伯-比尔定律计算得到，不需要进行标定，因此很多研究者认为 DOAS 技术测量的 OH 自由基浓度更为可靠。DOAS 技术的主要缺点是：①其测量 OH 自由基的灵敏度通常不如 CI-MS 和 LIF 技术，其中一个重要原因是大气中其他吸光物质的干扰。很多痕量气体如甲醛、二氧化硫、O_3 等，以及气溶胶都在紫外光谱波段(308 nm 附近)具有吸光作用，虽然其吸收截面要比 OH 自由基低几个数量级，但由于这些组分的浓度要比 OH 自由基高几个数量级，因此依然会对 OH 自由基浓度测量产生很大干扰。在利用 DOAS 技术测量 OH 自由基浓度时通过对大量光谱的分析来反演出所有干扰物的浓度，然后扣除这些干扰物质在 308 nm 波段的窄带吸收。这种处理方式会受到干扰物浓度和光程的影响。在 3 km 光程，5 min 分辨率的 OH 自由基数密度检出限约为 10^6 cm^{-3}。②因为 DOAS 测量 OH 自由基浓度需要较长的光程，因此无法获取小空间尺度的浓度，空间分辨率低。综合考虑 DOAS 技术的优缺点，该技术在环境空气 OH 自由基浓度测量的应用不如 LIF 和 CI-MS 技术广泛，但在 OH 自由基浓度标定系统和烟雾箱实验 OH 自由基浓度测量应用较多。

4. 其他方法

除目前比较常用的 CI-MS、FAGE-LIF 和 DOAS 等技术外，水杨酸吸收法、电子自旋捕获法和 ^{14}CO 示踪法也可以用于 OH 自由基浓度的测量。水杨酸吸收法是基于 OH 自由基的化学特性对其浓度进行测量：将环境空气样品通过水杨酸溶液，OH 自由基会将水杨酸氧化生成稳定的荧光产物(二羟基苯甲酸)，然后利用液相色谱对其进行测量，用二羟基苯甲酸浓度除以其在该反应中的产率，便计算得到 OH 自由基浓度。电子自旋捕获法是利用特定的电子捕获剂与 OH 自由基反应生成羟基加合物，然后利用电子自旋共振光谱测量羟基加合物的浓度，进而计算得到 OH 自由基浓度。^{14}CO 示踪法在 20 世纪 70 年代末便已提出，其原理是：将同位素标记的 ^{14}CO 加入空气中，其与 OH 自由基反应生成 $^{14}CO_2$，然后利用反射性气体检测装置来测量 $^{14}CO_2$ 浓度，进而计算出 OH 自由基浓度。这三种方法的时间分辨率低(> 20 min)，在早期的一些研究中常用于 OH 自由基浓度的离线测量，来确定较长一段时间内 OH 自由基的平均浓度。除时间分辨率低这一缺陷外，这些方法在污染大气中还容易受到其他杂质的干扰，因此在高灵敏度、高时间分辨率需求的 OH 自由基浓度连续在线测量中应用较少。

✔思考题

1. 请根据所学知识谈谈离线和在线监测技术的适用场景以及优缺点，并谈谈两种观测技术在我国复合型污染大气环境中的应用前景。

2. 简述气体污染物的采集方法主要有哪些特征。

3. 简述盐酸萘乙二胺分光光度法测定大气中 NO_x 的原理和测定过程。

4. 简述非色散红外吸收 CO 分析仪的基本组成部分及用于测定大气中 CO 的原理。

5. 请简述目前环境空气中 VOC 常见的测量技术，并谈一下对 VOC 自动监测未来的发展趋势。

6. 请列举针对大气无机和有机气溶胶的测量技术并阐述其优缺点。

7. 请谈一下 OH 自由基测量的必要性及其技术难点。

参考文献

奚旦立. 2019. 环境监测. 5 版. 北京：高等教育出版社.

Canagaratna M R, Jayne J T, Jimenez J L, et al. 2007. Chemical and microphysical characterization of ambient aerosols with the aerodyne aerosol mass spectrometer. Mass Spectrometry Reviews, 26: 185-222.

DeCarlo P F, Kimmel J R, Trimborn A, et al. 2006. Field-deployable, high-resolution, time-of-flight aerosol mass spectrometer. Analytical Chemistry, 78: 8281-8289.

Zhang Q, Jimenez J L, Canagaratna M R, et al. 2007. Ubiquity and dominance of oxygenated species in organic aerosols in anthropogenically-influenced Northern Hemisphere midlatitudes. Geophysical Resarch Letters, 34: L13801.

Zhang Y, Albinet A, Petit J E, et al. 2020. Substantial brown carbon emissions from wintertime residential wood burning over France. Science of the Total Environment, 743: 140752.

Zhang Y, Tang L, Croteau P L, et al. 2017. Field characterization of the $PM_{2.5}$ Aerosol Chemical Speciation Monitor: Insights into the composition, sources, and processes of fine particles in eastern China. Atmospheric Chemistry & Physics, 17: 14501-14517.

第 9 章　大气环境数值模拟

大气是一个包含许多物理过程和化学反应的复杂系统。实验室和外场观测的方法通常只能提供特定时间和环境下污染物的化学组成及分布情况，在时间范围和空间范围上具有局限性。这些研究结果往往缺乏普适性，很难为决策者制定区域范围内大气污染防治策略提供科学准确的依据。为了反映大气环境演变过程的各个方面，人们采用数学方法描述重要的物理和化学过程，并将其抽象成许多模块(如排放、化学、传输、沉降等)。各个模块按照一定的顺序方式连接在一起，组成一个完整的大气环境演变框架，并根据时间、空间的设定以及给定区域的起始和边界条件，模拟真实大气环境下污染物的生消和分布。这种模型的方法已经被广泛用于模拟光化学烟雾、细颗粒物污染等大气环境问题，并用于分析大气污染时空变化规律、内在机理、成因来源等，可为大气环境治理提供科学依据。然而，这种方法也具有一定的局限性，如各过程涉及的参数以及模型的输入数据往往具有一定的不确定性。因而，将观测与模型的方法相结合，用观测数据验证模拟结果的可靠性，从而更准确地理解大气环境中污染物的形成与影响。

大气化学传输模型(chemical transport models，CTMs)主要有两类：一类是描述固定计算单元(“气团”)内污染物的浓度，气团受气象场的作用移动，同时也受到移动路径上排放的影响，周围环境和“气团”不存在物质交换，称为拉格朗日模型。另一类是模拟固定空间范围内污染物的时空变化规律，这一空间被划分为若干网格，网格之间存在物质交换，称为欧拉模型。根据模型空间维度的复杂程度，可将其分为零维、一维、二维和三维模型。其中，零维模型(又称为“盒子模型”)假设“盒子”内每一处污染物的浓度都是相同的，其浓度仅随时间发生变化。而三维模型最为复杂，其模拟的污染物浓度是关于空间和时间的函数，即 $\rho(x, y, z, t)$。

自 1970 年到现在，美国环境保护署及其他研究机构资助开发了三代空气质量模型。第一代空气质量模型诞生于 20 世纪 70～80 年代，分为盒子模型、高斯扩散模型和拉格朗日模型。其中，高斯扩散模型主要有 ISC、AERMOD、ADMS 等，拉格朗日模型主要有 OZIP/EKMA、CALPUFF 等。这些模型采用简单的线性机制描述复杂的大气物理过程，没有或仅有简单的化学反应模块，适用于模拟惰性污染物的长期平均浓度。20 世纪 80～90 年代的第二代空气质量模型主要包括 UAM、ROM、RADM 等欧拉网格模型。第二代空气质量模型将模拟区域分成多个三维网格单元，结合了较复杂的气象模式和非线性反应机制，但仅考虑单一的大气污染问题。20 世纪 90 年代以后，出现了以 CMAQ、CAMx、WRF-Chem、NAQPMS 为代表的第三代空气质量模型。第三代空气质量模型基于“一个大气”的原则，考虑了实际大气中各污染物之间的相互转化和相互影响。目前，美国环境保护署在 MPAS 项目(https://mpas-dev.github.io/)的支撑下致力于第四代空气质量模型的开发，实现从全球到区域甚至城市尺度的跨尺度模拟。新一代的空气质量模型将会把现有的三维 CMAQ 模型重新设计为一维柱模型(仅保留垂直维度)，水平传输则由 MPAS

处理，相比现有的三维模型更加灵活和高效。

本章主要介绍构建三维大气数值模型的基本方程、模型中化学模块采用的主要化学机理和气溶胶模块常用大气化学传输模型(三维欧拉模型)及其应用。

9.1 基本方程

9.1.1 连续性方程

连续性方程是描述大气中气体、气溶胶等物质浓度随时间和空间变化的基本方程，是质量守恒定律在流体力学中的具体表述形式。该方程考虑排放、输送、扩散、化学转化、清除等物理和化学过程对物质浓度的影响，遵循质量守恒原理。假设大气中某种物质随时间连续变化的浓度场为 $\rho(x, y, z, t)$，污染物连续性方程可以表示为

$$\begin{aligned}&\frac{\partial\rho}{\partial t}+\frac{\partial(u\rho)}{\partial x}+\frac{\partial(v\rho)}{\partial y}+\frac{\partial(w\rho)}{\partial z}\\&=\frac{\partial}{\partial x}\left(K_x\frac{\partial\rho}{\partial x}\right)+\frac{\partial}{\partial y}\left(K_y\frac{\partial\rho}{\partial y}\right)+\frac{\partial}{\partial z}\left(K_z\frac{\partial\rho}{\partial z}\right)+R+S\end{aligned} \tag{9.1}$$

式中，t 为时间；u、v、w 分别为风速在 x、y、z 方向上的分量；K_x、K_y、K_z 分别为 x、y、z 方向上的湍流扩散系数；R 为化学转化项；S 为污染物的源和汇。Jacob (1999)在欧拉坐标系下对气体的连续性方程进行了推导，概括总结如下。

在三维欧拉坐标系中，对某种气体的质量浓度求解可以采用如下方法。如图 9.1.1 所示的小立方体(体积为 $\Delta x\Delta y\Delta z$)，如果以 x 方向(东西方向)为例，u_1 和 u_2 分别为输入和输出的风速，ρ_1 和 ρ_2 分别为东西边界处的气体浓度，则立方体输入和输出的气体通量密度分别为 $F_{X1} = u_1\rho_1$ 和 $F_{X2} = u_2\rho_2$。立方体中气体浓度的变化主要受到传输、化学反应以及源与汇的影响，需要分别进行计算。

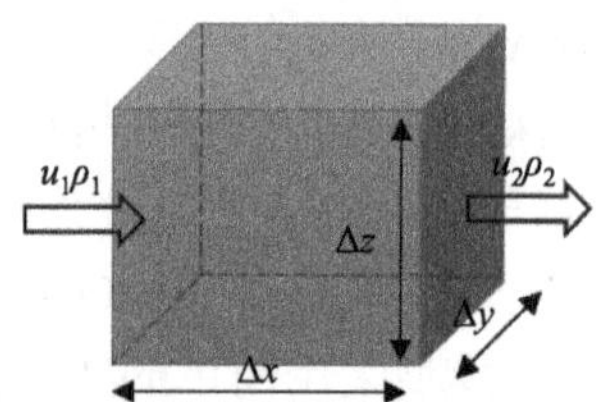

图 9.1.1 三维欧拉坐标系中某个立方体的气体输入和输出

传输过程主要分为输入和输出两部分。在 x 方向上，Δt 时间内，输入的分子数为单位时间内通过的分子数乘以时间，即 $u_1\rho_1\Delta y\Delta z\Delta t$；同理输出的分子数为 $u_2\rho_2\Delta y\Delta z\Delta t$，输入和输出之间的变化量为 $u_1\rho_1\Delta y\Delta z\Delta t-u_2\rho_2\Delta y\Delta z\Delta t$。单位时间、单位体积内的变化量为

$$\frac{u_1\rho_1\Delta y\Delta z\Delta t-u_2\rho_2\Delta y\Delta z\Delta t}{\Delta x\Delta y\Delta z\Delta t}=\frac{F_{X1}-F_{X2}}{\Delta x}=\frac{u_1\rho_1-u_2\rho_2}{\Delta x} \tag{9.2}$$

当 $\Delta x \to 0$ 时，由于受到在 x 方向上的传输影响，单位时间内所产生的气体浓度的变化为

$$-\frac{\partial(F_X)}{\partial x}=-\frac{\partial(u\rho)}{\partial x} \tag{9.3}$$

类似地，由于受到 y 方向和 z 方向上传输的影响，单位时间内所产生的气体浓度的变化分别为

$$-\frac{\partial(Fy)}{\partial y}=-\frac{\partial(v\rho)}{\partial y} \tag{9.4}$$

$$-\frac{\partial(Fz)}{\partial z}=-\frac{\partial(w\rho)}{\partial z} \tag{9.5}$$

化学反应可以分为两部分，分别为化学反应生成和化学反应消耗，用 $R(\mathrm{cm^{-3}\cdot s^{-1}})$来表示。气体的源和汇分别指排放和沉降两部分，用 $S(\mathrm{cm^{-3}\cdot s^{-1}})$来表示。

那么该体积内某气体的浓度随时间的变化表示如下：

$$\frac{\partial\rho}{\partial t}=-\frac{\partial(u\rho)}{\partial x}-\frac{\partial(v\rho)}{\partial y}-\frac{\partial(w\rho)}{\partial z}+R+S=-\nabla\cdot(U\rho)+R+S \tag{9.6}$$

式中，$U=(u, v, w)$，$\nabla=\left(\frac{\partial}{\partial x},\frac{\partial}{\partial y},\frac{\partial}{\partial z}\right)$。

至此，得出了欧拉形式的气体连续性方程，此方程将气体的浓度场、化学反应、源和汇以及风场联系起来。已知 U、R 和 S 的情况下，就可以通过求解此方程得出浓度场 $\rho(x, y, z, t)$。

实际上，求解这个方程是有难度的，因为大气运动具有湍流特性，很难求出气体随时间变化的浓度。为了解决这个问题，本研究需要对湍流扩散进行参数化处理，即用梯度传输理论(k 理论)。假设湍流运动所导致的扩散过程类似于分子扩散，根据分子扩散的 Fick 定律，定义一个经验的湍流扩散系数 K(三个维度上)，从而计算气体在某个方向上的湍流通量。对气体连续性方程[式(9.6)]两边取平均值，转化如下：

$$\begin{aligned}\frac{\partial\overline{\rho}}{\partial t}&=-\frac{\partial\left(\overline{u\rho}\right)}{\partial x}-\frac{\partial\left(\overline{v\rho}\right)}{\partial y}-\frac{\partial\left(\overline{w\rho}\right)}{\partial z}+\overline{R}+\overline{S}\\&=-\frac{\partial(\overline{u}\overline{\rho})}{\partial x}-\frac{\partial\left(\overline{u'\rho'}\right)}{\partial x}-\frac{\partial(\overline{v}\overline{\rho})}{\partial y}-\frac{\partial\left(\overline{v'\rho'}\right)}{\partial y}\\&\quad-\frac{\partial(\overline{w}\overline{\rho})}{\partial z}-\frac{\partial\left(\overline{w'\rho'}\right)}{\partial z}+\overline{R}+\overline{S}\\&=-\frac{\partial(\overline{u}\overline{\rho})}{\partial x}-\frac{\partial(\overline{v}\overline{\rho})}{\partial y}-\frac{\partial(\overline{w}\overline{\rho})}{\partial z}+\frac{\partial}{\partial x}\left(K_x\frac{\partial\overline{\rho}}{\partial x}\right)\\&\quad+\frac{\partial}{\partial y}\left(K_y\frac{\partial\overline{\rho}}{\partial y}\right)+\frac{\partial}{\partial z}\left(K_z\frac{\partial\overline{\rho}}{\partial z}\right)+\overline{R}+\overline{S}\\&=-\nabla\cdot\left(\overline{U}\overline{\rho}\right)+\nabla\cdot\left(K\nabla\cdot\overline{\rho}\right)+\overline{R}+\overline{S}\end{aligned} \tag{9.7}$$

式中，$\overline{U}=\left(\overline{u},\overline{v},\overline{w}\right)$，$K=\left(K_x,K_y,K_z\right)$。

在此方法中，本研究使用经验统计的方法处理湍流运动，避免了对湍流运动进行(高频)分辨的困难。

9.1.2　求解连续性方程——离散化处理

由于三维大气化学模式较为复杂，直接求解析解较为困难，因此需要通过求解数值解的方法进行解方程。例如，已知某污染物在 t_0 时刻的浓度为 $\rho(X, t_0)$，其中 $X=(x, y, z)$，计算 $t_0+\Delta t$ 时的浓度。

首先，在式(9.7)中，需要将不同的过程分开考虑，独立积分运算。可以分为平流项、湍流项和化学项，其中化学项包括化学转化、源排放和沉降，表示如下：

$$\frac{\partial\rho}{\partial t}=\left(\frac{\partial\rho}{\partial t}\right)_{\text{advection}}+\left(\frac{\partial\rho}{\partial t}\right)_{\text{turbulence}}+\left(\frac{\partial\rho}{\partial t}\right)_{\text{chemistry}} \tag{9.8}$$

式中，平流项 $\left(\frac{\partial\rho}{\partial t}\right)_{\text{advection}}=-\nabla\cdot\left(U\rho\right)$；湍流项 $\left(\frac{\partial\rho}{\partial t}\right)_{\text{turbulence}}-\nabla\cdot\left(K\nabla\cdot\rho\right)$；化学项 $\left(\frac{\partial\rho}{\partial t}\right)_{\text{chemistry}}=P-L$。对各个独立项可以单独进行积分运算。各项的运算使用不同的算符表示(平流算符 A，湍流算符 T，化学算符 C)。

平流：

$$A\cdot\rho\left(X,t_0\right)=\rho\left(X,t_0\right)+\int_{t_0}^{t_0+\Delta t}\left(\frac{\partial\rho}{\partial t}\right)_{\text{advection}}\mathrm{d}t \tag{9.9}$$

湍流：

$$T\cdot\rho\left(X,t_0\right)=\rho\left(X,t_0\right)+\int_{t_0}^{t_0+\Delta t}\left(\frac{\partial\rho}{\partial t}\right)_{\text{turbulence}}\mathrm{d}t \tag{9.10}$$

化学：

$$C\cdot\rho\left(X,t_0\right)=\rho\left(X,t_0\right)+\int_{t_0}^{t_0+\Delta t}\left(\frac{\partial\rho}{\partial t}\right)_{\text{chemistry}}\mathrm{d}t \tag{9.11}$$

对于所要求解的浓度 $\rho(X, t_0+\Delta t)$，则

$$\rho\left(X,t_0+\Delta t\right)=C\cdot T\cdot A\cdot\rho\left(X,t_0\right) \tag{9.12}$$

上述的方法称为算符分离(operator splitting)，此方法有助于计算过程的简化。但使用算符分离方法有个前提，即只有在平流、湍流和化学过程彼此独立的基础上才能使用。这就要求时间步长必须足够小，才可以保证上述假设在时间步长内是合理的。

为了对每个算符进行积分运算，使用空间离散化处理方法，将整个模拟区域划分为多个网格，如图 9.1.2 所示。

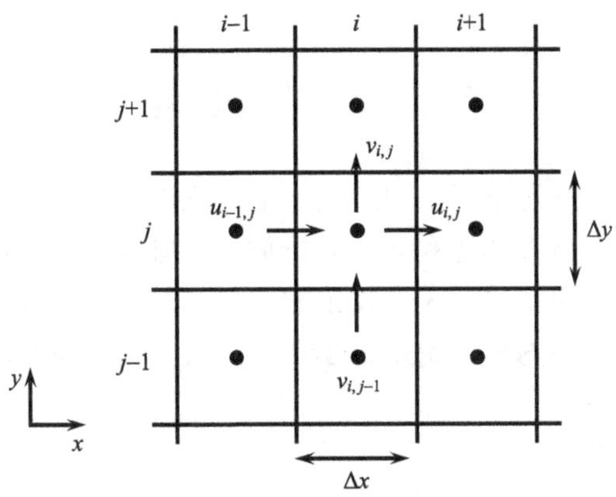

图 9.1.2　连续性方程的空间离散化

经过空间离散化处理，连续的浓度函数 $\rho(X, t)$变成了离散的函数 $\rho(i, j, k, t)$，其中 i、j、k 分别指 x、y、z 方向上的网格编号。那么，就可以用代数式表达平流算符。计算平流项的方法有很多种，下面介绍的是较为简单的一种计算公式，其他更好、更稳定的数学算法往往运算起来更加复杂。以图 9.1.2 所示的情况为例：

$$
\begin{aligned}
&\rho\left(i,j,k,t_0+\Delta t\right)\\
=&\rho\left(i,j,k,t_0\right)\\
&+\frac{u\left(i-1,j,k,t_0\right)\rho\left(i-1,j,k,t_0\right)-u\left(i,j,k,t_0\right)\rho\left(i,j,k,t_0\right)}{\Delta x}\Delta t\\
&+\frac{v\left(i,j-1,k,t_0\right)\rho\left(i,j-1,k,t_0\right)-v\left(i,j,k,t_0\right)\rho\left(i,j,k,t_0\right)}{\Delta y}\Delta t\\
&+\frac{w\left(i,j,k-1,t_0\right)\rho\left(i,j,k-1,t_0\right)-w\left(i,j,k,t_0\right)\rho\left(i,j,k,t_0\right)}{\Delta z}\Delta t
\end{aligned}
\tag{9.13}
$$

离散网格上的湍流项的计算方法与平流项类似；有一点需要注意的是网格边界处的浓度计算，可以通过相邻两个网格间浓度的线性插值计算得出，或者采用更高阶的计算方法。

化学项的计算采用对一阶常微分方程求积分的方法，此微分方程描述了在$[t_0, t_0+\Delta t]$每个网格点(i, j, k)上的化学反应。通常，某一物种 p 的化学生成和消耗的量取决于与它反应的物种或者通过化学反应生成该物种的其他物种 $q = 1, \cdots, m$ 的局地浓度的集合$\{\rho_q\}$。因此，对化学项的计算需要求解一个包含 m 个耦合的常微分方程的方程组，对其中的每个物种，有

$$
\frac{\mathrm{d}\rho_q\left(i,j,k,t\right)}{\mathrm{d}t}=P\left\{\rho_q\left(i,j,k,t\right)\right\}-L\left\{\rho_q\left(i,j,k,t\right)\right\}
\tag{9.14}
$$

综上所述，通过一系列的离散化、近似处理等方法，可以得出连续性方程的数值解。在求解过程中设置的网格分辨率、时间步长以及传输和化学转化的算法选择都会对数值解的准确性产生影响，同时也会影响计算效率和成本。因此，在选择连续性方程算法时要进行综合考虑。

9.2 化 学 机 理

当使用模型模拟光化学污染时，理解大气中氧化性产物如臭氧、醛类、PAN 等的源与汇是关键步骤。描述来自天然源和人为源排放的污染物在大气中的反应，以及反应中的各类参数，如生成量、速率等，无法仅依靠简单的数学表达式。因此，发展化学机理不仅是空气质量模型的核心内容，也是科学认知空气污染的重要环节。

9.2.1 早期化学机理发展

Leighton 在 1961 年对光化学污染物相关机理做了比较完整的描述，但在 1969 年才提出应用于空气质量模型的简单化学动力学机理。由于计算机容量以及运算速度的限制，即使在当时已经有比较深入的光化学机理，但是能够在空气质量模型运用的也都是简化的化学机理。例如，最早由 Friedlander 以及 Seinfeld 在 1969 年提出的光化学烟雾化学动力学机理，仅只由 7 个反应构成[反应(9.1R) ~反应(9.7R)]：

$$NO_2 + h\nu \longrightarrow NO + O \tag{9.1R}$$

$$O + O_2 (+M) \longrightarrow O_3 (+M) \tag{9.2R}$$

$$O_3 + NO \longrightarrow NO_2 + O_2 \tag{9.3R}$$

$$O + RH \longrightarrow R\cdot + \text{产物} \tag{9.4R}$$

$$RH + O_3 \longrightarrow \text{产物（包括 } R\cdot\text{）} \tag{9.5R}$$

$$NO + R\cdot \longrightarrow NO_2 + R'\cdot \tag{9.6R}$$

$$NO_2 + R\cdot \longrightarrow \text{产物（包括 PAN）} \tag{9.7R}$$

9.2.2 主流化学机理发展

真实的大气环境是复杂多变的，已识别的对流层大气的氧化反应就多达两万多种，涉及的物种有几千个。化学机理的发展能够有效地帮助研究者科学地研究大气环境问题。目前在空气质量模型大气数值模拟中运用的化学机理主要有碳键机理(carbon bond mechanism，CBM)、加利福尼亚州大气污染研究中心(Statewide Air Pollution Research Center，SAPRC)机理、区域酸沉降机理(regional acid deposition model mechanism，RADM)以及区域大气化学机理(regional atmospheric chemistry mechanism，RACM)和主化学机理(master chemical mechanism，MCM)等。不同的化学机理对大气化学反应的描述方式有所不同，它们之间的区别主要体现在有机部分，总体上分为归纳机理和特定机理两类。归纳机理按照物质分子的结构、种类以及性质等对有机物及其在大气中的化学反应进行处理。CBM、SAPRC 机理、RADM 和 RACM 均属于归纳机理。这些机理运用于三维空气质量模型中能够显著提高运算效率。特定机理则按照详细的大气化学中的反应物、中间产物、产物以及反应速率等进行处理。例如，1984 年 Leone 以及 Seinfeld 提出的甲苯-

苯甲醛-NO_x光化学体系的特定机理，仅甲苯以及苯甲醛的两种有机物的光化学反应就需要 102 个化学反应来描述。1996 年 Jenkin 等发展的机理也包括多达 120 种 VOC、7000 个反应以及 2500 个物种。MCM 属于特定机理。由于这些机理尽可能详尽地描述大气化学中的物种和反应，因此将其运用于三维空气质量模型中会降低运算效率，但随着计算效率和运算结构的优化，已有研究者将其运用于三维模型。下面将对这几个模型进行简单介绍。

1. CBM

CBM 顾名思义是根据碳键(分子结构)对 VOC 进行分类的归纳化学机理。CBM 因精度高、计算速度快等优点，被广泛应用于空气质量模型、城市气质模式(urban airshed model)以及区域氧化物模式(regional oxidant model)。CBM-I 是 CBM 的第一代，仅含 4 种碳键类型和 32 个化学反应，2010 年发展到 CB-06(表 9.2.1)。

表 9.2.1　CB-06 有机物分类以及代表化合物

有机物分类	CB-06 代表化合物
官能团	PAR(C—C), OLE(R—C═C), IOLE(R—C═C—R), KET(C═O)
烷烃	CH_4(甲烷), ETHA(乙烷), PRPA(丙烷)
不饱和烃	ETH(乙烯), BUTADIENE13(1,3-丁二烯), ISOP(异戊二烯), APIN(α-蒎烯), TERP(单萜烯), SESQ(倍半萜烯), ETHY(乙炔)
芳香烃	BENZENE(苯), TOL(甲苯和单烷基苯), XYLMN(二甲苯和除萘的多烷基芳烃), NAPH(萘)
羰基化合物	ACET(丙酮), FORM(甲醛), ALD2(乙醛), GLY(乙二醛), GLYD(乙醇醛), MGLY(甲基乙二醛), ALDX (含碳数大于二的醛), ACROLEIN(丙烯醛), HPLD(过氧化氢醛)
有机酸	FACD(甲酸), AACD(乙酸), PACD(过氧羧酸)
醇酚	CRES(甲酚), CAT1(甲基苯邻二酚), CRON(硝基酚), MEOH(甲醇), ETOH(乙醇)
其他	有机硝酸、过氧化物、环氧化物等

2. SAPRC 机理

SAPRC 机理由 Carter 于 1990 年提出，第一代命名为 SAPRC-90，共包括 60 个物种和近 150 多个反应，最新版本为 SAPRC-18。SAPRC 机理根据 VOC 与 OH 自由基的反应速率(K_{OH})对 VOC 进行分类，其最初的目的是研究机动车尾气中 VOC 的增量反应活性、最大增量反应活性和最大臭氧增量反应活性(maximum ozone incremental reactivity，MOIR)，因此 SAPRC 机理对 VOC 的分类比 CBM 更加详细。2000 年 Carter 等发布了 SAPRC-99 (表 9.2.2)，增加了萜烯物种，共包括 78 个物种和 211 个反应，其最大的特点是提供了对 VOC 部分反应进行实时参数化的工具，以便根据排放清单的不同对与体系有关 VOC 的反应进行实时优化。

表 9.2.2 SAPRC-99 有机物分类以及代表化合物

有机物分类	SAPRC-99 代表化合物
烷烃	ALK1：$K_{OH} < 5 \times 10^2$ $ppm^{-1} \cdot min^{-1}$
	ALK2：$5 \times 10^2 < K_{OH} < 2.5 \times 10^3$ $ppm^{-1} \cdot min^{-1}$
	ALK3：$2.5 \times 10^3 < K_{OH} < 5 \times 10^3$ $ppm^{-1} \cdot min^{-1}$
	ALK4：$5 \times 10^3 < K_{OH} < 1.0 \times 10^4$ $ppm^{-1} \cdot min^{-1}$
	ALK5：$K_{OH} > 1.0 \times 10^4$ $ppm^{-1} \cdot min^{-1}$
烯烃	OLE1：$K_{OH} < 7.0 \times 10^4$ $ppm^{-1} \cdot min^{-1}$
	OLE2：$K_{OH} > 7.0 \times 10^4$ $ppm^{-1} \cdot min^{-1}$
芳香烃	ARO1：$K_{OH} < 2.0 \times 10^4$ $ppm^{-1} \cdot min^{-1}$
	ARO2：$K_{OH} > 2.0 \times 10^4$ $ppm^{-1} \cdot min^{-1}$
酮	MEK：$K_{OH} < 5.0 \times 10^{-12}$ $cm^3 \cdot s^{-1}$
	PROD2：$K_{OH} > 5.0 \times 10^{-12}$ $cm^3 \cdot s^{-1}$
其他	CCHO (乙醛), RCHO (C3+醛), CRES (甲酚), PHEN(苯酚), BALD (芳香醛), METHACRO (异丁烯醛), ISOPROD (异戊二烯氧化产物), MVK (甲基乙烯基酮), GLY(乙二醛), MGLY(甲基乙二醛), MEOH(甲醇), TERP (萜烯)

2010 年更新的 SAPRC-07，更新了过氧自由基的相关反应以适用于模拟二次有机气溶胶前体物的气相氧化过程，并修改了 NO_2+•OH 的反应速率常数，共包括近 110 个物种和 260 个反应。随着该版本的不断完善，SAPRC-07 被广泛应用于区域空气质量模型。SAPRC-18 是 SAPRC-07 开发以来 SAPRC 机理所有方面的第一次完整的更新(SAPRC-11 是 SAPRC-07 的增量更新，SAPRC-16 是 SAPRC-18 预版，已经不再支持)。更新的目的是为研究者提供更精细的化学机理(更可靠的毒性化合物以及 SOA 模拟)，同时又能保持高效率地应用于三维模型。此外，还可以利用 SAPRC 机理生成系统来建立机理与基础动力学和实验数据、理论和估算之间的直接联系。该版本机理已接近最终形式，可以在三维模型中实施以进行初步评估。

3. RADM 和 RACM

RADM 以及 RACM 均由 Stockwell 等提出。RACM 是以 RADM 为基础的发展版本。两者都是根据 VOC 与 OH 自由基的反应速率对 VOC 进行分类。1986 年 Stockwell 等开发了第一代 RADM，包含 24 种有机物和 80 个反应。1990 年 Stockwell 等开发了新版本的 RADM2(表 9.2.3)，异戊二烯单独一类，并将烯烃分为乙烯、端烯和内烯，共包括 63 个物种和 157 个反应。1997 年 Stockwell 等在 RADM2 基础上发展出 RACM，去掉了 N_2O_5 与 H_2O 的反应，添加了 OH 自由基与 HONO 的反应，修改了 NO_3 自由基和 HO_2 自由基的反应等，并将一次排放 VOC 分为人为源和生物源，加入全新芳香烃反应和芳香烃中间产物等，该机理共包括 77 个物种和 237 个反应。

表 9.2.3　RADM2 有机物分类以及代表化合物

有机物分类	RADM2 代表化合物
烷烃	CH_4(甲烷)，ETH(乙烷) HC3：$2.7\times10^{-13} < K_{OH} < 3.4\times10^{-12}\ cm^{-3}\cdot s^{-1}$ HC5：$3.4x10^{-12} < K_{OH} < 6.8\times10^{-12}\ cm^{-3}\cdot s^{-1}$ HC8：$K_{OH} > 6.8\times10^{-12}\ cm^{-3}\cdot s^{-1}$
烯烃	OL2 (乙烯)，OLT (端烯)，OLI (内烯)，ISO (异戊二烯)
芳香烃	TOL (甲苯和不活泼芳香烃)，XYL (二甲苯和活泼芳香烃)，CSL (甲酚和羟基取代芳香烃)
羰基化合物	KET (酮)，HCHO (甲醛)，ALD (乙醛和其他醛)，GLY (乙二醛)，DCB (不饱和二羰基化合物)，MGLY (甲基乙二醛)
有机酸	ORA1 (甲酸)，ORA2 (乙酸和其他酸)
有机氮	PAN (PAN 和更高级 PAN)，TPAN ($H(CO)CH{=}CHCO_3NO_2$)，ONIT (有机硝酸盐)
过氧化物	OP1 (甲基过氧化物)，OP2 (其他过氧化物)，PAA (过氧乙酸)

2013 年 Stockwell 等根据国际理论和应用化学联合会(IUPAC)、烟雾箱实验和其他化学机制等数据对 RACM 进行更新并发布 RACM2，其增加了乙炔、苯和二甲苯等物种，改善了对 SOA 的模拟并更新了异戊二烯的氧化机理，该版本共包括 119 个物种和 363 个反应，运用该机理的模型能够有效模拟郊区和城区对流层中的臭氧形成、酸沉降以及气溶胶前体物的形成。

4. MCM

MCM 由 Michael E. Jenkin(英国国家环境技术中心)与 Sandra M. Saunders 以及 Michael J. Pilling(英国利兹大学)在 1997 年首次提出，后经不断发展完善，最新版本为 MCMv3.3.1。MCM 是一种近显式的化学机理，详细描述了一次排放的 VOC 在大气化学中所涉及的气相化学过程。主要包括人为源排放物种(碳氢化合物以及 OVOC)，大多基于英国国家大气排放清单 NAEI 定义的物种。还包括以下天然源排放物种：异戊二烯、三种单萜烯(α-蒎烯、β-蒎烯、柠檬烯)、倍半萜烯(β-石竹烯)、2-甲基-3-丁烯-2-醇和二甲基硫。共约 142 种一次排放有机物(18 种醇，9 种醛，22 种烷烃，23 种不饱烃，18 种芳香烃，3 种酸，10 种酮，8 种酯，10 种醚，18 种含卤素的化合物等)的多步氧化反应，由此产生的机理包含 6700 个初级产物、次级产物和自由基的约 17000 个基元反应。

MCM 的 VOC 氧化降解过程主要可分为三个阶段：初始反应、中间自由基反应以及终止反应，见图 9.2.1。初始反应包括 VOC 与 OH 自由基、NO_3 自由基、臭氧的氧化反应，以及含有羰基的 VOC 如醛类、酮类以及含有羰基的有机硝酸盐的光解反应。OH 自由基的活性较高，MCM 描述的所有 VOC 及其中间产物几乎都能与 OH 自由基进行反应。烯烃、二烯烃既可以与 NO_3 自由基反应，又可以与 O_3 反应，经过多步氧化生成过氧自由基($RO_2\cdot$)、含氧自由基($RO\cdot$)等，以及羰基化合物、有机硝酸盐、醇、羧酸、过氧化物等氧化产物。这些氧化产物作为二次生成的 VOC 可继续参与上述多步氧化反应，直到生成 CO、CO_2 或其他机制中已存在的产物或自由基。

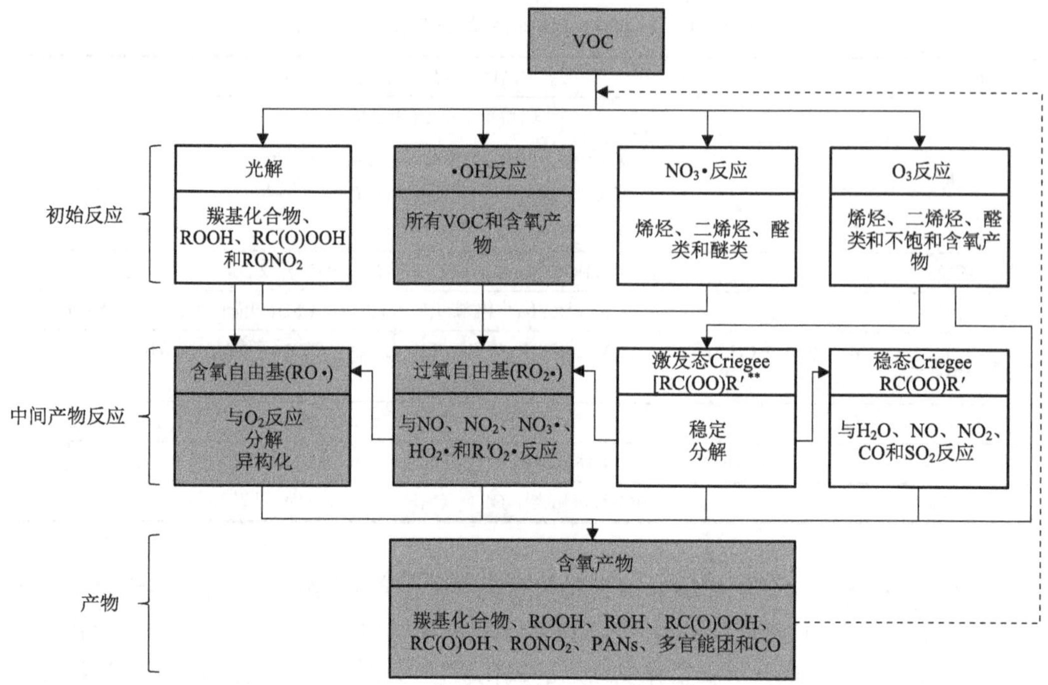

图 9.2.1　MCM 主要反应类型以及可能产生的有机中间体和产物的类别

资料来源：http://mcm.york.ac.uk/project.htt

9.3　气溶胶模块

三维模型中的气溶胶生成过程由气溶胶模块处理，其中二次有机气溶胶(SOA)和二次无机气溶胶(SIA)分别对应不同的模块。常用的 SOA 模型包括两产物模型(two-product model)、VBS(volatility basis set)模型以及 SOM(statistical oxidation model)等。无机气溶胶模块则基于热力学平衡假设，常用模型包括 AIM、ISORROPIA 模型等。以下将对这些常用的气溶胶模块进行介绍。

9.3.1　SOA 模型

1. 两产物模型

VOC 经气相氧化后会生成一系列 SVOC，这些有机物较反应物的挥发性降低，因此部分分配至颗粒相中。SVOC 从气相向颗粒相的分配过程可以用凝结、吸收和吸附三种理论描述。凝结理论假设当某 SVOC 的气相浓度超过了其饱和蒸气压时，超过的部分可在一次颗粒物上凝结或经均相成核形成颗粒物。如果气相浓度降到了饱和蒸气浓度之下，部分颗粒相 SVOC 挥发，直到气相再次饱和或颗粒相 SVOC 全部挥发为止。吸附和吸收理论是依据当产物的浓度低于饱和蒸气压时也能进入颗粒相的实验现象提出的。吸附理论认为气态有机物吸附在颗粒物表面，吸附量与颗粒物比表面积相关。吸收理论则认为气态有机物通过吸收、溶解过程进入颗粒相，且在气/粒两相间维持动态吸收/解吸平衡，吸收量与有机气溶胶(OA)的质量成正比。

气/粒分配吸收理论最早由 Pankow 提出，由 Odum 等进一步完善，被广泛应用于描述 SOA 的生成过程。在吸收理论中，每种 SVOC 的气/粒分配程度可用平衡分配系数 $K_{\mathrm{om},i}(\mathrm{m^3\cdot\mu g^{-1}})$来表示：

$$\frac{C_i^{\mathrm{p}}}{C_i^{\mathrm{g}}}=K_{\mathrm{om},i}M_0 \tag{9.15}$$

式中，C_i^{g}为 SVOC$_i$ 的气相浓度，$\mathrm{\mu g\cdot m^{-3}}$；$C_i^{\mathrm{p}}$为颗粒相浓度，$\mathrm{\mu g\cdot m^{-3}}$；$M_0$为吸收相的总浓度，$\mathrm{\mu g\cdot m^{-3}}$。对于 SVOC，吸收相主要为有机物，而部分高水溶性的有机物也可能被颗粒物中的液相吸收。在一定温度下，分配系数 $K_{\mathrm{om},i}$ 是 SVOC$_i$ 本身的属性：

$$K_{\mathrm{om},i}=\frac{RT}{10^6\,\overline{\mathrm{MW}_{\mathrm{om}}}\,\xi_i P_{\mathrm{L},i}^0} \tag{9.16}$$

式中，R 为理想气体常数 ($8.206\times10^{-5}\ \mathrm{m^3\cdot atm\cdot mol^{-1}\cdot K^{-1}}$)；$T$ 为温度，K；$\overline{\mathrm{MW}_{\mathrm{om}}}$ 为有机吸收相的平均分子质量，$\mathrm{g\cdot mol^{-1}}$；ξ_i 为 SVOC$_i$ 在有机吸收相中的活度系数；$P_{\mathrm{L},i}^0$ 为 SVOC$_i$ 作为液体时的蒸气压(atm)。

为了计算 SOA 的生成量，首先根据 SVOC 与其前体物的质量对应关系获得生成的 SVOC$_i$，见式(9.17)：

$$C_i=\alpha_i\Delta\mathrm{ROG} \tag{9.17}$$

式中，C_i为 SVOC$_i$ 气相和颗粒相的浓度总和($C_i=C_i^{\mathrm{p}}+C_i^{\mathrm{g}}$)，$\mathrm{\mu g\cdot m^{-3}}$；ΔROG 为参与反应的活性有机气体(ROG)的质量浓度，$\mathrm{\mu g\cdot m^{-3}}$；$\alpha_i$为 ROG 转化为 SVOC$_i$ 的化学反应计量系数。

假设活性有机气体在氧化过程中生成一系列半挥发或不挥发的产物 $\mathrm{P_1}$, $\mathrm{P_2}$, …, P_n，则 SOA 的总产率 Y 的计算公式如下：

$$Y=\sum_i Y_i=\sum_i\frac{\Delta M_{\mathrm{OA},i}}{\Delta M_{\mathrm{ROG}}}=M_0\sum_i\frac{\alpha_i K_{\mathrm{om},i}}{1+M_0K_{\mathrm{om},i}} \tag{9.18}$$

式中，$\Delta M_{\mathrm{OA},i}$为产物 P_i 分配至颗粒相的总量；ΔM_{ROG}为反应中消耗的前体物总量。根据烟雾箱模拟某种 VOC 氧化生成 SOA 的实验结果(图 9.3.1)，可以得到不同 ΔROG/NO_x 水平下对应的 SOA 产率 Y，以及烟雾箱中 OA 总浓度 M_0。利用式(9.18)对其进行拟合，即得到一系列(α_i, $K_{\mathrm{om},i}$)。Odum 等发现，当假设有两种产物参与气/粒分配时，即可较好模拟出 $Y=f(M_0)$对应的曲线，此时 SOA 产率 Y 的计算公式可表示为

$$Y=\frac{\alpha_1}{1+1/M_0K_{\mathrm{om},1}}+\frac{\alpha_2}{1+1/M_0K_{\mathrm{om},2}} \tag{9.19}$$

式(9.19)为两产物模型。图 9.3.1 是利用两产物模型拟合间二甲苯氧化生成 SOA 的产率，得到 α_1、α_2、$K_{\mathrm{om},1}$、$K_{\mathrm{om},2}$ 对应的数值，即可推算任意的 OA 浓度(M_0)对应的 SOA 产率 Y。实际上，VOC 氧化过程中生成了各种不同的产物，因此两产物模型中 α_1、α_2、$K_{\mathrm{om},1}$、$K_{\mathrm{om},2}$ 并没有实际的物理意义。此外，两产物模型不仅适合单个反应物生成 SOA 的模拟，

同样适用于混合物，这对实际大气中 SOA 的模拟非常重要。

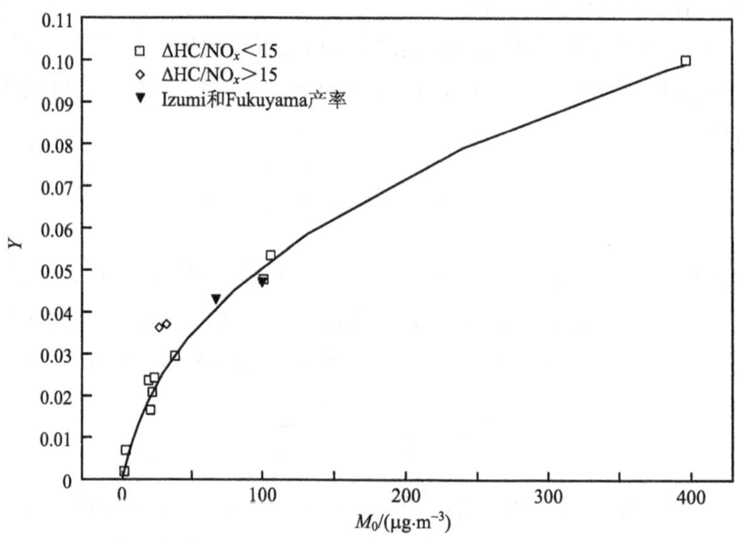

图 9.3.1　间二甲苯的 SOA 产率

利用两产物模型拟合，得到 α_1、α_2、$K_{om,1}$、$K_{om,2}$ 分别为 0.03、0.167、0.032、0.0019

资料来源：Odum 等（1996）

2. VBS 模型

VBS 模型按照挥发性的不同，通常将在 298 K 条件下，饱和蒸气压(C_i^*)在 $10^{-2}\sim10^6$ μg·m^{-3} 范围内的有机物按照 10 的指数间隔分配至不同的挥发性区间(volatility bins)。这些具有挥发性的有机物按照 C_i^* 的范围可分为：

(1)低挥发性有机物 LVOC，C_i^* 在 $10^{-3}\sim10^{-1}$ μg·m^{-3} 范围内，典型大气条件下呈现颗粒相；

(2)半挥发性有机物 SVOC，C_i^* 在 1 ~ 100 μg·m^{-3} 范围内，实际大气中气相和颗粒相并存；

(3)中等挥发性有机物 IVOC，C_i^* 在 $10^3\sim10^6$ μg·m^{-3} 范围内，主要为气相，但可通过氧化反应生成 SOA；

(4)挥发性有机物 VOC，C_i^* 大于 10^6 μg·m^{-3}，有机气体的排放通常为 VOC。

VBS 模型可以通过耦合矩阵来描述和计算以上各有机物随着温度变化、化学反应等过程在气态和颗粒态之间的转化。假设颗粒相有机物的质量浓度为 C_{OA}(μg·m^{-3})，则每个有机物 i 的分配系数 ε_i 定义如下：

$$\varepsilon_i=\left(1+\frac{C_i^*}{C_{OA}}\right)^{-1} \tag{9.20}$$

$$C_{OA}=\sum_i C_i\varepsilon_i \tag{9.21}$$

式中，分配系数 ε_i 为物种 i 在颗粒相中的比例；C_i^* 为饱和蒸气浓度，μg·m^{-3}；C_i 为物种 i 在气相和颗粒相中的浓度之和，μg·m^{-3}。在 VBS 模型中，C_i^* 并不是某单一物种的性质，而是挥发性相似的一系列有机物的平均特征。

图 9.3.2 描述典型大气中各挥发性区间的有机物的气/粒分配，在有机颗粒物浓度 C_{OA} = 10.6 μg·m^{-3} 的环境中，根据式(9.16)，C^* = 10 μg·m^{-3} 的 SVOC 约有 50%分配至颗粒相(ε_i = 0.5)，而挥发性稍低的 SVOC，如 C^* = 1 μg·m^{-3} 的 SVOC，约 90%分配至颗粒相(ε_i = 0.9)。

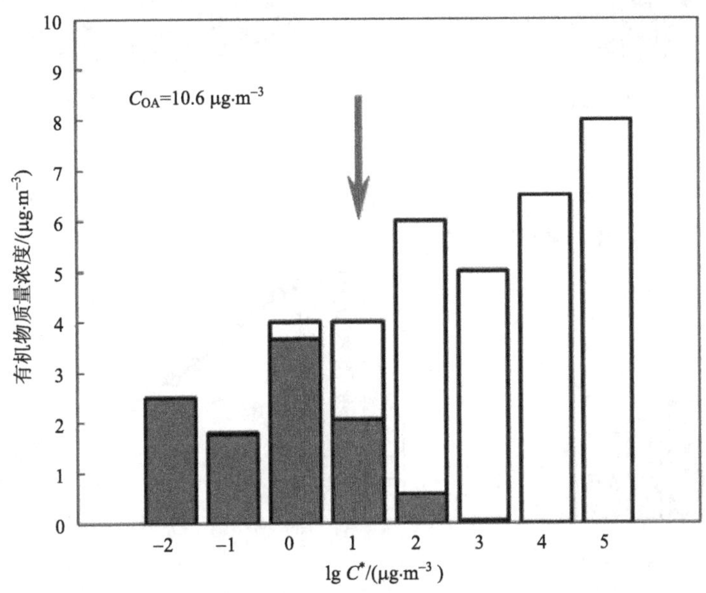

图 9.3.2　典型大气中各挥发性区间的有机物的气/粒分配

柱子总高度代表 C_i，其中颗粒相的部分用阴影表示

资料来源：Donahue 等 (2006)

图 9.3.3 描述有机物在大气中经氧化过程发生的化学转变，氧化使得产物相比反应物逐渐向低挥发性区间移动并重新进行气/粒分配，最终影响 C_{OA} 的浓度。图 9.3.3(d) 表明化学反应进行到第 4 天以后，C_{OA} 的浓度逐渐降低，这主要是高挥发性产物逐渐增加，这些产物主要存在于气态，不需要进行气/粒分配，所以最终移出模型。

实际大气中的 OA 在老化过程中，其挥发性和氧化状态不断发生改变。OA 的老化过程主要包含三类反应：聚合(oligomerization，具体指小分子结合生成大分子的反应)、官能团化(functionalization，指含氧官能团增加的反应)和碳键断裂(fragmentation)。其中，官能团化和碳键断裂可能造成氧化程度的增加，而聚合反应对 OA 氧化状态的影响较小。碳键断裂增加产物的挥发性，造成分配到颗粒相的部分减少，与其余两类反应对 OA 质量浓度的影响相反。因此，可利用挥发性和氧化状态构筑 2-D VBS 理论框架来描述 OA 的化学演化。

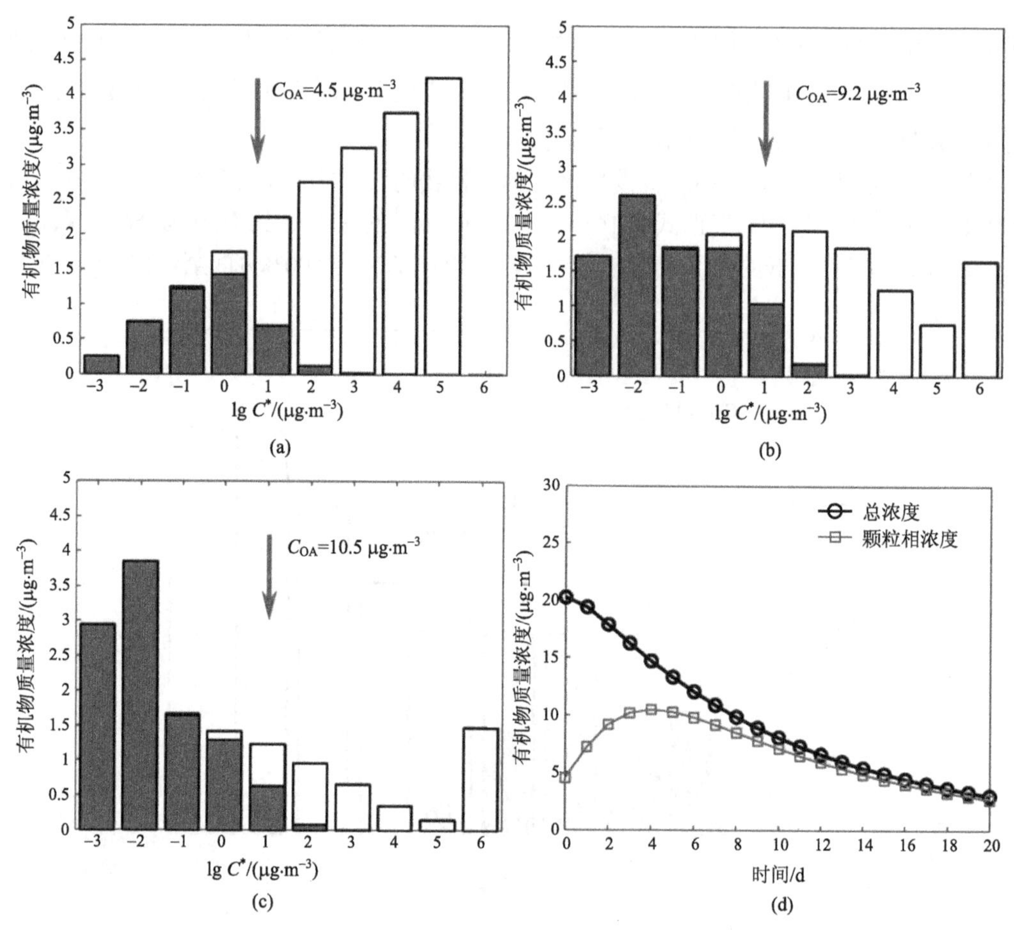

图 9.3.3　有机物在大气中经氧化过程发生的化学转变

(a～c)随化学反应的进行(0 d、2 d、4 d)产物的气/粒分配，(d)产物总浓度(黑色)及其中的颗粒相浓度(灰色)的时间序列

资料来源：Donahue 等 (2006)

图 9.3.4 即将 $\lg C^*$和 O/C 比值作为 VBS 模型的两个维度。对于具有相同碳原子数的化合物，含氧量越高，其挥发性越低；而对于具有相同氧原子数的化合物，碳原子数越高，挥发性越低。除 O/C 比值以外，OA 的氧化状态也可用碳原子平均氧化化态 $\overline{OS_C}$ 来描述。OS_C 是单个碳原子在与电负性较强的原子结合后失去所有电子，或与电负性较弱的原子结合后得到所有电子两种情况下所带的电荷数，而 $\overline{OS_C}$ 为所有碳原子的平均性质。$\overline{OS_C}$ 同时考虑 C—O 键的生成和 C—H 键的断裂对碳原子氧化状态的影响，并且随着氧化程度单调增加。

VBS 模型被广泛应用于区域或者全球尺度的空气质量模型中 SOA 的模拟。在区域空气质量模型 CAMx 和 CMAQ 中嵌入的 VBS 模型中，有机物每经过一个氧化步骤，C_i^* 降低一个数量级，同时氧化状态也有所增加，这与 2-D VBS 相似，但产物 SVOC 是按照特定的途径实现氧化过程的，即每一步氧化产物的 C_i^*、$\overline{OS_C}$ (C、H、O 原子数)、分子摩尔质量等性质是确定的，所以称为 1.5-D VBS。

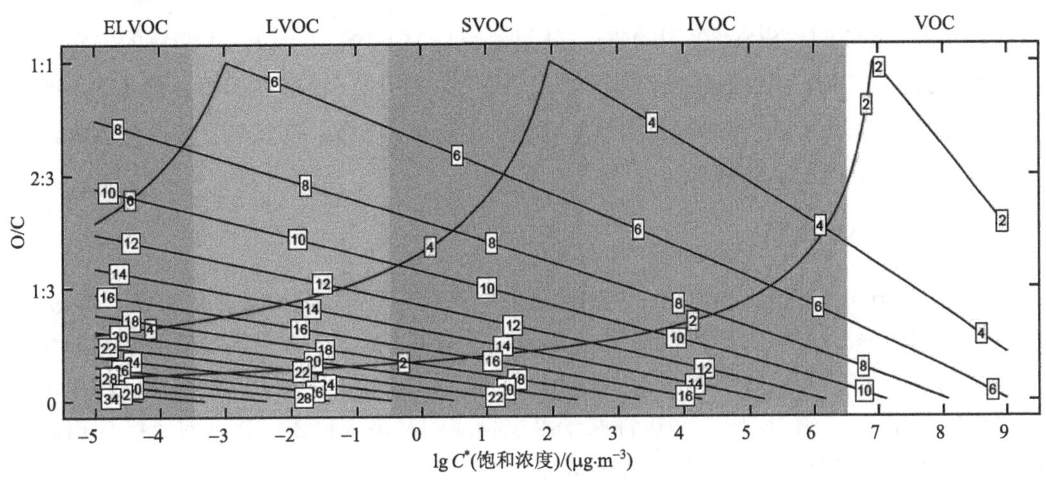

图 9.3.4　2-D VBS 模型示意图

黑色等值线代表碳原子数

资料来源：Pandis 等 (2013)

VBS 模型根据挥发性对有机物分级，模拟计算时并不需要具体的反应机理和产物，因此可以计算很多 SOA 前体物的反应且不需要很多参数，大大节约了计算成本。另外，VBS 模型通常包含挥发性产物的多代氧化过程，改善了 SOA 的模拟效果。但是 VBS 模型也有其局限性。在烟雾箱实验中，SOA 持续生成并发生老化，特别是芳香烃，其一代氧化反应后的氧化反应速率更快，因此测得的 OA 产率并非仅限于一代产物。VBS 模型有单独的算法来表征 SOA 的多代氧化，但在一定程度上造成了重复计算，易造成 SOA 模拟值的高估。

3. SOM

SOM 利用碳原子数(N_C)和氧原子数(N_O)来描述 SOA 的生成过程，因此该模型只考虑反应物的原子构成，而不考虑原子之间是如何连接的(化学官能团的影响)。对于某确定的碳原子数和氧原子数组合(一个 SOM 模型物种)，利用该组合对应的所有化合物的平均性质来代表该物种的性质。SOM 考虑了官能团化、碳键断裂、OH 自由基参与的非均相反应三种化学过程，以及产物在每个时间步长(1 ~ 2 min)的气/粒分配平衡。SOM 利用六个参数来描述 SOA 的化学演变：①每个反应增加的氧原子数，用四个参数($P_1 \sim P_4$)分别表示增加 1 个、2 个、3 个、4 个氧原子的产物对应的产率；②每增加一个氧原子，产物挥发性(用饱和蒸气浓度 C_{sat})的变化 ΔLVP(P_5)：

$$\Delta \text{LVP} = \lg\left[\frac{C_{\text{sat},N_O}}{C_{\text{sat},N_O+1}}\right] \tag{9.22}$$

式中，ΔLVP 为正值表示增加氧原子会降低挥发性；③参与碳键断裂反应并生成两个小分子产物的可能性(P_6)。通过调整以上 6 个参数，即可利用 SOM 很好地拟合烟雾箱中观测到的 SOA 生成。此外，SOM 假设每个非均相反应(只考虑与 OH 自由基的反应)都会增加一个氧原子，而参与碳键断裂反应的可能性与相同原子组成的气态产物一样，并且反应性摄取系数为 1。SOM 采用的气/粒分配理论与 VBS 模型相似，由产物的饱和蒸气浓度 C_i^* 决定。SOM 与传统的两产物模型、VBS 模型相比，较明显的特征是 SOM 考虑了光化学反应的动力学过程，以及多代氧化过程，而传统 SOA 模型一般假设前体物经过一步氧化反应直接生成 SOA。

4. 其他 SOA 模型

CNPG(carbon number-polarity grid)模型将两产物模型扩展为 np+mP 方法，即 n 个 SVOC 产物和 m 种可能的低挥发性化合物(通常为聚合物)，考虑了非理想溶液的影响、颗粒相分子质量的变化、水的摄取以及相态分离。与 VBS 模型和 SOM 相似，CNPG 模型采用二维空间——由碳原子和极性两个维度构成的网格来描述产物，对于结构相似的产物，CNPG 模型不管其由何种途径生成，都将其合并到一个网格内。

FGOM(functional group oxidation model)认为，不管前体物 VOC 氧化反应机理如何复杂，SOA 生成与产物具备的官能团最为相关。因此，FGOM 基于详细的气相化学反应机理如 MCM(http://mcm.york.ac.uk/)或者 GECKO-A 机理(https://www2.acom.ucar.edu/modeling/gecko)获取 VOC 氧化产物中的官能团信息，并根据官能团和碳原子数估算产物的挥发性，用于估算气/粒分配。该模型同样考虑了 SOA 的老化过程。

9.3.2　无机气溶胶热力学平衡模式

热力学模型是计算有机/无机混合体系中相态行为和气/粒平衡的重要工具，可用于估算颗粒物中各化学组分在气态和颗粒态中的分布以及颗粒态中相态分离的程度。热力学模型的基本原理是对于一个温度为 T、压力为 P 的封闭体系，保证总体系的吉布斯自由能 G 达到最小，此时达到热力学平衡，用公式表示为

$$\min\{G(T,P,n_i)\} \tag{9.23}$$

式中，n_i 为系统中物种 i 的浓度。在热力学平衡模式中，有 4 个热力学参数对计算气/粒转化非常重要：平衡常数 K、溶液活度系数 γ、水的活度 α_w 和潮解时的相对湿度 DRH。前 3 个参数决定了各个组分的浓度，最后一个参数决定固体物种可以存在的最大相对湿度。

无机气溶胶热力学平衡模式的任务是计算 H_2SO_4、NH_3、HNO_3、海盐和 H_2O 等大气无机物种在气相与颗粒相达到热力学平衡后，气相与颗粒相内的组成和各组分成分的平衡浓度。第一代无机气溶胶热力学平衡模式诞生于 20 世纪 80 年代中期，包括：EQUIL 模型、MARS 模型和 SEQUILIB 模型。这些模型中的活度系数方程和数值解法被不断优化，因此模型也在不断发展中。目前，被广泛使用的无机热力学平衡模型包括 AIM 和 ISORROPIA 模型，其中 AIM(http://www.aim.env.uea.ac.uk/)通常被认为是较为准确的基准模型，而 ISORROPIA 模型则被广泛应用于全球和区域的大气化学传输模型中。

AIM 计算由无机气溶胶、部分有机气溶胶和水构成的系统中气/液/固三相平衡，以及溶质和溶剂在溶液或者液体混合物中的行为。AIM 体系包含以下几种主要的模型(除了无机离子和水，以下模型也可以包含有机化合物)：模型Ⅰ：H^+-SO_4^{2-}-NO_3^--Cl^--Br^--H_2O

(< 200 ~ 330 K)；模型Ⅱ：H^+-NH_4^+-SO_4^{2-}-NO_3^--H_2O (< 200 ~ 330 K)；模型Ⅲ：H^+- NH_4^+-Na^+-SO_4^{2-}-NO_3^--Cl^--H_2O (298.15 K)；模型Ⅳ：H^+-NH_4^+-Na^+-SO_4^{2-}-NO_3^--Cl^--H_2O (≤263 ~ 330 K，随组分构成变化)。

ISORROPIA 模型可以模拟 SO_4^{2-}-NO_3^--NH_4^+-Na^+-Cl^--H_2O 体系的组成和各相之间的热力学平衡问题，共考虑了 15 个平衡反应以及固态的 9 种单盐，并对模拟体系进行了简化假设，包括：H_2SO_4 和 Na 全部存在于颗粒相；NH_3 优先与 H_2SO_4 发生不可逆反应，只有在 H_2SO_4 被 NH_3 完全中和以后仍有剩余的情况下，NH_3 才会与 HNO_3、HCl 发生可逆反应生成 NH_4NO_3 和 NH_4Cl；H_2SO_4 优先与 Na 结合，只有与 Na 结合后仍有剩余的情况下才会与 NH_3 发生反应。基于以上假设，ISORROPIA 根据两个比值 $R_{SO_4^{2-}}$ ($\frac{[Na^+]+[NH_4^+]}{[SO_4^{2-}]}$) 和 R_{Na^+} ($\frac{[Na^+]}{[SO_4^{2-}]}$) 将模拟体系划分为 4 个亚体系(表 9.3.1 为 ISORROPIA Ⅱ中的亚体系)。在确定亚体系后，ISORROPIA 根据大气的相对湿度以及各种盐潮解的相对湿度，并考虑多组分潮解的协同效应，最终计算出每个亚体系中的物种在气/液/固三相中的分配。

其第二版本 ISORROPIA Ⅱ在模拟体系中增加了 Ca^{2+}、K^+和 Mg^{2+}对应的无机盐以及相应的化学平衡反应，并根据三个比值 R_1($\frac{[Na^+]+[K^+]+[Ca^{2+}]+[Mg^{2+}]+[NH_4^+]}{[SO_4^{2-}]}$)、$R_2$($\frac{[Na^+]+[K^+]+[Ca^{2+}]+[Mg^{2+}]}{[SO_4^{2-}]}$) 和 R_3($\frac{[K^+]+[Ca^{2+}]+[Mg^{2+}]}{[SO_4^{2-}]}$) 将模拟体系划分为 5 个亚体系(表 9.3.1)。

表 9.3.1　ISORROPIA 中各亚体系对应的物种

R_1	R_2	R_3	气溶胶类型	固相	液相主要物种	气相	次要物种
$R_1 < 1$	任意值	任意值	高浓度硫酸(游离酸)	硫酸氢钠，硫酸氢铵，**硫酸氢钾，硫酸钙**	钠离子，铵根离子，氢离子，硫酸氢根离子，硫酸根离子，硝酸根离子，氯离子，**钙离子，钾离子**，水	水	氨气(气相)，硝酸离子(液相)，氯离子(液相)，氨气(液相)，硝酸(液相)，盐酸(液相)
$1 \leq R_1 < 2$	任意值	任意值	高浓度硫酸	硫酸氢钠，硫酸氢铵，硫酸钠，硫酸铵，亚硫酸氢铵，**硫酸钙，硫酸氢钾，硫酸钾，硫酸镁**	钠离子，铵根离子，氢离子，硫酸氢根离子，硫酸根离子，硝酸根离子，氯离子，**钙离子，钾离子，镁离子**，水	水	氨气(气相)，硝酸根离子(液相)，氯离子(液相)，氨气(液相)，硝酸(液相)，氯化氢(液相)

续表

R_1	R_2	R_3	气溶胶类型	固相	液相主要物种	气相	次要物种
$R_1 \geqslant 2$	$R_2 < 2$	任意值	低浓度硫酸，低浓度晶体钠	硫酸钠，硫酸铵，硝酸铵，氯化铵，**硫酸钙，硫酸钾，硫酸镁**	钠离子，铵根离子，氢离子，硫酸根离子，硝酸根离子，氯离子，**钙离子，钾离子，镁离子**，水，氨气(液相)，硝酸(液相)，氯化氢(液相)	硝酸，氯化氢，氨气，水	硫酸氢根离子(液相)
$R_1 \geqslant 2$	$R_2 \geqslant 2$	$R_3 < 2$	低浓度硫酸，高浓度晶体钠，低浓度晶体	硫酸钠，硫酸铵，硝酸铵，氯化铵，**硫酸钙，硫酸钾，硫酸镁**	钠离子，铵根离子，氢离子，硫酸根离子，硝酸根离子，氯离子，**钙离子，钾离子，镁离子**，水，氨气(液相)，硝酸(液相)，氯化氢(液相)	硝酸，氯化氢，氨气，水	硫酸氢根离子(液相)
$R_1 \geqslant 2$	$R_2 \geqslant 2$	$R_3 > 2$	低浓度硫酸，高浓度晶体钠，高浓度晶体	硝酸钠，氯化钠，硝酸铵，氯化铵，硫酸钙，硫酸钾，**硫酸镁，硝酸钙，氯化钙，硝酸镁，氯化镁，硝酸钾，氯化钾**	钠离子，铵根离子，氢离子，硫酸根离子，硝酸根离子，氯离子，**钙离子，钾离子，镁离子**，水，氨气(液相)，硝酸(液相)，氯化氢(液相)	硝酸，氯化氢，氨气，水	硫酸氢根离子(液相)

注：加粗的物种是 ISORROPIA Ⅱ中的新物种。

资料来源：Fountoukis 和 Nenes (2007)。

具体而言，ISORROPIA(ISORROPIA Ⅱ)模型可用于解决两类问题：正向(或闭合系统)问题，即已知温度、相对湿度和 H_2SO_4、NH_3、HNO_3、HCl、Na^+(Ca^{2+}、K^+和 Mg^{2+})在气相和颗粒相的总浓度，计算各物种在气相和颗粒相的分配；反向(或开放系统)问题，即已知温度、相对湿度和 H_2SO_4、NH_3、HNO_3、HCl、Na^+(Ca^{2+}、K^+和 Mg^{2+})在颗粒相的浓度，计算各物种在气相的浓度，精细化的气溶胶模型通常需要这样的计算。使用 ISORROPIA 时，可假设系统处于稳定的热力学平衡，即无机盐饱和后会沉淀，因此气溶胶可以为固态、液态或固液共存。ISORROPIA 也可假设系统处于亚稳定状态，即在过饱和状态下，无机盐也不会沉淀，此时气溶胶只可能以溶液存在。

9.4　大气化学传输模型及应用

大气是一个许多物理和化学过程同时发生的复杂系统。大气化学传输模型基于对这些过程的认知建立数学模型，用以模拟和描述大气污染物在实际大气中的行为。目前主要的大气化学传输模型按照模拟的空间尺度和分辨率不同分为区域模型和全球模型。其中，区域模型的模拟尺度以城市和区域尺度(几千米到几百千米)居多，对应着几千米到几十千米的空间分辨率，如 CMAQ、CAMx、WRF-Chem 以及我国自主研发的 NAQPMS 模型都是常用的区域模型。全球模型如 GEOS-Chem 的模拟能够覆盖全球，空间分辨率通常为 0.5°(几十千米)以提高计算效率。

区域尺度的大气化学传输模型通常用于区域空气质量的回溯模拟和预测，因此通常也称为空气质量模型。第三代空气质量模型将对流层大气作为一个整体来描述，以多种类型污染问题为模拟对象，具有以下特点：基于“一个大气”的思想，各种污染物通过化学反应紧密联系起来；具有很好的通用性，采用广义坐标系，空间上进行多尺度、多层次网格模拟，标准的输入、输出数据接口；灵活的模块化结构，可供选择的模块库和算法库；很强的开放性和扩展性，便于引入新的研究成果和数值模拟技术。

9.4.1　常用的 CTM 介绍

1. CMAQ 模型

CMAQ(the community multiscale air quality)模型是由美国环境保护署 1998 年发布的第三代空气质量模型，目前已更新至 5.4 版本，并且仍在不断更新中。CMAQ 模型综合考虑了源排放、气象、化学转化和物理去除过程，可用于对 O_3、颗粒物、能见度、大气中有毒物质以及酸沉降的模拟。CMAQ 模型主要由气象、排放和化学三部分组成(图 9.4.1)。气象场由中尺度气象预报模型(如 WRF 模型)提供，并由气象-化学接口处理器 MCIP 转化为 CMAQ 模型可识别的数据格式。源排放处理模型将排放清单处理成网格化文件，作为 CMAQ 模型的排放输入。常用的排放模型包括美国的 SMOKE 模型、我国的 MEIC 模型以及专门用于估算天然源排放的 MEGAN 模型等。

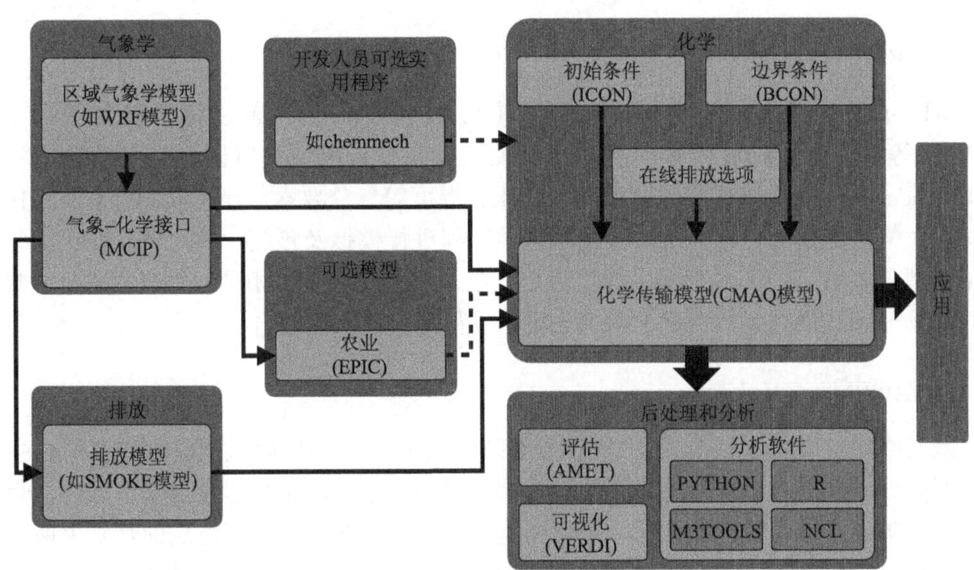

图 9.4.1　CMAQ 模型系统框架

资料来源：https://www.epa.gov/cmaq/cmaq-models-0

CMAQ 化学部分包括化学传输模块 CCTM(CMAQ chemistry transport model)、初始值模块 ICON、边界值模块 BCON 三部分。其中，ICON 和 BCON 提供污染物初始场和边界场，CCTM 是核心模块，模拟污染物的传输、化学(包括气相化学、液相化学、非均相化学、气溶胶热力学过程等)和沉降过程。CCTM 中的气相反应模块用于模拟一次排放的前体物在大气中经历的一系列气相化学反应，如 VOC 被 OH 自由基、O_3 及 NO_3 自由基等不断氧化的过程。CMAQ 可选择 CB-06、SAPRC-07 等化学机理描述气相化学反应。CMAQ 中的气溶胶模块可描述新粒子生成、碰并以及颗粒物增长等。在计算过程中，颗粒物被划分为 3 个模态：艾特肯核模态、积聚模态和粗粒子模态。艾特肯核模态主要包括成核作用或直接排放的新鲜颗粒物，而积聚模态主要为老化的颗粒物，也有部分来源于一次排放。艾特肯核模态和积聚模态通过碰并相互作用，艾特肯核模态可向积聚模态转化并与之融合，两者均可通过气态化合物的凝结而增长，同时也会通过干、湿沉降去除。粗粒子模态主要包括海盐、沙尘及未识别的人为源颗粒物等。颗粒物模块的大多数计算为线性计算，非线性计算包括无机颗粒物之间及与气态前体物之间的转化(由 ISORROPIA 模块计算)和 SVOC 的气/粒分配形成 SOA 等。

2. CAMx

CAMx(comprehensive air quality model with extensions)是由美国安博(Ramboll)技术团队开发和不断改善的第三代空气质量模型。CAMx 的模型框架与 CMAQ 类似，除包含气象、排放和化学三部分外，还包含独立的光解和地形模块。CAMx 最典型的特征是包括灵活的双向网格嵌套、臭氧和颗粒物源分配技术(OSAT/PSAT)等。其中，臭氧源识别技术 OSAT 和颗粒物来源解析方法 PSAT 是 CAMx 两种重要的扩展和诊断工具，并在国内外得到广泛的应用。

3. WRF-Chem

WRF-Chem 模型是由美国大气研究中心(NCAR)、美国国家海洋和大气管理局(NOAA)等共同开发的将气象模型和化学模型在线耦合的中尺度区域空气质量模型。WRF-Chem 不仅可以模拟和预测温度、气压、湿度等气象要素，还可以结合 Chem 化学模块对大气污染物的转化、沉降等物理化学过程进行模拟及预测。相比于其他三维空气质量模型，WRF-Chem 模型最大的优势是气象和化学模块使用相同的垂直和水平坐标、相同的物理参数化方案，实现了物理与化学过程的实时双向耦合。

4. NAQPMS

嵌套网格空气质量预报模型系统(NAQPMS)是由中国科学院大气物理研究所自主研发，在充分借鉴吸收了国际上先进的天气预报模型、空气污染数值预报模型等的优点，并结合中国各区域、城市的地理、地形环境、污染源的排放资料等特点的基础上所建立的数值预报模型系统。NAQPMS 的特色包括双向嵌套、大气化学资料同化、污染物精细溯源与过程追踪等，目前主要应用于我国重点城市的空气质量预报领域。

5. GEOS-Chem

GEOS-Chem 是模拟大气成分的全球三维化学传输模型，针对大气成分的源、汇以及传输过程中的物理化学作用，从而模拟各成分实际浓度分布及其演变进程。GEOS-Chem 主要由哈佛大学大气化学建模组和华盛顿大学大气成分分析组来提供核心管理和支持，美国国家航空航天局(NASA)的地球科学部、加拿大国家工程研究委员会(CNERC)和南京信息工程大学也同时提供支持。用于驱动 GEOS-Chem 的气象场来自美国 NASA 全球模拟同化和戈达德地球观测系统(GEOS)的同化数据。目前，GEOS-Chem 的离线版本可使用 NASA-GEOS 数据模拟 1979 年到现在的任何时期的大气成分。

9.4.2　CTM 的评价和应用

CTM 被广泛应用于污染成因分析和环境政策评估等领域，在使用模型数据前，通常先对模型结果作不确定性评估，主要关注模拟结果和实际情况是否相符。例如，模型是否准确模拟污染物时空分布，模型对输入数据和设置参数的敏感性如何，模型是否能够正确反映控制前体物对削减二次污染物的效果，模拟结果的不确定性对制定减排政策的影响等。模型的评价包括操作评价(operational evaluation)和诊断评价(diagnostic evaluation)两大类。操作评价是将气象和污染物监测资料与模拟结果比对，计算一系列统计特征量(如平均分数偏差、平均分数误差、相关性分析、浓度分布分析等)量化模型的误差。诊断评价则是检验输入资料、模型设置是否合理，帮助确定模型的不足，对模型的总体性能进行评价。通过模型评价确定模型的不确定性或误差范围后，即可灵活应用模型的模拟结果进行一系列研究。以下将列出几种 CTM 的应用实例。

1. 不同化学机理比较

在 CMAQ 模型中分别采用 SAPRC-07 机理和 MCM 模拟 2000 年美国得克萨斯州东南部的一个为期三周的 O_3 污染事件，对两种机理的模拟结果进行比较(Ying 和 Li，2011)。图 9.4.2 显示 SAPRC-07 机理与 MCM 模拟的五个观测站点(CONR、HALC、HCFA、DRPK、C35C)的 OH 自由基和异戊二烯浓度相对接近，MCM 对应着更高的 O_3、NO_2、HNO_3 和 HCHO 浓度。

2. WRF/CMAQ 模型模拟中国 O_3 和 $PM_{2.5}$

利用 WRF-CMAQ 模型系统模拟中国 2013 年 O_3 和 $PM_{2.5}$ 的时空分布特征(Hu et al.，2016)。模型可呈现臭氧最大 1 h 浓度(O_3-1h)和臭氧日最大 8 h 平均浓度(O_3-8h)的区域分布，其中，春季的臭氧高值区出现在华南地区，而夏季华北平原的臭氧浓度最高。模拟结果表明，$PM_{2.5}$ 主要组分(SO_4^{2-}、NO_3^-、NH_4^+、EC、POA、SOA 和其他组分)都表现出冬季最高、夏季最低的特点；$PM_{2.5}$ 组分中 SO_4^{2-}、NO_3^-、NH_4^+ 和 POA 等组分浓度较高，空间分布较接近，中国东部 $PM_{2.5}$ 组分浓度较高。

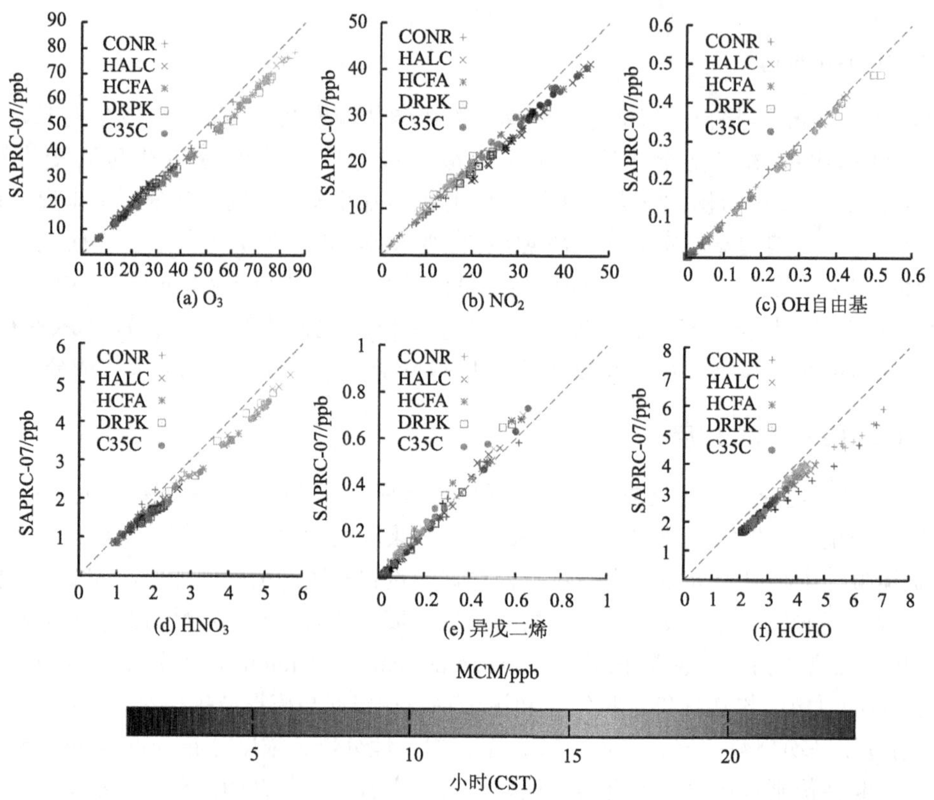

图 9.4.2 CMAQ 模拟的 O_3、NO_2、OH 自由基、HNO_3、异戊二烯和 HCHO 浓度对比

资料来源：Ying 和 Li (2011)

3. 中国硫酸盐和硝酸盐的来源解析

利用 CMAQ 模型追踪多个排放源(电力、工业、交通和居民以及生物源)对 2009 年 1 月和 8 月中国硝酸盐和硫酸盐浓度的贡献(Zhang et al.，2012)。图 9.4.3 显示中国五个主要城市和地区(北京、上海、珠三角、重庆和台北)$PM_{2.5}$ 中硝酸盐及硫酸盐在不同季节的来源贡献，其中电力源和工业源是硝酸盐与硫酸盐的重要来源，交通源为硝酸盐的重要来源，而居民源在 1 月对硫酸盐的贡献很大。

4. 利用 GEOS-Chem 模型分析 2013～2017 年中国东部 O_3 浓度增加的原因

Li 等(2019)结合 GEOS-Chem 模型分析了 2013 ～ 2017 年中国东部城市群 O_3 观测浓度上升的驱动因素。模型结果表明，人为源 NO_x 和 VOC 排放的变化(NO_x 排放下降、VOC 排放基本不变)造成城市 O_3 浓度降低、乡村地区 O_3 浓度增加，而 O_3 浓度增加更重要的原因可能是 $PM_{2.5}$ 浓度下降(华北地区下降约 40%)带来的影响(表 9.4.1)。通过在模型中分别控制 $PM_{2.5}$ 浓度对光解速率、HO_2 自由基非均相摄取以及 NO_x 等含氮化合物非均相摄取的影响，表明 $PM_{2.5}$ 浓度下降造成 HO_2 自由基非均相摄取减少，加强了 O_3 生成。

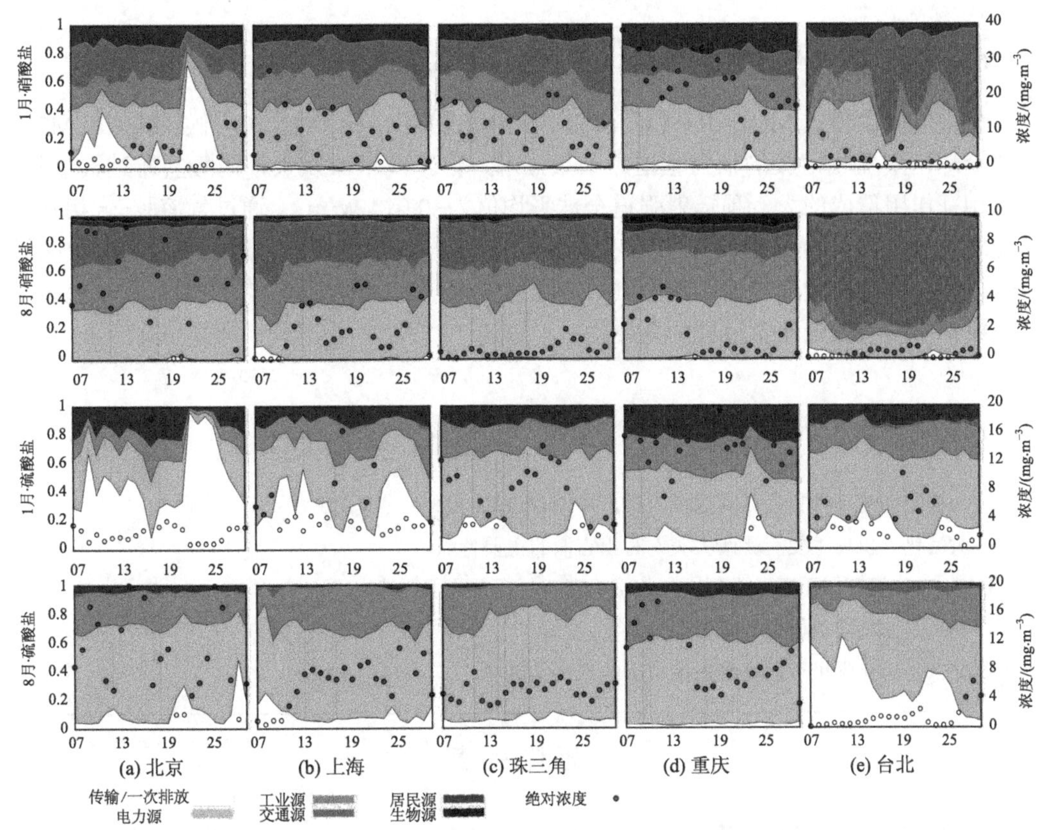

图9.4.3 2009年1月与8月中国五个城市和地区硝酸盐及硫酸盐的来源贡献

黑点是$PM_{2.5}$中硝酸盐和硫酸盐的模拟浓度

资料来源：Zhang 等 (2012)

表9.4.1 2013～2019年排放和$PM_{2.5}$浓度的相对变化 (单位：%)

地区	NO_x	VOC	SO_2	OC	BC	$PM_{2.5}$
京津冀	−23	+6.7	−66	−46	−39	−41
长三角	−21	+8.2	−67	−35	−26	−36
珠三角	−16	+3.7	−45	−32	−19	−12
四川盆地	−17	+5.8	−67	−32	−31	−39
中国	−21	+2.0	−59	−32	−28	−40

5. 2020年上海进博会期间减排政策评估

利用CMAQ模型评估2020年上海进博会期间(11月1～7日)不同减排措施对$PM_{2.5}$的影响，具体做法如下：对不同污染物进行不同程度的等比例减排，将减排情景对应的模拟浓度与基准情景(减排前的模拟浓度)进行对比，从而估算得到不同减排措施对污染物浓度的影响，最终筛选出最有效的减排方案。模拟结果表明，在减排20%的情景下，减排一次颗粒物对$PM_{2.5}$控制最有效，减排NO_x对$PM_{2.5}$的控制效果最差。

6. 大气化学-气候耦合模式模拟硝酸盐气溶胶辐射强迫

将大气化学模式 MOZART 和气溶胶-化学模式 MOSAIC 耦合进气候模式 CESM2，量化全球硝酸盐气溶胶的辐射强迫。结果显示，自工业革命以来，硝酸盐通过气溶胶-辐射相互作用造成的大气顶辐射强迫全球平均值为$-0.014\ \mathrm{W\cdot m^{-2}}$，通过气溶胶-云相互作用造成的辐射强迫为$-0.219\ \mathrm{W\cdot m^{-2}}$。不同地区硝酸盐气溶胶辐射强迫具有较大的空间异质性，其中中国和印度地区硝酸盐气溶胶辐射强迫较大，对气候具有重要影响，突出了气候模拟中加入大气化学过程的重要性。

✔思 考 题

1. 污染物的连续性方程如何建立？写出各个物理量的意义。
2. 大气化学机理主要有哪两大类？写出它们的主要特点。
3. SAPRC 机理属于哪种类型大气化学机理？写出它的主要特点。
4. 什么是空气质量模型？有哪些分类？
5. 什么是光化学机理？举例说明常用的光化学机理。

☞延伸阅读

CBM 发展历经 CBM-Ⅱ、CBM-Ⅲ以及较为精细的机理 CBM-EX，其中包含 87 个物种和 204 个反应。2005 年美国环境保护署(US EPA)发布了 CB-05，改善了对二次有机气溶胶(SOA)的模拟并添加了萜烯物种，CB-05 共包括 51 个物种和 156 个反应。2010 年，美国得克萨斯州环境质量委员会(TCEQ)发布了 CBM 机理的最新版本 CB-06(表 9.2.1)，共包括 77 个物种和 218 个反应。CB-06 除了几种特定 VOC，如甲烷、异戊二烯等，其他的 VOC 根据官能团以及反应活性的不同分为烷烃(PAR)、烯烃(OLE、IOLE 以及 TERP)、芳香烃(TOL、XYL)、醛类(ALDX)、酮类(KET)等。第一个广泛使用的 CB-06 修订版是 CB-06r2，首次发布于 2014 年 4 月。CB-06r2 加入了 SOA 吸收多官能团有机硝酸盐(multi-functional organo-nitrates，ON)水解成硝酸的机理，并加入了异戊二烯和芳烃的反应机理。CB-06r2 添加了碘、溴以及氯化合物的反应，以解释墨西哥湾海洋边界的臭氧破坏。CB-06r3 是从 CB-06r2 发展而来的，该版本考虑到温度(和压力)对硝酸烷基酯形成的影响，以更好地模拟落基山脉的冬季高臭氧事件，这是在 CMAQ 中使用的最新版本。CB-06r4 的开发是为了更有效地模拟海洋边界的臭氧消耗，只添加了无机碘的 16 个最重要反应，这是 CAMx7 中使用的最新版本。CB-06r5 由 TCEQ 支持并于 2020 年 7 月完成，更新重点放在 Dunker 等于 2020 年提出的“前 50”不确定参数、无机反应以及更简化的有机反应。2021 年将基于 CB-06r5 对异戊二烯等相关的反应进行更新至 CB-07。

参 考 文 献

Donahue N M, Robinson A L, Stanier C O, et al. 2006. Coupled partitioning, dilution, and chemical aging of semivolatile organics. Environmental Science & Technology, 40(8): 2635-2643.

Fountoukis C, Nenes A. 2017. ISORROPIA Ⅱ: A computationally efficient thermodynamic equilibrium model for K^+- Ca^{2+}- Mg^{2+}- NH_4^+- Na^+- SO_4^{2-}- NO_3^-- Cl^-- H_2O aerosols. Atmospheric Chemistry and Physics, 7(17): 4639-4659.

Hu J, Chen J, Ying Q, et al. 2016. One-year simulation of ozone and particulate matter in China using WRF/CMAQ modeling system. Atmospheric Chemistry and Physics, 16: 10333-10350.

Jacob D J. 1999. Introduction to Atmospheric Chemistry. New Jersey: Princeton University Press.

Li K, Jacob D J, Liao H, et al. 2019. Anthropogenic drivers of 2013–2017 trends in summer surface ozone in China. Proceedings of the National Academy of Sciences, 116(2): 422-427.

Odum J R, Hoffmann T, Bowman F, et al. 1996. Gas/particle partitioning and secondary organic aerosol yields. Environmental Science & Technology, 30(8): 2580-2585.

Pandis S N, Donahue N M, Murphy B N, et al. 2013. Introductory lecture: Atmospheric organic aerosols: Insights from the combination of measurements and chemical transport models. Faraday Discussions, 165: 9-24.

Ying Q, Li J. 2011. Implementation and initial application of the near-explicit Master Chemical Mechanism in the 3D Community Multiscale Air Quality (CMAQ) model. Atmospheric Environment, 45(19): 3244-3256.

Zhang H, Li J, Ying Q, et al. 2012. Source apportionment of $PM_{2.5}$ nitrate and sulfate in China using a source-oriented chemical transport model. Atmospheric Environment, 62: 228-242.

第 10 章　大气污染与气候变化

对流层 O_3 和气溶胶不仅是大气中的主要空气污染物，也是导致气候变化的重要强迫因子。O_3 是一种温室气体，自工业化以来，对流层 O_3 的全球平均辐射强迫为 0.40 $W \cdot m^{-2}$ (范围为 0.20 ~ 0.60 $W \cdot m^{-2}$)(IPCC，2013)。气溶胶通过气溶胶-辐射相互作用(也称为气溶胶直接气候效应)和气溶胶-云相互作用(也称为气溶胶间接气候效应)影响气候变化。据估计，从工业化以前至今，人为排放导致的气溶胶浓度变化产生的全球平均总直接辐射强迫为–0.27 $W \cdot m^{-2}$(范围为–0.77 ~ 0.23 $W \cdot m^{-2}$)、间接辐射强迫为–0.55 $W \cdot m^{-2}$(范围为–1.33 ~ –0.06 $W \cdot m^{-2}$)，能在相当大的程度上抵消全球平均二氧化碳的辐射强迫[1.68 $W \cdot m^{-2}$(范围为 1.33 ~ 2.03 $W \cdot m^{-2}$)](IPCC，2013)。随着经济的快速发展，中国的大气污染物浓度相对较高，这表明大气污染物的气候效应在中国区域会高于其全球平均值。

由于中国地处季风区，大气污染物的气候效应具有独特性。每年 5 ~ 9 月，东亚夏季风盛行，强烈的越赤道风从南半球流向北半球，将暖湿气流从海洋带到中国东部。在此期间，雨带和相关联的深对流绵延数千千米，从中国东南部向北部移动。11 月~次年 3 月，亚洲冬季风盛行，高纬度地区的强北风给中国东部带来了寒冷干燥的空气。与亚洲季风相联系的气象场季节和年际变化可以通过影响大气污染物的排放、输送、化学反应、沉降进而影响大气污染物的浓度及其分布。在研究大气污染物的气候效应时，必须考虑化学物质和区域天气气候之间的复杂反馈。目前，定量评估大气污染物对气候影响的主要工具是区域或全球大气化学-气候耦合模式。

与对流层臭氧的温室效应相比，气溶胶的气候效应更加复杂，且不确定性也更大。本章介绍气溶胶影响气候的光学特性、气溶胶的辐射强迫及其气候效应，以及气溶胶和臭氧与天气和气候的相互作用。

10.1　气溶胶光学特性

气溶胶的直接气候效应即气溶胶通过对太阳辐射的散射和吸收来对地-气系统的辐射平衡产生直接作用，这种过程主要受到气溶胶光学特性的影响。气溶胶的光学特性主要包括：气溶胶光学厚度(aerosol optical depth，AOD)、气溶胶单次散射反照率(single scattering albedo，SSA)和气溶胶非对称因子(asymmetry factor，AF)。

10.1.1　消光系数

要了解气溶胶的光学特性，首先需要理解入射光与单个气溶胶粒子可能发生的各种作用过程(图 10.1.1)。当入射光束撞击粒子时，出射光可以分为两种：一种是出射光与入射光波长不同(如拉曼散射和荧光，波长分别为 λ_R 和 λ_F)，另一种是出射光与入射光波长相同，其中后者涉及的是研究气溶胶影响太阳辐射时主要关注的散射过程。入射的辐射碰到气溶胶颗粒后，向各个方向辐射能量(散射)，也有一部分入射辐射被颗粒吸收。球形粒子对光的吸收和散射是物理学中的经典理论，被称为 Mie 理论(Mie Theory)。

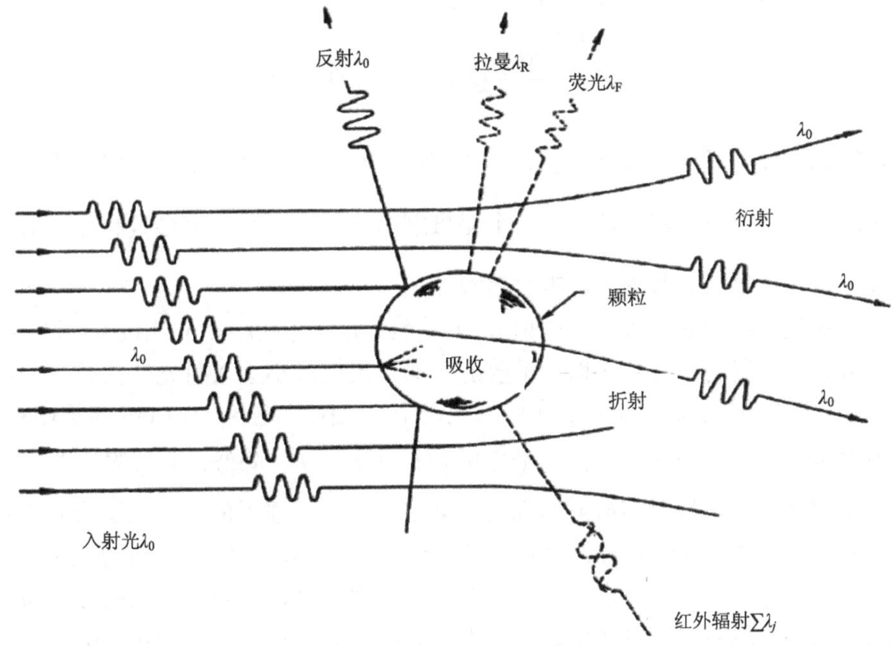

图 10.1.1　入射光和粒子的相互作用机制

假设波长为 λ_0 的入射光垂直穿过厚度为 dz 的含有气溶胶的大气，空气中的粒子会通过吸收和散射使入射光发生衰减。根据能量守恒原理，入射光损失的能量等于粒子散射与吸收能量的总和，这种由散射和吸收共同导致入射辐射能量衰减的效应称为消光。用符号 F_0 表示入射辐射的强度，在通过 dz 距离上辐射强度减少的部分可以表示为

$$\mathrm{d}F = -b_{\mathrm{ext}} \times F_0 \mathrm{d}z \tag{10.1}$$

式中，b_{ext} 为消光系数，m^{-1}，其物理含义为单位路径上损失的辐射强度，即

$$\frac{\mathrm{d}F}{\mathrm{d}z} = -b_{\mathrm{ext}} \times F_0 \tag{10.2}$$

这也是朗伯-比尔定律的表达形式。

粒子通过吸收和散射使入射辐射发生衰减，因此，消光系数又等于吸收系数与散射系数之和：

$$b_{\mathrm{ext}} = b_{\mathrm{abs}} + b_{\mathrm{scat}} \tag{10.3}$$

式中，b_{abs} 和 b_{scat} 分别为吸收系数和散射系数。

Mie 理论中，决定一个粒子对入射光的散射和吸收的关键参数主要有：①颗粒尺度参数 α，通常表示为无量纲参数：$\alpha = \dfrac{\pi D_{\mathrm{p}}}{\lambda}$，其中，$D_{\mathrm{p}}$ 和 λ 分别为粒子的直径和入射光的波长。②反映气溶胶粒子光散射和吸收能力的复折射指数 m，$m = n + \mathrm{i}k$，其中实部 n 和虚部 k 分别代表颗粒的散射能力和吸收能力。复折射指数的实部 n 和虚部 k 都是波长 λ

的函数，实部越大散射能力越强，虚部越大吸收能力越强。气溶胶的消光系数依赖于气溶胶粒径分布、化学组成和入射光波长。对于复折射指数相同而粒径大小不同的粒子群，假设其数量粒径分布函数为$n(D_p)$，其消光系数为

$$b_{ext}=\int_{0}^{D_p^{max}}\frac{\pi D_p^2}{4}Q_{ext}(m,\alpha)n\left(D_p\right)dD_p \tag{10.4}$$

式中，D_p^{max}为粒子群的最大直径；Q_{ext}为粒子的消光效率(定义为单个气溶胶的消光截面积C_{ext}除以此颗粒的截面积$\frac{\pi D_p^2}{4}$，是一个无量纲的量)，是颗粒尺度参数和复折射指数的函数。同理可获得散射系数b_{scat}和吸收系数b_{abs}。

基于颗粒尺度参数α可以将光散射分为三类：瑞利散射($\alpha \ll 1$)，Mie 散射($\alpha \cong 1$)和几何散射($\alpha \gg 1$)。瑞利散射，又称分子散射，颗粒尺度远小于入射光的波长，颗粒的质量散射效率随粒径增大以D_p^3增加。在可见光谱中，颗粒直径小于 0.1 μm 属于瑞利散射。在几何散射范围内，颗粒的质量散射效率随粒径增大以D_p^{-1}降低，其极限值趋于 2。几何散射可以根据反射、折射和衍射的几何光学来确定，且强烈依赖于颗粒的形状和入射光的方向。图 10.1.2 是入射光波长为 0.5 μm(绿光)时，水滴直径对水滴散射效率的影响。当粒径在 0.1 ~ 1 μm 范围时，水滴对绿光的散射效率最高，这表明当颗粒粒径与入射光波长大致相当时，颗粒的散射效率最大。太阳光的中心波长大约在 550 nm，与 $PM_{2.5}$的粒径十分相近，因此 $PM_{2.5}$对辐射传输有很大的影响。综上，小粒子的散射效率随粒径增大而增加，大粒子的散射效率随粒径增大而减小，而颗粒粒径与入射光波长相近时，颗粒的散射效率最大。

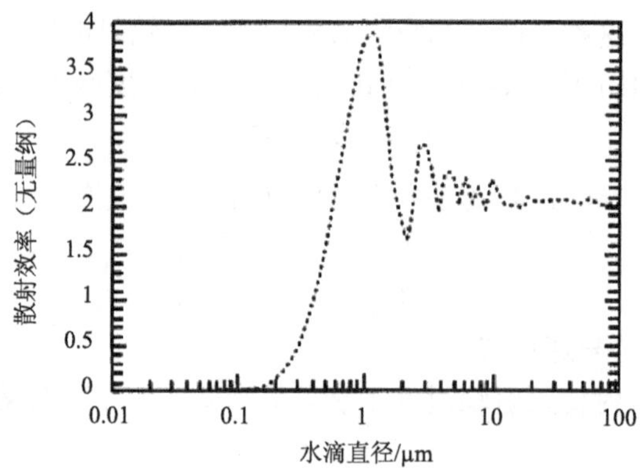

图 10.1.2　水滴对绿光($\lambda = 0.5$ μm)散射效率随水滴直径的变化

10.1.2　气溶胶光学厚度

气溶胶光学厚度(AOD)是气溶胶的消光系数在垂直方向上的积分，是反映气溶胶消光特性、衡量气溶胶粒子对太阳辐射衰减能力的一个重要参数，也是评估大气污染程度的一个关键指标。一般来说，气溶胶光学厚度越小，大气越清洁；反之，大气越浑浊。

气溶胶光学厚度和消光系数的关系以及计算方法如下：

$$\mathrm{AOD}(\lambda)=\int_{z_1}^{z_2} b_{\mathrm{ext}}(\lambda,z)\mathrm{d}z \tag{10.5}$$

式中，z_1 和 z_2 分别为不同的高度；b_{ext} 为气溶胶的消光系数；λ 为入射光的波长。从式(10.5)可以看出，气溶胶的光学厚度受入射光波长和气溶胶消光系数等因子的影响。而气溶胶的消光系数与气溶胶浓度、组成成分以及各组分的混合状态有关。

需要指出的是，大气湿度的变化会改变气溶胶的消光性能。气溶胶的吸湿性可以通过改变粒径和折射率来影响其光学特性，从而影响气溶胶的气候效应。不同的气溶胶组分的吸湿性不同，其对光学厚度的影响也不同(图 10.1.3)。例如，海盐、硫酸盐质量消光系数均随相对湿度增加而迅速增长；黑碳气溶胶质量消光系数起步大，但在相对湿度小于70%时基本不受相对湿度影响。

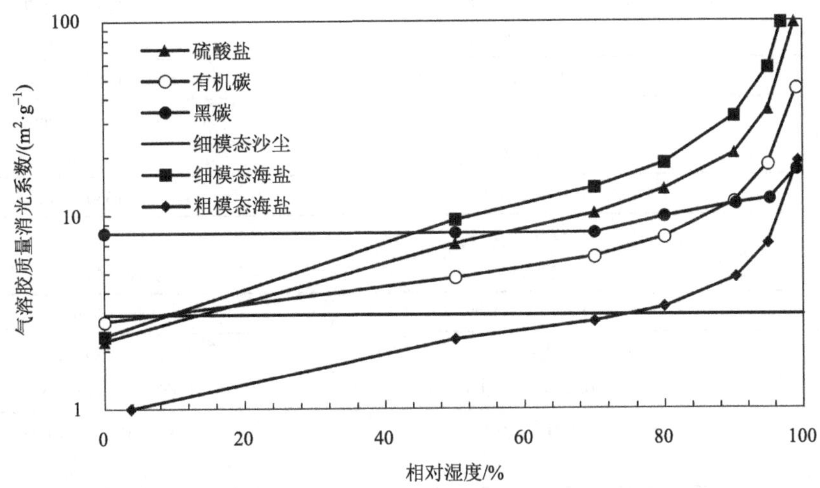

图 10.1.3 不同成分气溶胶质量消光系数(λ = 0.5 μm)随相对湿度的变化

中国地基气溶胶监测网(CARSNET)等地面观测网络是目前较完善的地面气溶胶光学厚度观测系统。此外，卫星遥感能提供大尺度和实时连续的气溶胶光学厚度数据，如中分辨率成像光谱仪(MODIS)、多角度成像光谱仪(MISR)、臭氧监测仪(OMI)等。中分辨率成像光谱仪 MODIS 是搭载在 Terra 和 Aqua 卫星上的一个重要的传感器，与其他卫星传感器相比，有空间分辨率高、时间分辨率高、光谱分辨率高的优势。在通常情况下，我国东部 AOD 大于西部，对应于东部人为排放形成的 $PM_{2.5}$ 浓度的高值。春季西部 AOD 高值是春季沙尘事件活跃所致。

10.1.3 单次散射反照率

单次散射反照率（SSA）是衡量气溶胶粒子对光吸收能力的重要光学参数，其计算公式如下：

$$SSA = \frac{b_{scat}}{b_{ext}} = \frac{b_{scat}}{b_{scat} + b_{abs}} \tag{10.6}$$

SSA 是无量纲参数，取值范围为 0 ~ 1。当粒子将入射光完全吸收时，SSA = 0；当粒子对入射光完全无吸收时，SSA = 1。粒子散射在其总消光效应中的占比为 SSA，而粒子吸收在其总消光效应中的占比为 1− SSA。因此，SSA 越大代表气溶胶的散射能力越强，反之吸收能力越强。表 10.1.1 总结中国地区地表观测的气溶胶 SSA。

表 10.1.1　中国地区地表观测的气溶胶 SSA

位置	观测时间	SSA
北京	1993 ~ 2001 年	0.84 (550 nm)
	2005 年 1 月	0.78 ± 0.11 (532 nm)
	2005 ~ 2006 年	0.80 ± 0.09 (525 nm)
	2006 年 8 月 11 日 ~9 月 6 日	0.86 ± 0.07 (535 nm)
	2005 年	0.88 (550 nm)
上甸子	2003 年 9 月~ 2005 年 1 月	0.88 ± 0.05 (525 nm)
香河	2005 年 3 月	0.81 ~ 0.85 (550 nm)
	2005 年	0.87 (550 nm)
哈尔滨	1993 ~ 2001 年	0.85 (550 nm)
沈阳	1993 ~ 2001 年	0.80 (550 nm)
	2005 年	0.89 (550 nm)
郑州	1993 ~ 2001 年	0.85 (550 nm)
新垦	2004 年 10 月	0.77 ± 0.12 (532nm)
	2004 年 10 ~ 11 月	0.85 ± 0.04 (550 nm)
广州	2004 年 10 月	0.83 ± 0.05 (550 nm)
	2004 年 10 月	0.83 (540 nm)
台北	2005 年	0.83 (550 nm)
上海	2005 年	0.87 (550 nm)
临安	1999 年 11 月	0.93 ± 0.04 (530 nm)
寿县	2008 年 5 ~ 12 月	0.92 (550 nm)
敦煌	1998 ~ 2000 年	0.90 (500 nm)
银川	1998 ~ 2000 年	0.91 (500 nm)
	2003 年 10 月 ~ 2004 年 8 月	0.83 ~ 0.95 (500 nm)
乌鲁木齐	1993 ~ 2001 年	0.84 (550 nm)
兰州	1993 ~ 2001 年	0.81 (550 nm)
	2005 年	0.89 (550 nm)

资料来源：Liao 和 Shang (2015)。

由 SSA 的定义可知，SSA 与气溶胶吸收、散射和消光系数的影响因素相同，包括气溶胶粒径分布、复折射指数、入射光波长、混合状态和大气相对湿度。

大气中的气溶胶通常是各种来源的颗粒混合物，其组成和混合状态对复折射指数有很大影响。气溶胶的混合状态主要包括内混和外混两种类型。气溶胶的外混指气溶胶颗粒从排放源进入大气后，各化学成分颗粒单独存在。气溶胶的内混指当气溶胶颗粒在大气中停留较长时间后，各化学成分之间相互作用，形成包含多种化学组分的气溶胶颗粒。在某一相对湿度和质量浓度下，相同粒径的气溶胶颗粒在外混状态下的散射系数总是大于在内混状态下的散射系数，而外混的吸收系数总是小于内混的吸收系数，因此，气溶胶内混时的 SSA 通常小于其外混时的 SSA。

10.1.4　非对称因子

在给定波长下，粒子散射光强的角分布称为相函数，或散射相函数。它是相对于入射光束在特定角度θ处的散射强度，并由各个角度的散射强度积分归一化。气溶胶的相函数描述的是散射的各向异性，是研究气溶胶中电磁波传输特性的一个重要参量。它提供了每个方向的一个因子，将这个因子乘以入射强度就能得到出射强度。

$$p(\theta,\alpha,m)=\frac{F(\theta,\alpha,m)}{\int_0^{\pi}F(\theta,\alpha,m)\sin\theta\mathrm{d}\theta} \tag{10.7}$$

式中，$F(\theta, \alpha, m)$为散射到角度 θ 的强度；$\alpha=\dfrac{\pi D_{\mathrm{p}}}{\lambda}$，为粒子的尺度参数；$m$ 为折射率。

非对称因子 AF 定义为相函数的余弦加权平均：

$$\mathrm{AF}=\frac{1}{2}\int_0^{\pi}\cos\theta p(\theta)\sin\theta\mathrm{d}\theta \tag{10.8}$$

在 $\theta=0°$(向前方向)完全散射的光，此时 AF = 1；在 $\theta=180°$(向后方向)完全散射的光，此时 AF = –1。对于一个散射光各向同性的粒子(在所有方向上都相同)，AF = 0。即当 AF 为正时，表明粒子向前散射的光比向后散射的光多，AF 为负则表示相反的情况(图 10.1.4)。表 10.1.2 汇总了干气溶胶在 550 nm 波长处的非对称因子的值。

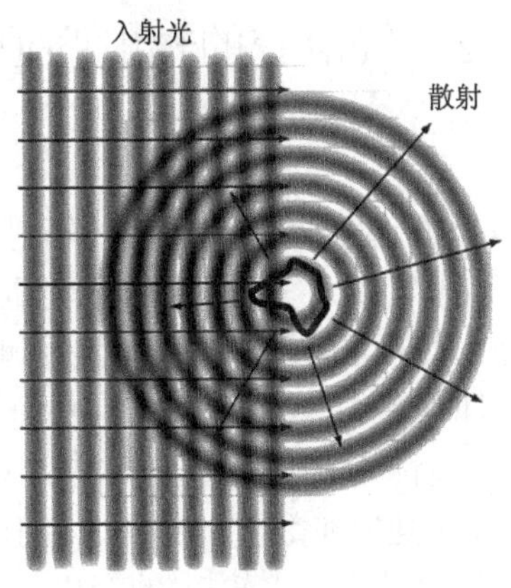

图 10.1.4　气溶胶光散射非对称因子的示意图

表 10.1.2 入射波长为 550 nm 处干气溶胶的物理及光学性质

气溶胶种类	r_e/μm	v_e	ρ/(g·cm^{-3})	b_{ext}/(m^2·g^{-1})	SSA	AF	复折射指数
硫酸盐	0.3	0.2	1.8	4.18	1.0	0.69	1.53–10^{-7} i
有机碳	0.5	0.2	1.8	2.46	0.96	0.67	1.53–0.004 i
黑碳	0.1	0.2	1.0	12.5	0.38	0.47	1.75–0.44 i
硝酸盐	0.3	0.2	1.7	4.18	1.0	0.69	1.53–10^{-7} i
海盐	0.047		2.25	0.12	1.0	0.056	1.50–10^{-8} i
	0.0965		2.25	0.90	1.0	0.24	1.50–10^{-8} i
	0.19		2.25	3.10	1.0	0.62	1.50–10^{-8} i
	0.375		2.25	3.35	1.0	0.74	1.50–10^{-8} i
	0.75		2.25	0.75	1.0	0.61	1.50–10^{-8} i
	1.5		2.25	0.50	1.0	0.80	1.50–10^{-8} i
	3.0		2.25	0.21	1.0	0.77	1.50–10^{-8} i
	6.0		2.25	0.10	1.0	0.81	1.50–10^{-8} i
	12.0		2.25	0.05	1.0	0.82	1.50–10^{-8} i
	24.0		2.25	0.025	1.0	0.82	1.50–10^{-8} i
	48.0		2.25	0.012	1.0	0.83	1.50–10^{8} i
沙尘	0.065		2.6	0.41	0.84	0.11	1.53–0.0078 i
	0.2		2.6	3.43	0.97	0.64	1.53–0.0078 i
	0.65		2.6	0.86	0.85	0.52	1.53–0.0078 i
	2.0		2.6	0.35	0.77	0.85	1.53–0.0078 i
	6.5		2.6	0.094	0.60	0.93	1.53–0.0078 i
	21.0		2.6	0.028	0.55	0.95	1.53–0.0078 i

注：r_e 为干气溶胶的有效半径；v_e 为面积加权有效方差；ρ 为气溶胶密度；b_{ext} 为消光系数；SSA 为单次散射反照率；AF 为非对称因子。

10.2 气溶胶的辐射强迫

10.2.1 辐射强迫的定义

地球气候系统是入射太阳(短波)辐射与反射的短波辐射以及发射的长波辐射之间平衡的结果。从全球范围来看，因为气候系统几乎所有的能量都来自太阳，所以如果气候系统处于平衡态，则地-气系统吸收的太阳辐射(入射太阳辐射减去地-气系统反射回到外太空的短波辐射)将精确地等于地球和大气向外太空发射的长波辐射。能够扰动这种全球辐射平衡并因此改变气候的因子被称为辐射强迫因子，它们对地-气系统产生的强迫则称为辐射强迫(radiative forcing)。辐射强迫在数值上定义为由于某种辐射强迫因子变化而产生的大气顶端平均净辐射(向下辐射减去向上辐射)的变化，单位为 W·m^{-2}。辐射强迫是比较不同气候强迫因子影响气候变化的能力大小的参数，通常计算为工业化前(定义为1750 年)到现今大气顶净辐射通量的变化值。正辐射强迫使地-气系统变暖，负辐射强迫则使地-气系统冷却。

瞬时辐射强迫(instantaneous radiative forcing，IRF)指由气候强迫因子扰动引起的净辐射通量的瞬时变化，通常关注大气层顶或对流层顶的 IRF。对于许多强迫因子，净辐射通量的变化会导致对流层相对快速的调整，从而增强或减少辐射通量。这些快速变化可被视为辐射强迫本身的一部分。政府间气候变化专门委员会第五次气候变化评估报告(IPCC，2013)将这种包含快速调整的辐射强迫称为有效辐射强迫(effective radiative forcing，ERF)。有效辐射强迫表示在考虑大气温度、水蒸气和云层等调整后，在全球平均地表温度不变的情况下，净向下辐射通量的变化。实际上，ERF 和 IRF 之间的差异通常很小。

根据政府间气候变化专门委员会第六次气候变化评估报告(IPCC，2021)基于排放变化估算的 1750～2019 年各种化学物质变化产生的 ERF(图 10.2.1)，甲烷(CH_4)、氮氧化物(NO_x)和二氧化硫(SO_2)排放变化产生的 ERF 较大，而有机碳(OC)、黑碳(BC)、氨气(NH_3)排放变化产生的 ERF 较小。1750～2019 年，甲烷排放变化导致的 ERF 估计值为 1.21 $W·m^{-2}$(范围为 0.90 ～ 1.51 $W·m^{-2}$)；氨气排放导致硝酸铵气溶胶的生成，其产生的 ERF 估计值为 –0.03 $W·m^{-2}$；硫酸盐气溶胶的 ERF 为–0.90 $W·m^{-2}$(范围为–1.56～–0.24 $W·m^{-2}$)，其中–0.22 $W·m^{-2}$ 来自气溶胶-辐射相互作用，–0.68 $W·m^{-2}$ 来自气溶胶-云相互作用；黑碳排放变化引起的 ERF 为 0.063 $W·m^{-2}$(范围为–0.28 ～ 0.42 $W·m^{-2}$)；有机碳气溶胶的 ERF 为–0.20 $W·m^{-2}$(范围为–0.41～–0.03 $W·m^{-2}$)。

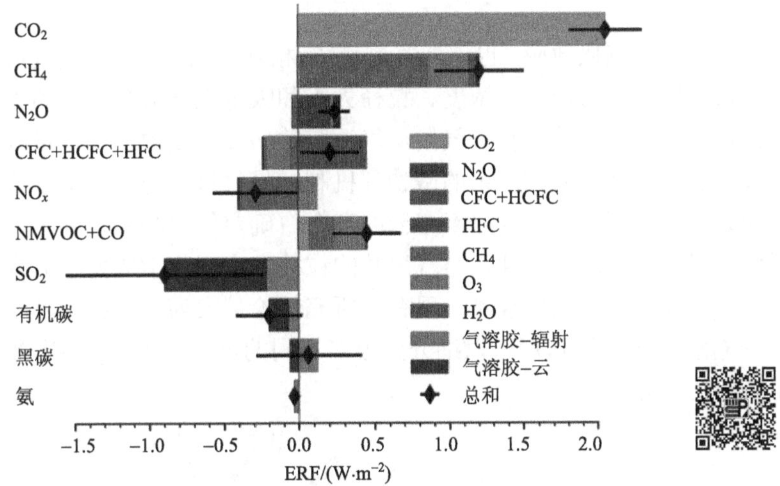

图 10.2.1　1750～2019 年各种化学物质排放变化产生的 ERF(扫码查看彩图)

资料来源：IPCC (2021)

10.2.2　气溶胶辐射强迫的特征

气溶胶的辐射效应包括直接效应和间接效应。直接效应也称为气溶胶-辐射相互作用，指气溶胶通过散射和吸收太阳辐射，从而改变地-气系统的辐射平衡(图 10.2.2)。确定气溶胶直接效应的关键参数是气溶胶光学特性，如消光系数、单次散射反照率、相函数，与气溶胶的粒径大小、形状、化学组成、混合状态等有关。地表、大气痕量气体、云的辐射特性也对气溶胶的直接效应有影响。

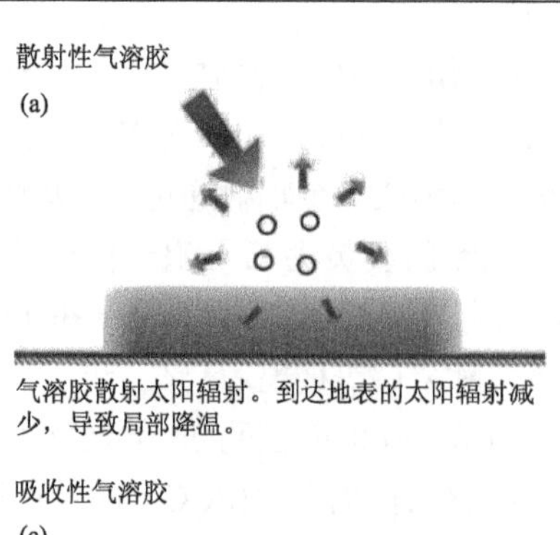

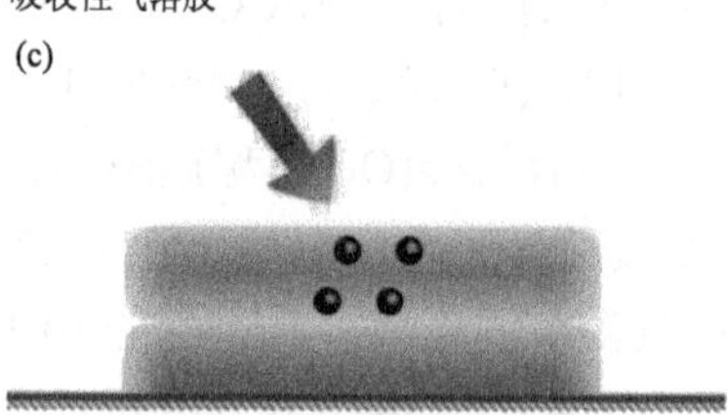

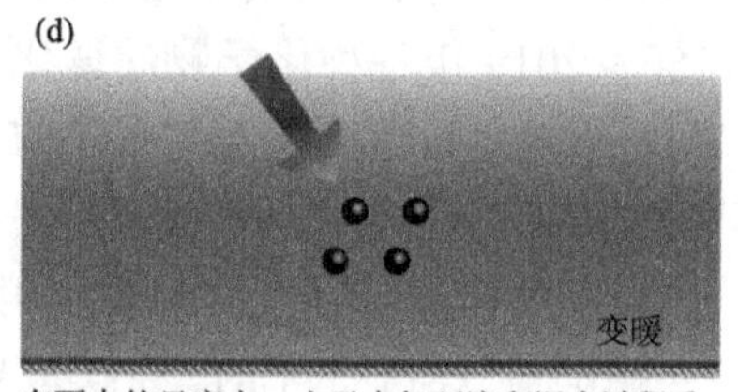

图 10.2.2 气溶胶和太阳辐射之间的相互作用及其对气候的影响概述

左侧为气溶胶的瞬时辐射效应，右侧为气候系统对其辐射效应做出反应后的总体影响

资料来源：IPCC (2013)

气溶胶的间接气候效应，也称为气溶胶-云相互作用，指吸水性气溶胶粒子作为云凝结核参与云和降水的形成，其浓度、粒径大小和吸水性都会影响云的微物理性质、辐射特性、云量和生命期，从而影响气候。气溶胶的间接气候效应比直接效应更复杂、更难评估，因为它们涉及一系列复杂的微物理机制，将气溶胶与云凝结核浓度以及云滴数密度联系起来，进而影响云的反照率和云的寿命。确定气溶胶间接效应的关键参数是气溶胶粒子作为云凝结核的有效性，与气溶胶的粒径大小、化学成分、混合状态和周围环境有关。基于气候模型和卫星观测，现有的研究结论是人为气溶胶对云的净影响使气候系统冷却。气溶胶-云相互作用可以细分为很多不同的过程，以云反照率效应和云生命期效应为主(图 10.2.3)。

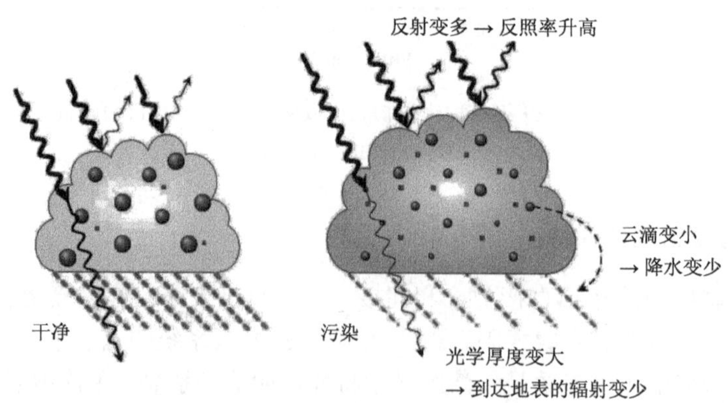

图 10.2.3 气溶胶的云反照率效应和云生命期效应

资料来源：IPCC(2007)

不同的气溶胶成分具有其独特的光学性质和物理、化学性质，且根据其排放源区和沉降速率的不同，其时空分布也具有不均匀性和特异性。1850 年至最近(1995 ~ 2014 年)，由于气溶胶浓度的变化，多模式平均有效辐射强迫值在空间分布上是高度不均一的。有效辐射强迫负值在北半球大多数工业化地区及其下风处最大，也出现在热带生物质燃烧地区。最大的负辐射强迫发生在东亚和南亚，其次是欧洲和北美，是人为气溶胶排放的高值区。气溶胶的辐射强迫包括长波辐射和短波辐射的贡献，短波通量变化来自气溶胶-辐射和气溶胶-云相互作用，而较小的长波通量变化来自气溶胶-云相互作用，与液态水路径变化有关。

高反照率区域(包括冰冻圈、沙漠和多云地区)出现了正的气溶胶有效辐射强迫值(图 10.2.4)，这归因于吸收气溶胶(主要是黑碳和沙尘气溶胶)。地表反照率是地表向各个方向反射的太阳短波辐射与入射太阳辐射的比值。如图 10.2.4 所示，在地表反照率比较高的地区，由于大气中的黑碳气溶胶具有很强的吸收性，首先对入射太阳光产生一定的吸收作用，同时由于这些地区的地表反照率高，通过气溶胶层到达地面的太阳光又从地表反射回来，再一次被黑碳气溶胶吸收。此双重吸收作用的存在导致在高地表反照率地区，黑碳气溶胶吸收的太阳辐射增加，所以气溶胶在高反照率区域的大气层顶呈正的辐射强迫值。

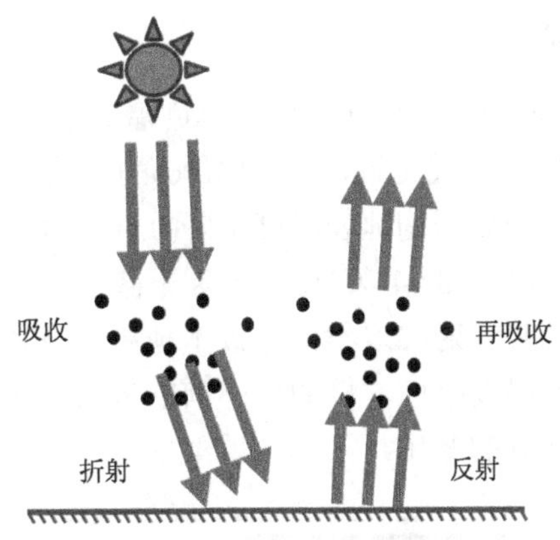

图 10.2.4　吸收性气溶胶在高地表反照率作用下产生辐射强迫的机制

10.3　气溶胶对天气和气候的影响

10.3.1　气溶胶对天气的影响

气溶胶的直接和间接辐射效应都能对天气产生显著影响。国际、国内的天气预报模式也都由传统的只考虑大气物理过程的模式发展成新一代考虑大气污染物和天气相互作用的耦合模式(也称为化学天气模式)，进一步提高了天气预报的准确性。

新一代的化学天气模式要求模式中实现气象场、气相化学机制、气溶胶物理化学过程、辐射过程、云微物理过程的在线交互式完全耦合。一些在线模拟大气化学或大气气溶胶的模式(如 WRF-Chem)能够在一定程度上合理地描述区域或局地臭氧和气溶胶的时空分布。在天气模式中耦合气溶胶组分模拟，例如沙尘的直接辐射效应能在一定程度上改善模式模拟的温度、大气稳定度、大气斜压等，从而提高中尺度模式气象场预报的精度。随着最近天气预报模式中双参数云物理方案的采用，一些区域模式如 WRF 中的双参数云物理方案不仅能够计算云水、雨水、冰晶、霰、雪和雹等的含量，而且同时能够预报云水、雨水和冰晶等的数密度，云方案中的云凝结核浓度直接从模式模拟的气溶胶计算，实现模式中气溶胶过程-云微物理-辐射过程交互式在线耦合，由此可以研究气溶胶间接辐射效应对区域、中尺度天气乃至更小尺度的天气系统的影响与反馈作用。

以华北平原一次灰霾重污染期间气溶胶的天气影响为例。通过利用 WRF-Chem 模式模拟发现，气溶胶的直接辐射效应使得到达地表的辐射通量降低 54.6 $W\cdot m^{-2}$，其中散射性气溶胶和吸收性气溶胶分别造成辐射通量降低 36.1 $W\cdot m^{-2}$ 和 18.0 $W\cdot m^{-2}$ (Qiu et al., 2017)。同时，总的气溶胶、散射性气溶胶和吸收性气溶胶使得地面气温分别下降 1.7 ℃、1.6 ℃ 和 0.2 ℃，相应边界层高度分别下降 111.4 m、70.7 m 和 35.7 m。气溶胶(散射性气溶胶和吸收性气溶胶)减少地面太阳辐射，减弱湍流扩散强度，降低大气边界层高度，从而将污染物抑制在较浅的边界层内。黑碳气溶胶在污染-边界层双向反馈中扮演着至关重要的角色，通过地表辐射冷却和边界层上层加热两种途径抑制大气边界层的发展，也被称为穹顶效应，加剧城市大气污染。

10.3.2　气溶胶对气候的影响

自工业化以来，气溶胶浓度的增加所产生的负辐射强迫导致地表温度降低。IPCC AR6 通过总结第六次国际耦合模式比较计划(CMIP6)的结果发现，自 1850 年以来，气溶胶及其前体物排放增加导致全球平均地表温度下降(0.66 ± 0.51 ℃)，且在所有纬度都是负值。其中，北半球下降(0.97 ± 0.54 ℃)比南半球下降(0.34 ± 0.20 ℃)多，北极下降最大(2.7 ℃)(图 10.3.1)。气溶胶辐射强迫不仅导致本地温度变化，也会通过往下风方向的大气输送导致远距离地区的温度响应。例如，中国的气溶胶浓度变化也能导致美国、欧洲或其他地区的温度、降雨等的变化。

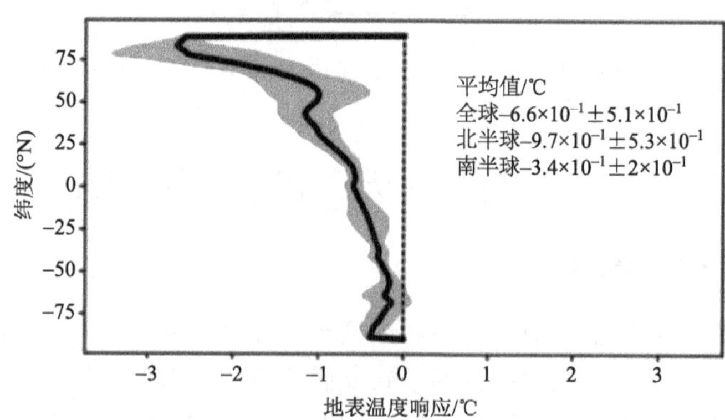

图 10.3.1　1850 年至最近(1995 ~ 2014 年)由气溶胶变化引起的多模式集合平均地表温度响应

资料来源：IPCC AR6

20 世纪 70 年代末，中国东部夏季气候出现了一次明显的年代际转型，主要特征为近几十年长江流域的气温呈降低趋势，降水呈现南方增加而北方减少的趋势(南涝北旱)。关于这一变化的解释有多种观点，可能与青藏高原热状况异常、热带海洋的强迫等因素有关，也有研究认为与大气气溶胶的变化有关。全球气候模式结果显示黑碳可通过改变大气垂直运动，进而影响大尺度环流和水分循环，有利于形成我国“南涝北旱”的降水格局。气溶胶的存在会导致到达地面的太阳辐射减少，导致陆地地面温度降低、海陆温差减弱，最终导致东亚夏季风减弱。

也有研究表明，气溶胶影响南亚夏季风，进而对南亚气候产生影响。5～6 月，青藏高原上的吸收性气溶胶(黑碳和沙尘)吸收太阳辐射，使大气升温，对流加强，大气环流加强，将海洋上温暖潮湿的空气吸入印度次大陆上空，被称为“热抽吸效应”。在此效应下，南亚降水量增多，且降水被推向纬度更高的位置。气溶胶还会影响到哈得来(Hadley)环流的位置和强弱。

目前，气溶胶气候效应的研究结果还有很大的不确定性，模式结果依赖于模拟时段的选取、考虑的气溶胶成分是否齐全、只考虑气溶胶直接气候效应还是同时考虑直接和间接辐射强迫、模拟是否跟动力海洋耦合等。

10.4　天气、气候对大气污染的影响

10.4.1　天气条件对大气污染的影响

局地气象要素如温度、相对湿度和风速等对大气污染的发生与维持有重要影响。温度一般影响污染物的化学反应速率。研究表明，硫酸盐气溶胶主要由 SO_2 氧化形成，温度升高能加快 SO_2 的氧化，促进硫酸盐的生成，但温度升高也会使得半挥发性成分如硝酸盐和二次有机气溶胶由颗粒态向气态转化。此外，温度还能影响 BVOC 的排放和二次有机气溶胶的化学形成。近年来，越来越多的研究指出，相对湿度对重污染期间二次污染物的形成有重要作用，很多地区都观测到 $PM_{2.5}$ 重污染期间硫酸盐在高相对湿度条件下的快速生成，表明 SO_2 的液相氧化过程在污染期间不容忽视。

$PM_{2.5}$ 污染大多发生在静稳天气条件下，但主要受哪种天气系统的影响也依据污染发生的时间、地点和污染物类型而异。不少研究通过天气分类的方法，将研究时段内的天气形势归为数类，再通过对比不同天气形势下污染物浓度的差异，鉴别出有利于污染发生的天气型。中国冬季 $PM_{2.5}$ 污染的天气特征表现为近地面北风减弱、对流层低层有逆温层结、对流层中层东亚大槽减弱以及高空急流北抬等。

臭氧污染事件的发生也与天气条件有密切关系。例如，高温会加快 O_3 的化学生成速率以及增加 BVOC 的排放。通过分析 1987～2007 年美国东部城市地区的 O_3 观测数据，发现温度每增加 1 ℃，O_3 浓度就会平均增加 2.2～3.2 ppbv。相对湿度也会对 O_3 的浓度产生重要影响，城市观测站点中夏季 O_3 浓度与相对湿度呈现明显的负相关关系。此外，云量也会通过改变到达地面的太阳辐射强度进而影响 O_3 浓度。图 10.4.1 显示 2014～2017 年 5～10 月在华北地区发生的臭氧重污染事件(臭氧日最大 8 h 浓度至少连续 3 d 超过

160 $\mu g \cdot m^{-3}$)时的天气概念图(Gong and Liao, 2019)。在华北地区发生臭氧重污染事件时，受异常反气旋(高压)控制，地表气温高、相对湿度低且伴随着南风异常和对流层底层辐散。在 500 hPa 的高度场有异常的高压系统和从上向下输送到地表的气流，干热的空气加速了边界层内和边界层上方臭氧的化学形成，高压系统下的异常向下气流将上层形成的臭氧输送到边界层内。异常的南风导致从南向华北地区的臭氧输送，并伴随着高压系统，增强了臭氧重污染事件的强度。

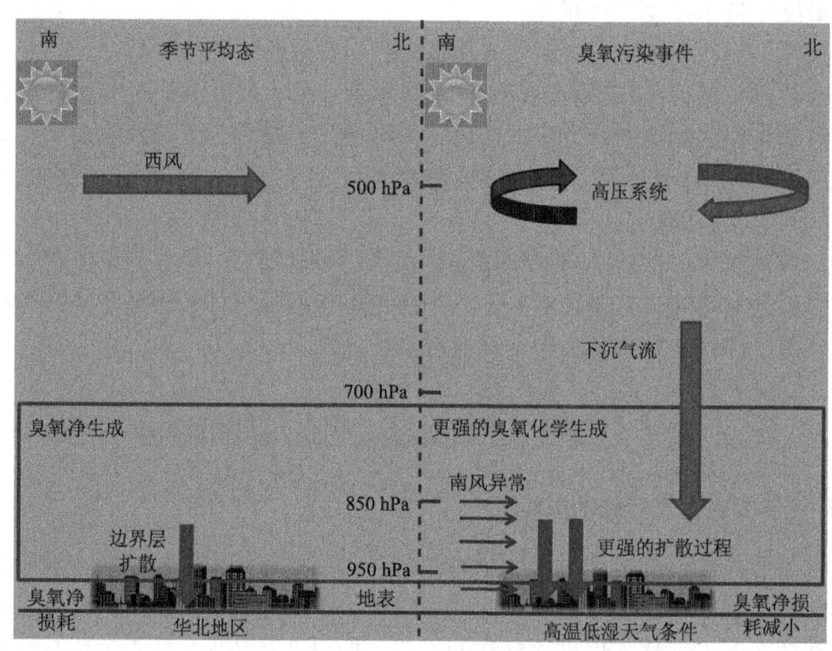

图 10.4.1　华北地区臭氧重污染事件对应的典型天气型及相关过程解释示意图

10.4.2　气候变化对大气污染的影响

在大尺度环流背景变化影响 $PM_{2.5}$ 的研究方面，已明确东亚季风强度的减弱导致我国东部 $PM_{2.5}$ 浓度的增加。冬季风的减弱造成了寒潮发生频率和冷空气活动频率的减少，同时地面风速的减弱、地面风速和纬向水平风速的垂直切变小，不利于污染物水平方向的输送和垂直方向的扩散。夏季风的减弱在中国东部北方形成辐合风场，导致 $PM_{2.5}$ 的堆积。此外，海表面温度、大地形、雪盖和海冰等强迫因子能够通过改变大气环流对我国的大气污染产生显著影响。在年际和年代际尺度上，从夏季到冬季的北大西洋海表面温度都与中国东部灰霾存在显著的联系。前期秋季北太平洋海表面温度与华北冬季霾日数呈显著的负相关，并能延续到冬季。厄尔尼诺与南方涛动(ENSO)和太平洋十年际振荡(PDO)等更大尺度的海表面温度信号也能对中国东部 $PM_{2.5}$ 产生显著的调控效用。一些研究也开始将中国东部 $PM_{2.5}$ 与青藏高原的增暖联系起来，认为在西风带背景下青藏高原大地形东侧背风坡可构成“避风港”效应，是中国东部区域 $PM_{2.5}$ 污染的重要影响因素之一。近年，北极区域温度升高和海冰减少趋势都非常明显，前期秋季海冰减少会导致冬季欧亚大陆海平面气压正异常，气旋活动偏北和 Rossby 波偏弱等异常环流，并给中国东部带来更加稳定的大气层结，导致霾日数增多。年代际或百年尺度的全球变暖对灰霾也有显著影响。例如，通过合成分析 $PM_{2.5}$ 浓度观测和第五次国际耦合模式比较计划的模拟结果，发现全球变暖导致我国北方冬季重霾污染事件的频次和持续时间增加(图 10.4.2，Cai et al.，2017)。

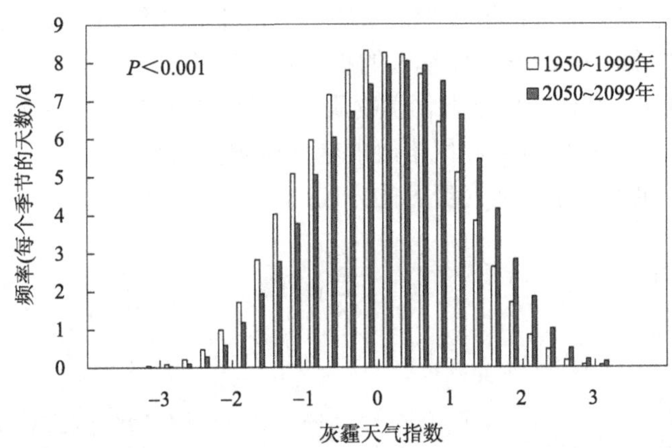

图 10.4.2　历史(1950 ~ 1999 年)和未来(2050 ~ 2099 年)灰霾天气指数直方图

由历史排放和 RCP8.5 未来排放情景下的 15 个气候模式结果合成分析

目前，关于气候因子影响 O_3 污染的研究相对较少。中国香港地区 O_3 的年际变化与东亚夏季风的强弱有显著的相关关系，其机制为夏季风的强弱会影响内地对香港地区 O_3 输送的强度。中国区域平均地表 O_3 浓度与东亚夏季风强度呈正相关，主要原因是强弱季风年 O_3 的跨境输送不同。也有研究发现，我国 2014 ~ 2016 年地面 O_3 浓度的逐日变化与西太平洋副热带高压的日变化有着很强的相关性。西太平洋副热带高压较强时，会造成中国南部低温高湿多云、中国北部高温低湿少云的天气，引起中国南部 O_3 浓度下降和中国北部 O_3 浓度升高。ENSO 作为最强的热带海洋信号，能够对北半球中纬度 O_3 造成显著的影响。也有研究发现，我国夏季 O_3 跟北极海冰和欧亚大陆遥相关有关联。

在气候变暖背景下，大气中水汽含量会增加，加速 O_3 化学清除，导致较为清洁地区的地表 O_3 减少。在人为源或天然源 O_3 前体物排放量较高的区域，有普遍证据表明气候变暖将增加地表 O_3 浓度，且浓度增加的量级会随着变暖水平而增大(敏感性为 0.2 ~ 2 $ppb·℃^{-1}$)。然而，目前对地表 O_3 受气候变暖影响的具体过程的理解还存在不确定性，对气候变化-生物圈相互作用(天然源 CH_4 排放、BVOC 排放和臭氧沉降)和闪电 NO_x 排放对地表 O_3 的影响程度的研究结果较少。

10.5　大气污染治理与气候变化应对的协同

当前我国大气环境呈现持续快速改善态势，但与美丽中国建设目标相比还有一定差距。2020 年，全国仍有 125 个城市 $PM_{2.5}$ 年均浓度超标，$PM_{2.5}$ 污染尚未得到根本性控制，O_3 浓度呈缓慢升高趋势，已成为仅次于 $PM_{2.5}$ 影响空气质量的重要因素。在不利气象条件下，重污染天气过程依然时有发生。2020 年 9 月，习近平主席提出了 2030 年“碳达峰”和 2060 年“碳中和”目标，在此新形势下，未来大气环境治理总体上要做到大气污染治理和气候变化应对的协同。

大气污染治理和气候变化应对协同的科学基础是科学理解大气污染物-气候相互作用。虽然目前对大气污染物影响气候、气候影响大气污染已有较多的研究，但国际、国内大气污染物-气候双向耦合模拟较少，考虑大气污染物和气候同步变化的研究也很少。目前国际上的模式考虑污染物-气候耦合的程度还参差不齐。例如，在是否考虑大气中所有主要的气溶胶成分、是否考虑气态化学物质与气溶胶之间的相互影响(气溶胶表面的非均相化学反应)，以及模拟的臭氧和气溶胶的辐射强迫是否反馈到气候模拟中等方面还存在着差异。这些不足都是未来研究努力的方向。

☛名词解释

【消光系数】

光波在大气中传播时，因受气溶胶和气体分子的散射与吸收而削弱，光的强度按指数律衰减。消光系数指单位路径上损失的辐射强度，为吸收系数和散射系数之和，单位为 m^{-1}。

【气溶胶光学厚度】

气溶胶的消光系数在垂直方向上的积分，是反映气溶胶消光特性、衡量气溶胶粒子对太阳辐射衰减能力强弱的一个重要参数，也是评估大气污染程度的一个关键指标。

【单次散射反照率】

气溶胶的散射系数与总消光系数的比值，表征气溶胶的光吸收特性。

【非对称因子】

散射角余弦的光强加权平均，反映粒子散射向前和向后的相对大小。

【气溶胶内混和外混】

气溶胶的混合状态主要包括内混和外混两种类型。气溶胶的外混指气溶胶颗粒从排放源进入大气后，各化学成分的颗粒单独存在。气溶胶的内混指当气溶胶颗粒在大气中停留较长时间后，各化学成分之间相互作用，形成包含多种化学组分的气溶胶颗粒。

【地表反照率】

地表反照率是地表向各个方向反射的太阳短波辐射与入射太阳辐射的比值。

【有效辐射强迫】

有效辐射强迫表示在考虑大气温度、水蒸气和云层等的调整后，在全球平均地表温度不变的情况下，净向下辐射通量的变化。

✔思 考 题

1. 单次散射反照率和非对称因子的取值范围是什么？分别有什么含义？

2. 气溶胶光学厚度和单次散射反照率的主要影响因素是什么？这些因子与气溶胶光学厚度和单次散射反照率的关系是怎样的？

3. 臭氧容易受到外部因素特别是气象因素和跨区域传输的影响，但目前我国评估臭氧污染水平变化趋势和发布环境状况公报时，均不剔除外部因素的影响。考核蓝天成绩时，是否可以剔除气象等外部因素的影响？

4. 2020 年春节前后，经济社会活动水平及排放明显降低，但京津冀及周边地区还是发生了几次重污染，气象条件与污染减排是如何影响该阶段重污染事件的？

☞延伸阅读

大气辐射学是研究辐射能在地球大气内的传输和转换过程的学科。太阳辐射是大气运动的能源，辐射过程是地-气系统中能量交换的主要形式。大气辐射学的主要目的是了解和定量分析在行星大气中分子、气溶胶、云、地面与太阳及行星的能量交换作用，其进展与辐射传输的理论和各种波长的辐射仪探测的发展密切相关。1985 年，《大气辐射导论》由中国气象出版社翻译为中文版，美国工程院院士、美国加利福尼亚大学洛杉矶分校廖国男教授在原版的基础上增加了约 70%的内容，于 2002 年完成了《大气辐射导论》第二版，新内容包括但不限于以下专题：红外辐射传输的相关 k 分布方法、冰晶和非球形气溶胶的光散射，以及一系列平面平行大气假定中没有包括的辐射传输领域的最新论题。阅读该书将帮助读者在掌握基本理论的基础上尽快步入现代大气辐射学的前沿。

参 考 文 献

Cai W, Li K, Liao H, et al. 2017. Weather conditions conducive to Beijing severe haze more frequent under climate change. Nature Climate Change, 7: 257-263.

Gong C, Liao H. 2019. A typical weather pattern for the ozone pollution events in North China. Atmospheric Chemistry and Physics, 19: 13725-13740.

IPCC. 2007. Climate Change 2007: Synthesis Report. Contribution of Working Groups Ⅰ, Ⅱ and Ⅲ to the Fourth Assessment Report of the Intergovernmental Panel on Climate Change. IPCC, Geneva, Switzerland, 104 pp.

IPCC. 2013. Climate Change 2013: The Physical Science Basis. Contribution of Working Group I to the Fifth Assessment Report of the Intergovernmental Panel on Climate Change [Stocker T F, Qin D, Plattner G K,

Tignor M, et al. (eds.)]. Cambridge, United Kingdom and New York, NY, USA: Cambridge University Press, 1535 pp.

IPCC. 2021. Climate Change 2021: The Physical Science Basis. Contribution of Working Group I to the Sixth Assessment Report of the Intergovernmental Panel on Climate Change [Masson-Delmotte V, Zhai P, Pirani A, et al. (eds.)]. Cambridge, United Kingdom and New York, NY, USA: Cambridge University Press, 2391 pp.

Liao H, Shang J. 2015. Regional warming by black carbon and tropospheric ozone: A review of progresses and research challenges in China. Journal of Meteorological Research, 29: 525-545.

Qiu Y, Liao H, Zhang R, et al. 2017. Simulated impacts of direct radiative effects of scattering and absorbing aerosols on surface layer aerosol concentrations in China during a heavily polluted event in February 2014. Journal of Geophysical Research: Atmospheres, 122: 5955-5975.